数据科学与大数据技术

Effective 数据科学基础设施

［芬］ 维莱·图洛斯(Ville Tuulos)　　著

郭　涛　　译

清华大学出版社

北　京

北京市版权局著作权合同登记号　图字：01-2023-2922

Ville Tuulos

Effective Data Science Infrastructure

EISBN: 9781617299193

Original English language edition published by Manning Publications, USA © 2022 by Manning Publications. Simplified Chinese-language edition copyright © 2023 by Tsinghua University Press Limited. All rights reserved.

图书在版编目(CIP)数据

Effective 数据科学基础设施 / (芬)维莱·图洛斯著；郭涛译. —北京：清华大学出版社，2023.7

(数据科学与大数据技术)

ISBN 978-7-302-64186-5

Ⅰ. ①E… Ⅱ. ①维… ②郭… Ⅲ. ①数据管理—研究 Ⅳ. ①TP274

中国国家版本馆 CIP 数据核字(2023)第 145536 号

责任编辑：王　军
封面设计：孔祥峰
版式设计：思创景点
责任校对：马遥遥
责任印制：丛怀宇

出版发行：清华大学出版社
　　　　　网　　　址：http://www.tup.com.cn，http://www.wqbook.com
　　　　　地　　　址：北京清华大学学研大厦 A 座　　　　邮　　编：100084
　　　　　社 总 机：010-83470000　　　　　　　　　　邮　　购：010-62786544
　　　　　投稿与读者服务：010-62776969，c-service@tup.tsinghua.edu.cn
　　　　　质 量 反 馈：010-62772015，zhiliang@tup.tsinghua.edu.cn
印 装 者：三河市东方印刷有限公司
经　　销：全国新华书店
开　　本：170mm×240mm　　　印　　张：18.5　　　字　　数：427 千字
版　　次：2023 年 8 月第 1 版　　　印　　次：2023 年 8 月第 1 次印刷
定　　价：98.00 元

产品编号：097431-01

译 者 序

　　近年来，机器学习、深度学习和强化学习等人工智能技术已日趋成熟，逐渐从学术界走向了产业界，在计算机视觉、推荐系统和自然语言处理等方面产生了巨大价值。在生产中部署、运维和管理机器学习系统，已逐渐成为学术界和产业界面临的难题。"最后一公里"已成为近几年学者和工程师所要解决的关键技术，MLOps 概念、设计理念和产品也应运而生。MLOps 是一种ML 工程文化和实践，旨在生产中统一 ML 模型开发(Dev)和 ML 模型运维(Ops)。MLOps 的主要目标是简化管理流程，在生产环境中大规模自动部署机器学习和深度学习模型，便于模型需求、业务需求和监管要求保持一致。从另一个角度看，MLOps 理念提倡数据科学家、数据工程团队、软件工程团队和运维团队之间更好地合作。MLOps 工程实践涉及 3 个学科：机器学习、软件工程(尤其是 DevOps)和数据工程。MLOps 理念能够落地，是人工智能和现代软件工程的有效结合。特别是近十年来，云计算高速发展，微服务、DevOps 等技术快速成熟，给机器学习系统的设计和实现提供了良好的基础。从价值驱动角度看，AI 模型的业务需求极大，催生了 MLOps 的落地。

　　MLOps 是 ML 基础设施的一部分，涉及自动化机器学习(AutoML)、ML 流程、分布式训练、智能监控和管理的方方面面，形成了端到端的机器学习工作流，持续集成和持续交付(CI/CD)，在模型开发和生成部署之间搭起了重要的桥梁。MLOps 使用高效且运行鲁棒的机器学习模型，专注于机器学习模型的规模化开发、部署、管理和运维的过程，以优化可伸缩工业环境中的ML 生命周期，确保 ML 项目具备可重复性和可追溯性。MLOps 根据 ML 项目的生命周期，充分考虑业务目标、数据准备、模型实验、模型工程、模型评估、模型部署、模型预测和模型监控等步骤。此外，MLOps 还为人工智能的透明度和可解释性奠定了基础。

　　现代软件工程和人工智能的发展催生了很多专业术语，如 DataOps、AIOps 等。与 MLOps相比，DataOps 的核心应用对象是数据应用，涉及数据生命周期内的所有步骤，包括数据收集、处理、分析和报告。DataOps 的目标主要是提高数据的质量和可靠性，同时尽可能缩短提供数据应用的周期。AIOps 的目标是自动发现日常 IT 运维中的问题，并利用 AI 技术主动做出智能反应和预警。总之，AIOps 是 AI 在 Ops 领域的应用，应用的主角是 Ops；而 MLOps 则是 Ops在 ML 领域的应用，主角是 ML。

　　现在，很多高校、科研机构和 AI 企业已投身于 MLOps 产品和工具的研发，相继出现了MLflow、Metaflow、Apache Airflow 和 Kubeflow 等。MLflow 是一个机器学习生命周期的开源平台，其核心包括 4 个模块：MLflow 追踪、MLflow 项目管理、MLflow 项目和 MLflow 模型注册，主要支持 Python、R 和 Java API。Metaflow 是为数据科学家(非机器)而建，旨在提高数据科学家的生产力，适用项目范围广泛，包括经典统计到最先进的深度学习，主要支持 Python

和 R。Apache Airflow 是一款开源的分布式任务调度框架，可以将一个具有上下级依赖关系的工作流组装成一个有向无环图。Kubeflow 是 Kubernetes 的机器学习包，是一个简单、可组合、可携式、可伸缩的机器学习技术栈，有助于促进机器学习的工作流部署，是机器学习和云计算的桥梁。这些平台整体上都是围绕 MLOps 理念展开设计的，各有利弊，需要根据业务场景、特定需求和搭建原则进行选择。

MLOps 平台的设计要足够灵活，且能实现模块化，打破开发语言和框架的限制，但也不能是"万金油"，不能"什么都能做，但什么都做不好"。要让 MLOps 具备持续的生命力，就必须不断完善设计理念，持续注入活力，促进技术新陈代谢。既要做到能够及时兼容已有的框架，如 PyTorch、TensorFlow 和 Scikit-Learn 等，又要能够兼顾新框架，如 JAX、Pyro。另外，还要做到不冗余，不笨重，能够根据技术发展实现精简、轻量级和学习成本低的产品。

本书由 Netflix 工程师 Ville Tuulos 撰写，以 Metaflow 为对象，介绍了数据科学所需要的基础设施，囊括数据准备、特征工程、模型训练、模型部署、服务和持续监控等环节。Metaflow 专注于构建生产流程，更适合具有深厚工程和 DevOps 技能的大型专业数据科学团队。本书的目标读者为数据科学家、机器学习工程师、IT 技术人员和 MLOps 工程师。数据科学家在人工智能和算法方面非常精通，但软件开发能力通常不足。他们渴望有一套方法论和工具来促进从构建到部署的迭代过程，从而落实自己的想法。数据科学家不在意在一个"孤岛"上开展数据挖掘和分析工作，他们更希望能够在离线、实时和批处理等场景中落实项目。IT 技术人员对机器学习算法理论和模型细节并不了解，他们渴望本书能够提供一个机器学习流程的全貌，便于他们进行任务编排。此外，一些企业的中高层管理人员可通过本书获取 MLOps 管理理念，为制定 AI 项目管理和 KPI 考核提供参考依据。总之，与传统的软件工程师技能要求相比，MLOps 工程师除了需要具备现代软件工程所要求的强大能力，还需要具备 ML 专业知识，具体包括 ML 模型训练、模型部署、模型监控和帮助企业落实架构、系统设计和故障排除等能力。

总之，利用开源组件或者自研 MLOps 是很有必要且很有价值的。译者使用一些开源组件为自己的场景构建过一些 MLOps 产品，得出以下经验：(1)生产型 ML 与云计算完美适配，MLOps 云端是趋势；(2)实现自动化的端到端 MLOps 产品还需要一些时间，需要进一步与大数据 Apache Spark、Flink 等深度融合，按照批量、实时等场景构建端到端的服务；(3)要以系统论的思想建立一个成本低、效率高、版本可控制、可复制的管理系统，以大量的工程化抽象出功能。本书为自研 MLOps 和 Metaflow 提供了一些经验和设计参考。相信本书能够为你释疑解惑，不会让你失望！

在翻译本书的过程中，我得到了很多人的帮助。其中，对外经济贸易大学英语学院的许瀚、吉林大学外国语学院的吴禹林等对本书译文进行了审校，感谢她们所做的工作。最后，要感谢清华大学出版社的编辑，他们为本书做了大量的编辑与校对工作，使得本书符合出版要求。

由于本书涉及知识的广度和深度较大，加上译者翻译水平有限，在翻译过程中难免有不足，若读者在阅读过程中发现问题，欢迎批评指正。

译者

推 荐 序

2012 年，我第一次见到本书作者 Ville Tuulos，当时我正试图追逐 Hadoop 的热潮，而 Ville 正在开发 Disco；Disco 是一种基于 Erlang 的 map-reduce 解决方案，可使与 Python 的交互变得更容易。那时，我和 Peter Wang 刚刚创办了 Continuum Analytics 公司，Ville 的研究极大地鼓舞我们发布了 Python 分发版的大数据平台，即 Anaconda。

作为 NumPy 和 Anaconda 的创始人之一，我有幸目睹了在机器学习带来的巨大机遇下，在过去的六到七年中，MLOps 工具经历的爆炸式发展。目前，MLOps 工具琳琅满目，开发商们都费尽心思为自己的 MLOps 工具做宣传。我在 Quansight 和 OpenTeams 的团队持续评估新的工具和方法，从而推荐给我们的客户。

我感到非常荣幸，能够遇见像 Ville 这样值得信任的人，能够在 Netflix 和 Outerbounds 公司遇见创建和维护 Metaflow 的团队。本书详细介绍 Metaflow，并充分说明数据基础设施和机器学习操作在数据世界中的重要性，我对本书的出版感到十分兴奋。无论你使用何种 MLOps 框架，我相信，通过阅读本书，你都能学会如何使机器学习操作更高效、更多产。

——Travis Oliphant

NumPy 作者，

PyData、NumFOCUS 和 Anaconda 创始人

作 者 简 介

20 多年来，**Ville Tuulos** 一直为机器学习开发基础设施。Ville 曾涉足学术界、专注于数据和机器学习的初创企业，以及两家全球企业。他在 Netflix 领导机器学习基础设施团队时，创建了本书中介绍的开源框架 Metaflow。Tuulos 还是 Outerbounds 的首席执行官和联合创始人之一，Outerbounds 是一家初创公司，专注于以人为中心的数据科学基础设施。

致 谢

感谢 Netflix 和许多其他公司的数据科学家和工程师耐心解释了他们的痛点，分享了反馈，并允许我参考他们的项目。没有他们，本书就不可能出版。非常感谢！请继续提供反馈。

Metaflow 受益于 Savin Goyal、Romain Cledat、David Berg、Oleg Avdeev、Ravi Kiran Chirravuri、Valay Dave、Ferras Hamad、Jason Ge、Rob Hilton、Brett Rose、Abhishek Kapatkar 等才华横溢、充满激情且具有很强共情能力的工程师。本书中到处都是你们留下的痕迹！和你们共事是一种荣幸和乐趣。此外，我还要感谢 Kurt Brown、Julie Amundson、Ashish Rastogi、Faisal Siddiqi 和 Prasanna Padmanabhan，他们自项目启动以来，一直给予大力支持。

我想和 Manning 团队一起完成本书，因为他们以出版高质量的技术书籍而闻名。果然如此！我很荣幸能与一位经验丰富的编辑(Doug Rudder)合作，他助我精进写作，使长达一年半的写作过程精彩纷呈。非常感谢 Nick Watts 和 Al Krinker 提出的深刻的技术评论，感谢所有在早期试读本书期间提供反馈的读者和审稿人。

致所有审稿人：Abel Alejandro Coronado Iruegas、Alexander Jung、 David Patschke、 David Yakobovitch、 Edgar Hassler、Fibinse Xavier、Hari Ravindran、Henry Chen、Ikechukwu Okonkwo、Jesús A. Juárez Guerrero、 Matthew Copple、Matthias Busch、 Max Dehaut、 Mikael Dautrey、Ninoslav Cerkez、 Obiamaka Agbaneje、Ravikanth Kompella、 Richard Vaughan、Salil Athalye、Sarah Catanzaro、 Sriram Macharla、Tuomo Kalliokoski 和 Xiangbo Mao，你们的建议使本书变得更优秀。

最后，我要感谢我的妻子和孩子们，感谢他们给予我无限的耐心和支持。孩子们，我想说，我欠你们一个冰淇淋！

前　言

我在十几岁时，对人工智能产生了浓厚的兴趣。13 岁时，我训练了我的第一个人工神经网络。我从零开始，用 C 和 C++实现了简单的训练算法，这是 20 世纪 90 年代时探索该领域的唯一方法。此后，我继续学习了计算机科学、数学和心理学，以更好地理解这一庞大主题的基础。当时，机器学习(数据科学这个术语还不存在)的应用方式有时似乎更像魔术，而不是真正的科学或原理工程。

后来，我从学术界转向大公司和初创公司，此后，我一直在构建支持机器学习的系统。Linux 等开源项目和当时新兴的 Python 数据生态系统对我的影响很大。Python 数据生态系统提供了 NumPy 等包，与 C 或 C++相比，这些包使得构建高性能代码更容易。除了开源的技术优势，我还发现围绕这些项目形成了十分创新、充满活力且广受欢迎的领域。

当我在 2017 年加入 Netflix，受命从零开始构建新的机器学习基础设施时，我秉持着 3 个原则。首先，我们需要对全栈有一个原则性的理解——数据科学和机器学习不是魔术，而需要成为一门真正的工程学科。其次，无论是出于技术角度还是因为其庞大的包容性领域，我都确信 Python 是新平台的基础。最后，归根结底，数据科学和机器学习是人类使用的工具。使用工具的唯一目的是提高工作效率，成功的工具还可提供令人愉悦的使用体验。

工具是由孕育其诞生的文化塑造的。我创建了开源工具 Metaflow 后，Netflix 的文化对其产生了巨大的影响，该工具后来成为一个强劲的开源项目。Netflix 的发展压力确保了 Metaflow 和我们对整个数据科学堆栈的理解都是基于数据科学家的实际需求。

Netflix 给予其数据科学家高度的自主权，而这些数据科学家通常不是经过训练的软件工程师。这使我们要仔细考虑数据科学家在开发项目并最终将其部署到生产中时面临的所有挑战。Netflix 的顶尖工程团队已使用云计算超过十年，已充分了解了云计算的优缺点，我们对堆栈的理解也深受他们的影响。

我撰写本书旨在与更多人共享这些经历。无论是开源领域、深有远见又无私共享的个人，还是聪明绝顶的数据科学家，都教会了我很多，我觉得我有义务回馈他们。本书肯定不是我学习旅程的终点，只是一个里程碑。因此，我很期待反馈。不要犹豫，赶快与我联系吧，分享你的经历、想法和反馈！

关 于 本 书

如果将作为驱动的软硬件全栈考虑在内，那么机器学习和数据科学应用程序可以称得上是人类构建的最复杂的工程工件之一。鉴于此，即使是在今天，构建这样的应用程序也并不容易，这一点其实毫不令人奇怪。

机器学习和数据科学具有长期发展的前景。先进的数据驱动技术支持各类应用程序，在各个行业中的运用越来越广泛。因此，我们需要让此类应用程序的构建过程和运行过程更简单、有序。正如 Alfred Whitehead 所说："当人类可以不假思索地完成更多的重要行动时，文明也就随之进步了。"

本书将展示如何构建一个高效的数据科学基础设施，以方便用户试验创新应用程序，将其部署到生产环境中并不断改进，而不必顾虑太多技术细节。由于不存在普适的方法，因此本书将重点介绍一般的基本原则和组件，读者可以在自己的环境中合理地实现这些原则和组件。

本书读者对象

本书主要面向以下两类读者。

- 数据科学家：希望了解在真实业务环境中有效开发和部署数据科学应用程序的全栈系统。即使你不具备基础设施工程、DevOps 或一般软件工程的背景知识，也可通过本书全面了解所涉及的内容，并学习新内容。
- 基础设施工程师：负责建立基础设施，为数据科学家提供帮助。即使你有 DevOps 或系统工程方面的经验，也可通过本书全面了解数据科学与传统软件工程在需求方面的区别。另外，还可了解如何以及为何需要不同的基础设施堆栈才能提高数据科学家的工作效率。

此外，数据科学和平台工程组织的领导者可以参阅本书，因为基础设施与组织相辅相成。

本书结构：阅读指南

本书围绕数据科学基础设施的完整堆栈展开。堆栈具有结构化的特点，底部为最基础的、面向工程的层；顶部为与数据科学相关的更高级别的层。本书将从下往上遍历堆栈，大致内容如下。

- 第 1 章首先解释数据科学基础设施的存在意义，并推荐以人为中心的基础设施方法。

- 第 2 章介绍基础知识，包括数据科学家的日常工作，以及如何优化其工作环境的人机工程学。
- 第 3 章介绍开源框架 Metaflow，我们将使用该框架说明有效基础设施的概念。
- 第 4 章关注可伸缩计算：所有数据科学应用程序都需要执行计算，规模大小不一。我们将使用云实现可伸缩计算。
- 第 5 章关注性能：众所周知，过早优化并不理想。更好的方法是逐步优化代码，仅在需要时增加复杂性。
- 第 6 章讨论生产部署：原型开发和生产环境之间存在一些关键差异，但在两者之间迁移并不太难。
- 第 7 章深入探讨数据科学的另一个基本问题：数据。我们将研究与现代数据仓库和数据工程团队集成的有效方法。
- 第 8 章讨论数据科学在相关业务系统中的应用。数据科学不应成为一座孤岛，我们将学习如何将数据科学连接到其他系统，以产生真正的业务价值。
- 第 9 章介绍一个现实的、端到端的深度学习应用程序，将堆栈的所有层联系在一起。
- 附录包括有关安装和配置 Metaflow 的 Conda 包管理器的说明。

从第 3 章开始，各章将使用小型但现实的机器学习应用程序来说明相关概念。阅读本书不需要有机器学习或数据科学的预备知识，我们使用这些技术仅用于说明。许多优秀的书籍已深入讲解了机器学习和数据科学技术，本书将不再赘述，重点仅在于支持这些应用程序的基础设施。

阅读完前 3 章后，可以随意跳过与你无关的章节。例如，如果只需要处理小规模数据，可以重点阅读第 3、6 和 8 章。

关于代码和 Links 文件的下载

本书的所有示例均使用了开源 Python 框架 Metaflow。然而，书中提出的概念和原则并非只针对 Metaflow。特别是第 4~8 章介绍的概念和原则，也可轻松适用于其他框架。你可通过扫描本书封底的二维码下载书中的所有源代码。

可以在 OS X 或 Linux 计算机上执行示例，只需要一个代码编辑器和一个终端窗口。如下以# python 开头的代码行

```
# python taxi_regression_model.py --environment=conda run
```

需要在终端上执行。根据第 4 章的说明，许多示例都可以借助 AWS 账户实现。

在此要说明的是，读者在阅读本书时会看到一些有关链接的编号，形式是编码加方括号，例如，链接[1]表示读者可扫描本书封底的二维码下载 Links 文件(书中提到的所有链接都放在了该文件中)，找到对应章节中[1]指向的链接。

目　　录

第 *1* 章

数据科学基础设施介绍

20 世纪 50 年代，机器学习和人工智能在学术界横空出世。从技术上讲，在不考虑时间和成本的前提下，本书中的所有内容均可在数十年内实现。然而，在过去的 70 年里，进展并不顺利，可谓处处碰壁。

正如许多公司所经历的那样，想要构建机器学习驱动的应用程序，需要具备专业知识的大型工程师团队，工程师通常需要工作多年，才能提供优化的解决方案。如果回顾计算的历史，就会发现，大多数社会层面的变化都不是发生在不可能变成可能时，而是发生在可能变得容易时。弥合可能和容易之间的差距需要高效的基础设施，这就是本书要讨论的主题。

字典将基础设施定义为"一个国家、地区或组织正常运行所需的基本设备和结构(如道路和桥梁)。"本书涵盖了数据科学应用程序正常运行所需的设备和结构的基本堆栈。阅读本书后，你将能设置和定制一个基础设施，帮助你的组织更快、更轻松地开发和交付数据科学应用程序。

术语解释

如今所说的"数据科学"一词诞生于 21 世纪初。如前所述，在此之前，"机器学习"和"人工智能"这两个术语已使用了几十年，其他相关术语，如"数据挖掘"或"专家系统"等也是如此。这些术语曾一度流行。

相关领域的研究者对于这些术语的确切含义没有达成共识，这具有挑战性。这些领域的专业人士认识到数据科学、机器学习和人工智能之间存在细微差别，但它们之间的界限是有争议且模糊的，20 世纪 70 年代对"模糊逻辑"感兴趣的人一定会为此感到高兴！

本书的目标是将现代数据科学、机器学习和人工智能领域结合起来。为了简洁起见，我们选用"数据科学"一词来描述这一组合。术语的选择旨在体现包容性，本书不排除任何特定的方法或方法集。

就本书而言，这些领域之间的差异并不显著。在一些特定情况下，当需要强调差异时，我们将使用更具体的术语，如"深度神经网络"。总之，无论本书在何处使用"数据科学"这一术语，只要使用其他你喜欢的术语能够使文本更易于理解，你就可以进行替换。

如果你问该领域的专业人员，数据科学家的工作是什么，你可能很快就会得到一个答案：他们的工作是建立模型。虽然这个答案没有错，但有点狭隘。人们越来越期望数据科学家和工程师可以为业务问题构建端到端的解决方案，模型是方案中一个很小但很重要的部分。因为本书专注于端到端的解决方案，所以我们认为数据科学家的工作是构建"数据科学应用程序"。鉴于此，当你在本书中看到"数据科学应用程序"时，请将其理解为"端到端解决方案所需的模型等物"。

1.1 选择数据科学基础设施的原因

目前，已有许多优秀的书籍向我们介绍了什么是数据科学，数据科学的意义，以及如何在各种环境中应用数据科学。本书重点讨论与基础设施相关的问题。在详细讨论为什么我们需要专门用于数据科学的基础设施之前，首先简要讨论需要基础设施的原因。

想象一下，在 20 世纪工业化规模农业出现之前，人们是如何生产和消费牛奶的。许多家庭有一两头牛，可以生产牛奶以满足家庭的迫切需要。养牛需要一些专业知识，但不需要太多技术基础设施。当某家人想扩大乳品经营时，如果不投资于大规模饲料生产、人力资源和产品储存，则会难以进行。简言之，他们能够以最少的基础设施经营一家小型乳品企业，但大规模生产所需要的投资要比再购买一头奶牛多得多。

即使农场能够养活更多的奶牛，也需要将多余的牛奶进行出售。这带来了一个速度问题：如果农户运送牛奶的速度不够快，其他农户就可能会抢先出售，使市场饱和。更糟糕的是，牛奶可能会变质，从而破坏产品的有效性。

也许一位友好的邻居能够帮忙将牛奶运送到附近的城镇。目光敏锐且有创业精神的农户可能会发现当地市场的生牛奶供应过剩，但顾客需要的是各种精制乳制品，如酸奶、奶酪甚至冰淇淋。虽然农户非常想为这些顾客提供服务(并赚取他们的钱)，但很明显，该农户的生意无法应对这种复杂的市场。

随着时间的推移，一套相互关联的系统出现了，可以满足市场需求，并形成了如今的现代乳制品基础设施：工业规模的农场针对产量进行了优化。冷藏、巴氏杀菌和物流保障了向乳制品工厂输送优质牛奶所需的速度，乳制品工厂随后生产出各种各样的产品，并分销到食品市场。请注意，乳制品基础设施并没有取代所有的小农生产：有机农场、微型农场、家庭农场产出的特定产品仍有相当大的市场，但这种劳动密集型的方式无法满足所有需求。

　　Michael Stonebraker 教授最初使用“数量、速度和多样性”这 3 个维度对大数据数据库系统进行分类。有效性与数据科学高度相关，因此我们添加“有效性”作为第 4 个维度。此处有一个问题值得思考：考虑在你的业务环境中，哪一个维度最重要？大多数情况下，高效的数据科学基础设施应该在这 4 个维度之间取得平衡。

数据科学项目的生命周期

　　在过去的 70 年中，可以说大多数数据科学应用程序都是手工创建的，即由一个高级软件工程师团队从零开始构建整个应用程序。与乳制品的情况一样，手工并不意味着“不好”——通常恰恰相反。手工方式通常用于实验前沿创新或创建高度专业化应用。

　　与乳制品情况一样，随着行业的成熟，我们需要产品在数量、速度、有效性和多样性方面实现优化提高，因此，在一个公共基础设施上构建许多(如果无法构建大多数)应用程序已成为合理需求。你可能对生牛奶如何转换为奶酪以及工业规模的奶酪生产需要何种基础设施有大致的了解，但对于数据科学呢？图 1.1 说明了一个典型的数据科学项目。

图 1.1　数据科学项目的生命周期

　　1. 图的中心有一位数据科学家，他需要解决一个业务问题，例如，要创建一个模型来评估客户的终身价值；或者创建一个系统，以在电子邮件通信中生成个性化的产品推荐。

　　2. 数据科学家通过提出假设和实验来启动项目。他们可以使用自己最喜欢的工具来测试想法，包括 Jupyter Notebooks、R 或 Julia 等专用语言，或者 MATLAB 或 Mathematica 等软件包。

　　3. 当涉及机器学习或统计模型的原型开发时，可使用有效的开源软件包，如 Scikit-Learn、PyTorch、TensorFlow、Stan 等。在许多情况下，借助一些优秀的在线文档和教程，使用这些软件包构建一个初始原型并不需要太长时间。

4. 然而，每个模型都需要数据。数据库中可能存在合适的数据。提取原型的静态数据样本通常很简单，但处理更大的数据集(如几十吉字节)可能会变得更复杂。这种情况下，数据科学家甚至不需要担心如何使数据自动更新，这一问题需要更复杂的架构和工程。

5. 数据科学家在哪里运行笔记？也许他们可以在计算机上运行，但如何共享结果呢？如果同事想测试原型，但没有足够强大的计算机，该怎么办？在云中的共享服务器上执行实验很方便，所有合作者都可轻松访问该服务器。但是，需要有人先设置这一环境，并确保服务器上有所需的工具、库和数据。

6. 数据科学家需要解决一个业务问题。很少有公司使用笔记或其他数据科学工具来开展业务。为了证明原型的价值，仅将原型保存在笔记或其他数据科学环境中是不够的，还需要将它集成到周围的业务基础设施中。也许系统被组织为微服务，所以如果新模型也可部署为微服务，就会有所帮助。前提是需要在基础设施工程方面具有丰富的经验和充足的知识储备。

7. 最后，在原型与周围系统集成后，利益相关者(产品经理和企业所有者)评估结果，并向数据科学家提供反馈。可能会出现两种结果：一是利益相关者可能对结果持乐观态度，向数据科学家提出进一步的改进要求；二是安排数据科学家解决其他更有前途的业务问题。值得注意的是，无论结果如何，下一步骤都是相同的：重新开始整个周期，或是专注于改进结果，或是致力于解决新问题。

生命周期的细节自然会因公司和项目而异：为客户终身价值开发预测模型与建造自动驾驶汽车有很大区别。然而，所有数据科学和机器学习项目都具有以下关键要素：

1. 从技术角度来看，所有项目的基础都涉及数据和计算。

2. 本书侧重于技术的实际应用，而不是纯粹的研究，因此我们期望所有项目最终都需要解决一个问题：将结果集成到生产系统。解决这一问题通常涉及大量的软件工程。

3. 最后，从人类的角度看，所有项目都涉及实验和迭代，许多人认为这是数据科学的中心活动。

尽管个人、公司或团队完全可以定制自己的流程和实践，从而开发数据科学项目，但一个通用基础设施有助于增加同时执行的项目数量(数量)、加快上市速度、确保结果的鲁棒性(有效性)，并可以支持更多种类(多样性)的项目。

注意，项目的规模，即数据集或模型的大小，是一个正交问题。特别是，认为只有大型项目需要基础设施的想法是极其错误的。通常，情况恰恰相反。

我是否适合阅读本书

本书适用于对与数据科学项目生命周期相关的问题和潜在解决方案感兴趣的读者。如果你是一名数据科学家，可能亲身经历过一些挑战。如果你是一名基础设施工程师，希望设计和构建系统来帮助数据科学家，则对于这些困扰已久的问题，你可能想找到可伸缩的、鲁棒性的解决方案。

我们将系统地介绍构成数据科学现代化、有效基础设施的系统堆栈。本书所涵盖的原则并不仅限于任何特定的实现,我们将使用开源框架 Metaflow 来展示如何将这些想法付诸实践。或者,可使用其他现有的库来定制自己的解决方案。本书将帮助你为特定任务选择合适的工具。

值得注意的是,在本书不适用的情况下,也可能存在完全有效的重要场景。如果你处于以下情况,本书和一般数据科学基础设施可能并不适用:

- 你专注于理论研究,而不在实际用例中应用方法和结果。
- 你正处于应用的第一个数据科学项目的早期阶段(如前所述的步骤 1~4),且一切进展顺利。
- 你正在开发一个非常具体、成熟的应用程序,因此优化项目的数量、速度和多样性并不成问题。

在这些情况下,你可以等到出现更多的项目,或者开始遇到上述数据科学家遇到的难题时,再阅读本书。如果你未处于这些情况下,请继续阅读本书!在下一节中,我们将介绍一个基础设施堆栈,它为后文讨论的所有内容提供了总体框架。

1.2　什么是数据科学基础设施

新的基础设施是如何出现的?在 20 世纪 90 年代的万维网早期,除了原始的网络浏览器和服务器,没有任何基础设施存在。在互联网繁荣时期,建立一家电子商务商店是一项重大的技术壮举,需要有团队人员、大量定制的 C 或 C++代码,以及财力雄厚的风险投资家作为后盾。

在接下来的十年里,爆炸式增长的 Web 框架开始汇聚到 LAMP(Linux、Apache、MySQL、PHP/Perl/Python)等常见的基础设施堆栈中。到 2020 年,许多组件,如操作系统、Web 服务器和数据库,使用起来已得心应手,进而使大多数开发人员能够使用 ReactJS 等高级框架,专注于研究面向用户的应用层。

数据科学的基础设施也在经历类似的演变。原始机器学习和优化库已存在了几十年,除此之外没有太多其他基础设施。现在,在 21 世纪 20 年代初,我们正在经历数据科学库、框架和基础设施的爆炸式增长。这种增长通常由商业利益驱动,类似于互联网繁荣期间及其后发生的情况。如果历史可以为证,这种分片化的环境中将诞生广泛共享的模式,这将成为数据科学通用开源基础设施堆栈的基础。

在构建任何基础设施时,请记住,基础设施只是达到目的的手段,而不是目的本身。在我们的案例中,我们希望构建基础设施,使数据科学项目和负责这些项目的数据科学家更加成功,如图 1.2 所示。

下一节将介绍堆栈的目标是解读 4 个 V(即 4 个维度):堆栈应该能够以更快的速度交付更多数量和更多多样性的项目,而不会影响结果的有效性。然而,堆栈本身并不能交付项目。成功的项目由数据科学家交付,而堆栈有望大幅提高数据科学家的生产效率。

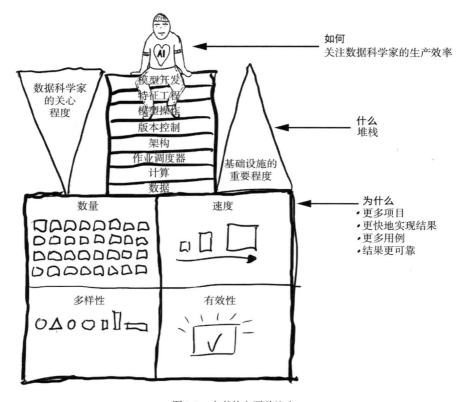

图 1.2   本书的主要关注点

1.2.1   数据科学基础设施堆栈

数据科学基础设施堆栈的具体元素是什么？得益于硅谷和全球公司之间的开源和相对自由的技术信息共享文化，我们能够观察和收集数据科学项目和基础设施组件中的常见模式。尽管实施细节各不相同，但在大多数项目中，主要基础设施层是相对统一的。本书的目的是详细描述这些层，以及这些层为数据科学构建的基础设施堆栈。

图 1.3 所示的堆栈不是构建数据科学基础设施的唯一有效方法。但这种方法是合理有效的：如果从第一原则开始，而不解决堆栈的所有层，很难成功执行数据科学项目。作为练习，你可以挑战堆栈的任何层，并询问如果该层不存在会发生什么。

每一层都能以各种方式实现，由环境和用例的特定需求驱动，但总体情况非常一致。

应该组织构建数据科学的基础设施堆栈，使得最基本的通用组件位于堆栈的底部，而让堆栈的顶层专门针对数据科学。

堆栈是将本书各章耦合在一起的关键心智模型。当你读到最后一章时，将能够回答一些问题，例如，为什么需要堆栈、每一层的用途，以及如何在堆栈的每一层做出适当的技术选择。你将能够构建具有一致愿景和架构的基础设施，从而为使用这一基础设施的数据科学家提供连贯、愉快的体验。为了让你了解这些层的含义，我们将从下到上逐层进行介绍。

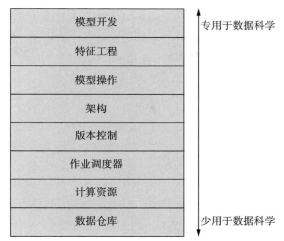

图 1.3　数据科学的基础设施堆栈

数据仓库

数据仓库存储应用程序使用的输入数据。一般来说，有效做法是依靠一个中心化的数据仓库作为事实的共同来源，而不是专门为数据科学构建一个单独的仓库，因为这样很容易导致数据和定义出现分歧。第 7 章将专门讨论这一广泛而深入的主题。

计算资源

原始数据本身不会做任何事情，你需要运行计算，如数据转换或模型训练，以将原始数据转换为更有价值的东西。与软件工程的其他领域相比，数据科学对计算的需求往往更多。数据科学家使用的算法有多种形式和大小。有些需要很多 CPU 内核，有些需要数个 GPU，还有一些需要大量内存。我们需要一个能够平滑扩展的计算层，以处理不同类型的工作负载。第 4 章和第 5 章将讨论这些主题。

作业调度器

可以说，数据科学中没有一次性的操作：模型应该定期重新训练，并根据需要生成预测。数据科学应用程序可被视为一个不断运作的引擎，通过模型源源不断地推送数据流。调度层的工作是确保机器以预期节奏运行。此外，调度器有助于将应用程序作为计算中关联步骤的工作流来构建和执行。第 2、3 和 6 章将讨论有关作业调度和工作流编排的主题。

版本控制

实验和迭代是数据科学项目的典型特征。因此，应用程序总是会发生更改。然而，线性过程很少。通常，我们无法预知应用程序的哪个版本比其他版本有所改进。要正确判断版本，就需要并行运行多个版本，作为 A/B 实验。为了确保开发和实验快速且有条理，我们需要一个鲁棒的版本控制层来确保工作的有序性。第 3 章和第 6 章将讨论与版本控制相关的主题。

架构

除了核心的数据科学工作，我们还需要大量的软件工程来构建一个鲁棒的、可用于生产的数据科学应用程序。越来越多的公司发现：赋能未经软件工程训练的数据科学家，使其自主构建应用程序，同时用鲁棒的基础设施来支持应用程序，将为公司带来益处。基础设施堆栈必须为数据科学家提供软件基础和指南，确保他们生成的代码遵循架构最佳实践。我们将在第 3 章介绍 Metaflow。这是一个开源框架，可以对许多类似实践进行编码。

模型操作

数据科学应用程序没有固有价值，仅在连接到其他系统(如产品用户界面或决策支持系统)时才有价值。一旦部署了应用程序，使其成为产品体验或业务运营的关键部分，它就能在各种条件下运行，并提供正确的结果。就像所有生产系统偶尔发生故障那样，如果应用程序发生故障，那么系统必须用于快速检测、排除故障和修复错误。我们可以从传统软件工程的最佳实践中学到很多相关知识，但数据和概率模型具有不断更改的本质，从而赋予了数据科学操作一种特殊的意义，这将是第 6 章和第 8 章讨论的主题。

特征工程

数据科学的核心关注点位于面向工程的层上。首先，数据科学家必须找到合适的原始数据，确定其期望的子集，开发数据转换，并决定如何将结果特征输入模型。设计此类流程是数据科学家日常工作的主要部分。从人类生产力和计算复杂性的角度看，我们应该努力使该流程尽可能高效。有效的解决方案通常只针对某一特定问题领域，因此基础设施应该能够支持第 7 章和第 9 章中讨论的各种特征工程方法。

模型开发

最后，在堆栈的最顶层是模型开发层：寻找并描述一个数学模型，将特征转换为预期输出。我们希望这一层在数据科学家的专业领域内稳定存在，因此基础设施不需要对建模方法过于武断。我们应该能够支持各种现有的库，以便科学家灵活选择适合工作的最佳工具。

让许多行业新人感到惊讶的是，端到端机器是一个高效的数据科学应用程序，而模型开发只占端到端机器的一小部分。模型开发层相当于人脑，人脑只占人体总体重的 2%～3%。

1.2.2 支持数据科学项目的整个生命周期

基础设施堆栈的目标是在整个生命周期支持一个典型的数据科学项目，从其开始部署一直到无数次的增量改进迭代。之前，我们确定了大多数数据科学项目常见的三个共同主题，如下所示。图 1.4 显示了这些主题映射到堆栈的过程。

(1) 很容易看出，无论问题领域如何，每个数据科学项目都需要处理数据和计算，因此这些层构成了基础设施。这些层不知道具体的执行内容。

(2) 中间层定义了单个数据科学应用程序的软件架构：执行内容及方式——算法、数据流程、部署策略和结果分布。大部分工作都与集成现有软件组件相关。

(3) 堆栈的顶部是数据科学领域：定义一个数学模型以及如何将原始输入转换为模型可以处理的内容。在一个典型的数据科学项目中，当数据科学家用不同的方法进行实验时，这些层可以快速演变。

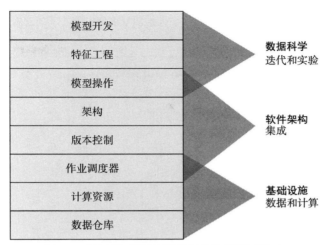

图 1.4　映射到基础设施层的数据科学项目的关注点

　　注意，层和主题之间不存在一对一的映射。关注点彼此重叠。我们使用堆栈作为设计和构建基础设施的蓝图，但用户不必对此过多关注。特别是，用户不应该触及层与层之间的接缝，而应该将堆栈用作一个高效的数据科学基础设施。

　　下一章将介绍 Metaflow。该框架通过示例展示了如何在实践中实现上述内容。也可以通过组合框架来定制自己的解决方案，这些框架需要遵循后面几章中列出的一般性原则，以此解决堆栈的不同部分。

1.2.3　不能以偏概全

　　如果你的公司需要高度专业化的数据科学应用程序(自动驾驶汽车、高频交易系统或可部署在资源受限的物联网设备上的小型模型)，该怎么办？当然，对于这样的应用程序而言，基础设施堆栈也存在巨大差异。

　　假设贵公司希望向市场提供最先进的无人驾驶飞机。整个公司都在开发一个数据科学应用程序：无人机。当然，这样一个复杂的项目涉及许多子系统，但最终的结果是产生一个应用程序，因此，数量或多样性不是首要考虑的问题。毫无疑问，速度和有效性很重要，但公司可能觉得核心业务需要高度定制的解决方案。

　　可使用图 1.5 所示的象限来评估你的公司需要的是高度定制的解决方案还是通用的基础设施。

　　无人机公司的这个特殊的应用程序对通用基础设施的多样性和数量没有需求，因此公司可能会专注于构建一个定制应用程序。同样，如果一家小型初创企业需要使用预测模型对二手车进行估价，则可以快速组装一个基本的应用程序来完成这项工作，而不必重新构建基础设施。

　　相比之下，一家大型跨国银行则拥有数百个数据科学应用程序，涵盖从信用评级到风险分析和交易等多个领域。每个应用程序都可使用容易理解的模型来解决(尽管很复杂，但"通用"在这种情况下并不意味着简单或不先进)，因此选择一个通用基础设施合情合理。而生物信息学研究所可能有许多高度专业化的应用程序，因此需要高度定制的基础设施。

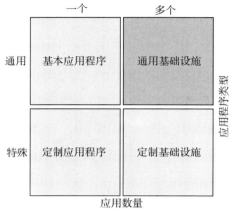

图 1.5   基础设施类型

随着时间的推移，无论从哪里开始，公司都倾向于使用通用基础设施。一家最初拥有定制应用程序的无人机公司，最终都需要其他数据科学应用程序来支持销售、市场营销、客户服务或其他产品线。公司可以为自己的核心技术保留一个专门的应用程序，甚至是定制的基础设施，同时为其他业务使用通用的基础设施。

提示   在决定基础设施策略时，请考虑最广泛的用例集，包括新的具有实验性的应用程序。一种常见的错误是根据几个最常见的应用程序的需求来设计基础设施，这并不能代表大多数(未来)用例的需求。事实上，最常见的应用程序可能需要一种可以与通用基础设施共存的定制方法。

定制应用程序在规模(如谷歌搜索)或性能(如必须在几毫秒内提供预测的高频交易应用程序)方面可能有独特的需求。像这样的应用程序通常需要人工定制：需要由经验丰富的工程师精心创建，还可能需要使用特定的硬件。定制应用程序存在的缺点是，通常很难在速度和数量方面进行优化(所需的特殊技能限制了可使用该类应用程序的人数)，且无法在设计上支持各种应用程序。

仔细考虑你需要构建或支持什么类型的应用程序。如今，大多数数据科学应用程序都可以由通用基础设施支持，这就是本书的主题。这是一件好事，可以帮助你对数量、速度、多样性和有效性进行优化。如果你的某个应用程序有特殊需求，则可能需要定制的方法。对于这种情况，较好的做法是将特殊应用程序视为特殊情况，同时仍对其他应用程序使用通用基础设施。

1.3   良好基础设施的重要性

当我们浏览基础设施堆栈的各层时，可以看到构建现代数据科学应用程序所需的各种技术组件。事实上，大规模的机器学习应用程序是人类有史以来构建的最复杂的机器，比如 YouTube 的个性化推荐，或者另一个更为普通的例子：实时优化横幅广告的复杂模型。这类应用程序涉及数百个子系统和数千万行代码。

按照我们最初的例子，相比于许多生产级数据科学应用程序，为乳制品行业构建基础设施的复杂性可能要低一个数量级。许多复杂性并不体现在表面上，但当出现故障时肯定会变得明显。

为了说明复杂性，想象一下，前面提到的八层堆栈为数据科学项目提供了动力。记住，单个项目可以涉及多台相互连接的机器，每台机器代表一个复杂的模型。不断有新的数据流并且可能是大量的数据通过这些机器。这些机器由一个计算平台提供动力，该平台需要同时管理数千台不同大小的机器。机器由一个作业调度器进行编排，确保数据在机器之间正确流动，并且每台机器各自在正确的时刻执行自己的操作。

我们有一个数据科学家团队研究这些机器，每位科学家都在快速迭代中测试所分配机器的不同版本。我们希望确保每个版本都产生有效的结果，希望通过并行执行每个版本来实时评估。每个版本都需要自己的独立环境，以确保版本之间不会相互干扰。

这个场景应该会让人想起工厂车间的样子，工厂里有工人和数百台不停运作、嗡嗡作响的机器。与工业时代的工厂不同，这个工厂不是只建一次，而是在不断发展，每天都会有些变化。软件不受物理世界的限制，但必然会产生不断增长的业务价值。

故事不会就此结束。一家大型或中型现代公司并非只有一个工厂，或是一个数据科学应用程序，而是可以拥有任意数量的应用程序。应用程序的庞大数量带来了操作负担，但主要挑战来自多样性：每个现实世界的问题领域都需要不同的解决方案，每个解决方案都有自己的需求和特点，从而导致需要支持的应用程序种类繁多。应用程序通常相互依赖，从而进一步加剧了复杂性。

举个具体的例子，假设有一家中型电子商务商店。这家店有一个定制的推荐引擎（"这些产品推荐给你！"）；衡量营销活动有效性的模型（"在康涅狄格州，Facebook 广告的效果似乎比谷歌广告的效果更好"）；物流优化模型（"投放 B 类货物比保留库存更有效"）；以及用于估计客户流失的财务预测模型（"购买 X 的客户似乎流失更少"）。这 4 个应用程序每个都是一个独立的问题。这可能涉及多个模型、多个数据流程、多人和多个版本。

1.3.1　管理复杂性

现实生活中数据科学应用程序的复杂性给基础设施带来了许多挑战。对于这个问题没有简单、精巧的技术解决方案。我们没有将复杂性视为可被清除或模糊处理的麻烦，而是将管理复杂性作为有效基础设施的关键目标。我们在多个方面应对挑战，具体如下：

- **实现**——设计和实现可以处理这种复杂性的基础设施是一项非常重要的任务。我们稍后将讨论应对工程挑战的策略。
- **可用性**——尽管涉及复杂性，但这是有效基础设施的一个关键挑战，以使数据科学家富有成效。后文将介绍以人为中心的基础设施，可用性是此类基础设施的关键动机。

- **操作**——如何在最少的人为干预下保持机器运转？减少数据科学应用程序的操作负担是基础设施的另一个关键目标，这是本书各章的共同主题。

在所有这些情况下，我们必须避免引入偶然复杂性，或问题本身并不需要而所用方法也不需要的复杂性。偶然复杂性对于现实世界的数据科学来说是一个巨大的问题，因为我们必须处理高度的固有复杂性，这使得很难区分真实问题和想象问题。

你可能听说过样板代码(该代码的存在只是为了满足框架)、意大利面流程(系统间的关系缺乏组织性)或依赖性地狱(难以管理不断更改的第三方库的图)。除了这些技术问题，我们还要面对人类组织带来的偶然复杂性：有时我们不得不在系统之间引入复杂的界面，但这并不是出于技术需要，而是因为界面要遵循组织边界，如数据科学家和数据工程师之间的边界。要了解更多相关信息，请参阅论文"Hidden Technical Debt in Machine Learning Systems"，该论文于2015年由谷歌出版，广受引用。

高效的基础设施有助于公开并管理固有复杂性(固有复杂性是我们所处世界的自然状态)，同时有意避免引入偶然复杂性。为此，需要不断进行判断。幸运的是，我们可以使用简单性控制偶然复杂性。简单性是一种久经考验的启发式方法。"一切都应该尽可能简单，但不能过分简单"是适用于所有高效数据科学基础设施的核心设计原则。

1.3.2　利用现有平台

如前几节所述，我们的工作就是基于八层堆栈构建高效的通用数据科学基础设施。我们希望以此管理现实世界的复杂性，同时将基础设施本身带来的额外复杂性降至最低。这听起来似乎是一项艰巨的任务。

很少有公司负担得起专门的大型工程师团队，为数据科学构建和维护基础设施。小型公司可能有一两名工程师专门负责这项工作，而大型公司可能有一个小团队。最终，公司希望用数据科学应用程序创造业务价值。基础设施是实现这一目标的手段，而不是目标本身，因此，公司应该确定相应的基础设施投资的规模。总之，在建设和维护基础设施方面，我们能花费的时间和精力是有限的。

幸运的是，正如本章开头所述，本书中的所有内容在技术上都可以在几十年内实现，因此我们不必从零开始。我们的工作不是发明新的硬件、操作系统或数据仓库，而是要利用现有的最佳平台，将其集成，并使其易于对数据科学应用程序进行原型开发和产品化。

工程师常常低估了"可能"和"容易"之间的差距，如图 1.6 所示。在"可能"一侧，以各种方式重新实现事物很容易，而不用真正回答如何从根本上使事情变得更容易的问题。然而，正是"容易"一侧使我们能够最大限度地实现数据科学应用程序

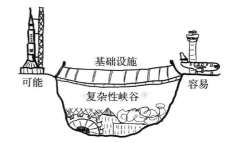

图 1.6　基础设施使事情变得容易

的 4 个维度——数量、速度、多样性和有效性，所以我们不应该在左侧(即"可能"一侧)花费太多时间。

本书首先帮助你尽可能地利用现有组件构建桥梁，这本身是一项非常重要的任务。由于堆栈各层并不相同，因此对于每个组件都有其他团队和公司进行研究。随着时间的推移，如果我们发现某一组件有问题，则可以在不干扰用户的情况下，用更好的替代品取代它们。

奇思妙想

云计算是解决方案的最好例子，尽管并不总是那么容易，但可以使许多事情在技术上成为可能。公共云(如 Amazon Web Services、Google Compute Platform 和 Microsoft Azure)允许任何人访问以前只有大型公司才能使用的基础层，从而大幅改变了基础设施的格局。这些服务不仅在技术上可用，而且在认真使用后，成本效益也非常高。

除了普及底层基础设施，云从本质上改变了我们构建基础设施的方式。以前，为高性能计算构建系统时面临的许多挑战都与资源管理有关，例如，如何保护和限制对有限计算和存储资源的访问，以及如何使资源的使用尽可能高效。

云改变了我们的思维方式。所有的云都提供了一个数据层，如 Amazon S3，提供了几乎无限量的存储，具有接近完美的耐久性和高可用性。同理，云还提供了几乎无限的、弹性伸缩的计算资源，如 Amazon Elastic Compute Cloud(Amazon EC2)和以此为基础构建的各种抽象概念。在构建系统时，我们可以假设拥有大量可用的计算资源和存储空间，并转而关注成本效益和生产效率。

本书假设你可以访问与云类似的基础设施。到目前为止，满足这一要求的最简单方法是在某家云供应商创建一个账户。你可以花几百美元构建并测试堆栈，也可以通过云提供的免费层进行构建和测试。或者，你可以构建或使用现有的私有云环境。然而，如何构建私有云则超出了本书的讨论范围。

云还为数据科学提供了更高级别的产品，如 Azure Machine Learning(ML)Studio 和 Amazon SageMaker。通常，可通过最少的定制将这些产品用作端到端平台，或者，也可将其部分集成到自己的系统中。本书采用后一种方法：你将学习如何利用云提供的各种服务以及使用开源框架，来构建自己的堆栈。尽管这种方法需要更大的工作量，但将为你提供更大的灵活性，结果可能更易于使用，而且定制堆栈也可能更具成本效益。在接下来的章节中，你将了解其中的原因。

总之，你可以利用云来解决低级、无差别的技术重任，从而有助于将有限的开发预算集中在独特的、差异化的业务需求上；最重要的是，应集中在优化组织中数据科学家的生产效率上。正如下一节所述，可以利用云逐渐将我们的重点从技术问题转移到人类问题上。

1.4　以人为中心的基础设施

基础设施旨在从多个方面最大化组织的生产力，可支持更多项目，交付更快，获得更可靠的结果，覆盖更多业务领域。为了更好地理解基础设施的完成方式，请考虑在没有高效的基础设施时会出现的以下典型瓶颈：

- **数量**——我们无法支持更多的数据科学应用程序，因为没有足够的数据科学家来进行研究。现有的数据科学家都在忙于改进和支持现有的应用程序。
- **速度**——我们无法更快地交付结果，因为开发可投入生产的模型 X 是一项重大的工程任务。
- **有效性**——模型的原型在笔记中运行良好，但我们没有想到模型可能会收到类似 Y 的数据，从而在生产中失效。
- **多样性**——我们希望支持一个新的用例 Z，但我们的数据科学家只了解 Python，而 Z 周围的系统只支持 Java。

所有这些情况都存在一个共同的因素，即人类带来了瓶颈。除了一些高度专业化的应用程序，由于硬件或软件的基本限制导致项目无法交付的情况很少发生。而人类无法足够快地交付软件就是一个典型的瓶颈成因。即使能够足够快地运行代码，也可能忙于维护现有系统，这是另一项至关重要的人类活动。

这一观察结果有助于我们认识到，尽管“基础设施”听起来很具有技术性，但我们并不是在为机器构建基础设施。我们构建基础设施旨在提高人类的生产力。这一认识将从根本上影响我们应该如何为数据科学家思考并设计基础设施，而数据科学家是人类，并非机器。

例如，若假设人类时间比计算机时间更宝贵(对于大多数数据科学家来说确实如此)，就应该淘汰像 C++这样的低级语言，而使用像 Python 这样的语言，尽管它使工作负载的处理效率更低，但它具有高表达性、高生产力。我们将在第 5 章深入探讨这个问题。

注意在上一节中，我们希望最大限度地利用现有平台，并将其集成到基础设施堆栈中。我们想要以一种提供连贯用户体验的方式做到这一点，最大限度地减少用户必须独立理解和操作每一层时所需的认知开销。我们的假设是，通过减少与基础设施相关的认知开销，可以提高数据科学家在认知开销最重要的领域(即数据科学本身)中的生产效率。

1.4.1　自由与责任

流媒体视频公司 Netflix 以其独特文化而闻名，最近的一本书 *No Rules Rules：Netflix and the Culture of Reinvention*(Penguin 出版社，2020)中详细描述了该公司的独特文化，其作者是 Erin Meyer 和 Netflix 的联合创始人兼长期首席执行官 Reed Hastings。Netflix 的核心价值观之一是“自由与责任”，赋予所有员工高度自由来决定自己如何工作。另一方面，公司期望员工考虑做最符合公司利益的事情，并在工作中认真负责。一个以人为中心的数据科学基础设施框架 Metaflow 诞生于 Netflix，深受 Netflix 公司文化的影响，第 3 章将对其进行介绍。

我们可以将自由与责任的概念应用于数据科学家的工作以及一般的数据科学基础设施。我们期望数据科学家是自己领域内的专家，例如，与特征工程和模型开发相关的问题领域；但并不要求他们是系统工程或其他与基础设施相关的主题的专家。然而，如果数据科学基础设施可用，我们希望他们有足够的责任感来选择利用基础设施。这个想法可以映射到基础设施堆栈，如图 1.7 所示。

　　图中左侧的三角形描绘了数据科学家的专业知识和兴趣领域。堆栈顶部最宽,专用于数据科学。在这几层中,基础设施应该赋予数据科学家最大的自由,允许他们根据自己的专业知识自由选择最佳的建模方法、库和特征。我们希望数据科学家稍后能够更自主地处理这一问题,因此他们应该关注模型操作、版本控制和架构,这是他们职责的一部分。

图 1.7　基础设施补充了数据科学家的兴趣

　　图中右侧的三角形描绘了基础设施团队的自由与责任。基础设施团队应该有最大的自由度来选择和优化堆栈的最底层,从技术角度看,最底层是至关重要的。可以在不过分限制数据科学家自由的情况下做到这一点。然而,随着层的升高,责任逐渐减轻。基础设施团队无法对模型本身负责,因为他们通常不具备专业知识,而且绝对不具备支持所有用例的规模。

　　这种安排具有双重目的:一方面,我们可以让数据科学家个人专注于他们喜欢的事情,赋予他们高度自由,从而最大限度地提高他们的生产效率和幸福感。另一方面,我们可以要求数据科学家负责地使用堆栈(包括他们可能不太感兴趣的部分),来实现符合公司利益的 4 个维度。最终在公司的需求和数据科学家的幸福之间实现合理的平衡。

1.4.2　数据科学家自主性

　　到目前为止,我们已经浅谈了“基础设施团队”和“数据科学家”。然而,数据科学项目中的实际角色可以更加丰富多彩,如下所示:

- **数据科学家或机器学习研究人员**,负责开发机器学习或其他数据科学模型,并制作原型。
- **机器学习工程师**,以可伸缩的、可投入生产的方式实现模型。
- **数据工程师**,为输入和输出数据建立数据流程,包括数据转换。
- **DevOps 工程师**,在生产中部署应用程序,并确保所有系统完美运行。
- **应用程序工程师**,将模型与其他业务组件(如 Web 应用程序)集成,这些组件是模型的消费者。
- **基础设施或平台工程师**,为许多应用程序提供通用的基础设施,如数据仓库或计算平台。

除了技术团队，数据科学项目的参与者还可能包括：业务所有者，了解应用程序的业务背景；产品经理，将业务环境映射到技术需求；以及项目经理，帮助协调跨职能协作。

任何参与过涉及多方利益的项目的人都知道，保持项目向前推进需要大量的沟通和协调。除了协调开销，增加并发数据科学项目的数量也很有挑战性。原因很简单，因为没有足够的人来填补所有项目中的所有角色。出于上述原因以及其他许多原因，许多公司认为，只要项目的执行不受影响，就可以减少项目的参与者。

基础设施堆栈的目标是能够合并前 4 种技术角色，从而使数据科学家能够在项目中自主地实现所有这些功能。公司中可能仍然存在这些角色，但不是每个项目都需要，这种情况下可以将这些角色分配给几个关键项目，他们可能支持更多的横向、跨项目的工作。

总之，数据科学家不可能突然成为 DevOps 或数据工程方面的专家，但应该能够以可伸缩的方式实现模型，建立数据流程，并独立部署和监控生产中的模型。数据科学家应该为此投入最小的额外开销，从而保持对数据科学的关注。这是以人为中心的数据科学基础设施的关键价值主张。从下一章开始，我们将从零开始构建以人为中心的数据科学基础设施。

1.5　本章小结

- 尽管在没有专用基础设施的情况下，也可以开发和交付数据科学项目，但高效的基础设施可以在不影响结果有效性的情况下，以更快的速度开发更多数量和多样性的项目。

- 支持数据科学家需要一个完整的系统基础设施堆栈，包括从数据和计算等基础层到特征工程和模型开发等更高级别的问题。本书将系统介绍所有层。

- 数据科学中并不存在普适方法。有效做法是根据你的特定需求定制基础设施堆栈的各个层。本书将帮助你实现这一点。

- 现代数据科学应用程序是一个精密、复杂的机器，涉及许多移动工件。管理好这种固有复杂性，并避免在执行时引入任何不必要的复杂性，是数据科学基础设施面临的一个关键挑战。

- 利用现有的、久经考验的系统(如公共云)，可以有效控制复杂性。接下来的各章将帮助你在堆栈的每一层选择合适的系统。

- 最终，人类往往是数据科学项目的瓶颈来源。我们的重点应该是提高整个堆栈的可用性，从而提高数据科学家的生产效率。

第 *2* 章

数据科学的工具链

本章内容

- 数据科学家每天从事的关键活动
- 提高数据科学家生产效率的基本工具链
- 工作流在基础设施堆栈中的作用

每个职业都有自己的专属工具。木匠需要锯子、尺子和凿子；牙医需要镜子、钻头和注射器。对于数据科学家来说，日常工作中需要哪些基本工具？

显然，需要一台计算机。但是计算机的用途是什么？应该将其用于运行繁重的计算、训练模型，还是仅仅将其视为一个相对简单的终端，用于输入代码和分析结果？生产应用程序并非在个人计算机上执行，所以原型开发也应该尽可能接近真实的生产环境。出人意料的是，回答这样的问题可能非常重要，而且答案可能对整个基础设施堆栈影响深远。

正如第 1 章中强调的，这些工具的存在最终是为了提高数据科学家的生产效率。我们必须仔细思考数据科学家日常的主要工作：探索与分析数据、编写代码、评估数据和检查结果。这些工作每天可能需要重复数百次，如何才能尽可能无缝地进行呢？对于这个问题没有标准答案。本章将为你提供思考和技术指导，帮助你构建适合你公司和技术环境的工具链。

可将全栈数据科学想象成一架喷气式战斗机——这是一项复杂的工程壮举，由无数相互关联的组件组成。本章介绍驾驶舱以及驾驶员用来操作机器的仪表板。从工程的角度看，驾驶舱与其下面重达 3 万磅的工程相比可能略显次要，基本上只包含一个操纵杆和一堆按钮(在数据科学中，只是一个编辑器和一个笔记)，但它通常决定任务的成败。

与数据科学家同行

为了使讨论更具体，更贴近现实世界企业的需求，我们将在整本书中假设与数据科学家 Alex 同行。其中充满各种数据科学家在现代业务环境中面临的典型挑战。Alex 帮助我们持续关注以人为中心的基础设施,并向我们说明基础设施如何与公司一起逐步成长。本书的每一节都会在开始时展示一个与 Alex 工作相关的激励场景,并在随后进行详细分析。

除了数据科学家 Alex,本书还谈及 Alex 所在的初创公司的创始人 Harper,以及基础设施工程师 Bowie(负责为数据科学家提供支持)。本书的目标读者是像 Alex 一样的数据科学家以及像 Bowie 一样的基础设施工程师,但像 Harper 这样的公司创始人也可能会对本书中更广泛的主题感兴趣。

Alex 拥有海洋生物学博士学位。他意识到拥有统计分析、基本机器学习和 Python 基础知识的人可以成为数据科学家,受到高度重视,于是决定从学术界转向工业界。

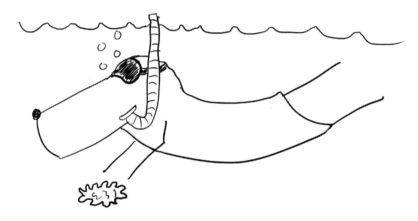

2.1 建立开发环境

Alex 加入了 Harper 的初创公司 Caveman Cupcakes,成为该公司首位数据科学家。该公司主要生产并交付即将实现个性化的古早纸杯蛋糕。Bowie 是 Caveman 的基础设施工程师,帮助 Alex 入门。Alex 问 Bowie,Caveman 的数据科学家是否可以使用 Jupyter 笔记完成工作。Alex 希望最好可以使用,因为他对学术界的笔记非常熟悉。听到这些后,Bowie 意识到数据科学家有特殊的工具需求。他们应该安装什么工具?以及应该如何配置这些工具才能让工作最高效?

如果你只能建立一个基础设施，那么就使它成为数据科学家的开发环境。出乎意料的是，尽管许多公司拥有调整好的、可伸缩的生产基础设施，却以临时方式解决代码的开发、调试和测试问题。我们不应将个人工作站仅仅视为一个 IT 问题，而应将开发环境视为构成有效基础设施的主要组件。毕竟可以说，任何数据科学项目最重要的成功因素都是参与者及其生产效率。

有本词典将人机工程学定义为"对人们在工作环境中的效率的研究"，这一定义很好地概括了本章的重点。数据科学的开发环境需要优化以下两种人类活动的人机工程学：

(1) **原型开发**——将人类知识和专业知识转换为功能代码和模型的迭代过程。

(2) **与生产部署交互**——将代码和模型连接到周围的系统，并操作这些生产部署，以便产生持续的业务价值。

图 2.1 所示的原型开发周期在软件工程中很常见，称为 REPL，即读取—评估—打印循环。在编辑器中开发代码，使用交互解释器或终端对其进行评估，并分析结果。根据结果，修复并改进代码，然后重新启动循环。该循环与在数据科学中的工作原理类似：开发一个模型或代码来处理数据、评估数据并分析结果。

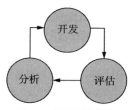

图 2.1　原型开发周期

为了提高数据科学家的生产效率，我们希望尽可能快速、轻松地完成这个循环的每一次迭代，包括优化每个步骤以及步骤之间的转换：编写代码段并对其进行评估需要多长时间？获取结果并开始分析难度有多大？探索、分析和理解结果并相应更改代码是否容易？最终，我们需要基础设施堆栈的所有层相互协作来回答这些问题，不过我们将在下面的小节中开始奠定回答这些问题的基础。

经过无数次的原型开发周期迭代，数据科学家获得了代码段，这样就可以产生一个前景良好的模型或其他期望的输出。尽管这对数据科学家来说是一个重大的转折点，但仍有许多悬而未决的问题：当模型与真实世界中的数据连接时，是否会产生预期结果？模型是否可以扩展需要处理的所有数据？模型是否能够抵抗随时间推移而产生的更改？操作方面还会有其他出人意料之处吗？

想要在原型环境中回答这些问题并不容易。但是，我们应该将模型作为实验部署到生产环境中，从而观察模型在实践中的性能。可以预料，模型的初级版本无法达到完美，但生产故障为我们提供了宝贵的信息，可用于改进模型。

进行此类可控实验是科学方法的核心。科学家提出假设，进行实验并分析结果。SpaceX公司开发的一种新的可重复使用的火箭"猎鹰9号"，在第一次成功完成助推器着陆之前，进行了 20 次试射迭代，如图 2.2 所示。

从部署模型到生产、观察问题并使用原型开发周期修复问题的过程形成了一个高阶循环，我们称之为"与生产部署交互"。

如图 2.3 所示，生产部署不是单向的，而是一个迭代循环，与原型开发周期协同工作。我们希望帮助数据科学家理解模型会在生产中失败的方式以及原因，并帮助他们在本地重现所有问题，以便他们使用熟悉的原型开发周期来改进模型。值得注意的是，在成功的项目中，这些循环都是无限循环：一个成功的模型需要不断地被改进和调试。

图 2.2   SpaceX 公司对"猎鹰 9 号"的迭代

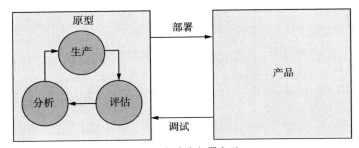

图 2.3   与生产部署交互

    在软件工程领域，这个概念被称为持续交付(Continuous Delivery，CD)。尽管GitHub Actions 等 CD 系统可用于促进数据科学部署，但数据科学应用程序和传统软件之间仍存在一些关键差异，如下所示：

- **正确性**——在将传统软件部署到生产环境之前，通过自动化测试可以相对容易地确认其是否正常运行。但数据科学通常并非如此。部署(如执行 A/B 实验)是为了在部署之后验证正确性。

- **稳定性**——再次强调，通过自动化测试可以相对容易地确认传统软件在其定义良好的环境中正常运行。相比之下，数据科学应用程序会受到不断更改的数据的影响，从而导致在部署后发生意外。

- **多样性**——我们能够开发传统软件组件，从而近乎完美地完成预期的工作。相比之下，用模型很难达到如此完美的水平，因为我们总是有新的想法和数据可以测试。相应地，我们也希望能够并行部署模型的多个版本，并快速迭代。

- **文化**——DevOps 和基础设施工程领域有着深厚的文化和自己的术语，这是大多数数据科学课程所没有涵盖的。应遵循以人为中心的精神，某一领域的数据科学家无法突然成为另一领域的专家。

为了满足数据科学的需要，当构建高效的基础设施时，我们可以借鉴并部分利用现有的
CD 系统。前面介绍的两个循环是科学家在开发、部署和调试数据科学应用程序时重复的概念
性动作序列。本章的其余部分将对此进行详细介绍。我们将介绍数据科学家应该使用的实际工
具，并讨论如何设置这些工具。我们无法规定一种正确配置数据科学环境的方法，原因是详细
信息取决于你周围的业务基础设施，但我们会提供足够的技术背景和评估标准，以便你能够根
据确切需求做出明智决定。图 2.4 展示了预期结果。

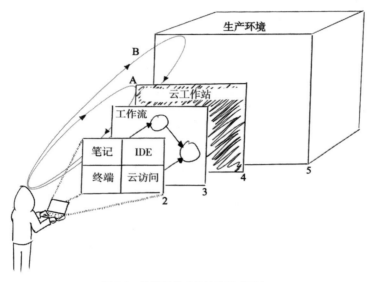

图 2.4　数据科学工具链的组成要素

(1) 我们的焦点是数据科学家，数据科学家将使用工具链来支持两个核心活动：原型开发
周期(A)与生产部署交互(B)。

(2) 在下面的小节中，我们将介绍应该为科学家提供的关键生产力工具。

(3) 在 2.2 节，我们会强调将数据科学应用程序结构化为工作流的意义。

(4) 我们还将在尽可能类似于生产环境的环境中运行原型开发周期，并在实践中使用云实
例支持原型开发周期。

(5) 本章介绍了一个用户界面，可将其视为科学家用来指挥和控制生产环境的驾驶舱。后
续章节将对此展开详细介绍。

2.1.1　云账户

我们将在本书中构建基础设施，并假设你在公共云供应商(如 Amazon Web Services(AWS)、
Google Cloud Platform(GCP)或 Microsoft Azure)拥有账户。我们将在所有示例中使用 AWS，因
为这是当今使用最广泛的云平台。你应该能够相对容易地将示例和概念应用到其他云环境，包
括私有云。

AWS 提供了一个免费层，允许你以最低或零成本设置本书中介绍的基本架构。因此，如果你没有 AWS 账户，强烈建议你创建一个。创建账户很简单，只需按照相应的说明进行操作即可。

许多公司都有云账户。你应该能够使用它们达成本书目的。关于如何配置用户账户、执行身份验证和授权(如 IAM 用户和 AWS 策略)在此不进行介绍。这些关注点并非特定于数据科学，你应该能够使用以前使用过的相同策略。

2.1.2 数据科学工作站

数据科学家需要一个工作站来驱动原型开发周期，即开发、测试、部署代码和模型。如今，物理工作站通常是个人计算机。然而，由于需要高可用性和可伸缩性，因此不应该在计算机上运行生产代码和模型，而应该在云环境中部署生产模型。除了开发和生产硬件上的差异，操作系统也常常不同。我们通常在计算机上使用 OS X 或 Windows，在服务器上使用 Linux。

开发工作站和生产环境之间经常出现技术差距，这可能会在与生产部署交互时造成摩擦。这种差距并非仅存在于数据科学领域。例如，Web 应用程序开发人员通常在类似的环境中运行。但由于一些原因，这种差距带来的问题对数据科学来说尤其显著。与 JavaScript 库相比，现代建模库倾向于针对特定的 GPU 和 CPU 架构进行高度优化。此外，大规模数据处理往往比典型的非数据科学应用更难推动硬件和软件，从而放大了环境之间行为的差异。

由于许多软件开发人员都经历过这种艰难的过程，因此当生产环境与开发环境差别较大时，调试代码可能会较为困难。我们可通过分解原型开发周期来解决差距问题。我们可在云中运行任何或所有步骤，而不是在计算机上运行开发、评估和分析的每一步。实际上，这意味着我们需要一个半持久的 Linux 实例或数据科学家可以连接到的云容器。

建立一个可以按需启动和终止此类实例的系统需要预先配置，并对数据科学家进行训练。在决定是要提供完全本地(基于计算机)、完全远程(基于云)还是混合的解决方案时，请考虑表 2.1 中列出的利弊。

表 2.1 比较作为开发环境的计算机与云实例

比较项	计算机	云实例
建立难易程度	立即熟悉	具有学习曲线
使用难易程度	最初很容易，但对于复杂的情况(如部署)则较难	最初较难，在更复杂的情况下更具优势
原型开发周期的速度	步骤之间转换快速，但由于硬件有限，评估速度可能较慢	步骤之间的转换可能较慢，但评估速度较快
支持的难易程度	难以监控，难以远程提供交互支持	轻松——支持人员可使用标准监控工具来远程观察实例和/或登录实例
可伸缩性	不可伸缩——硬件已修复	可伸缩——可根据用例选择实例大小

(续表)

比较项	计算机	云实例
与生产部署的交互	存在潜在的跨平台问题(OSX 与 Linux)	原型开发和生产环境之间的差异最小
安全性	由于同一台计算机除了用于数据科学，还有许多用途，因此会带来许多问题。另外，计算机可能会被弄丢	与任何其他云实例类似，易于保护和监控。可使用标准的基于云的身份验证和授权系统，如 AWS IAM
同质性	每个数据科学家所在的环境都可能稍有不同，使得更难调试问题	易于确保环境高度一致

总结表 2.1，基于云的工作站需要在基础设施方面进行更多的前期工作，但在安全性、可操作性、可伸缩性以及与生产部署交互方面，存在巨大优势。当你阅读本书后面各章时，将会更清楚地感受到这一点。当然，你也可以很快开始使用基于计算机的方法，并在以后随着需求的增长重新考虑这个决定。

如何提供基于云的工作站取决于你的业务环境：使用什么云供应商，如何设置其余基础设施，以及数据科学家需要遵守什么样的安全策略。下面列出了一些原型示例，介绍了一些可用选项。未来几年很可能会出现新的解决方案，因此这份清单还有待完善。

通用云 IDE：AWS Cloud 9

AWS Cloud 9 是一个通用的、基于云的集成开发环境(Integrated Development Environment，IDE)，该代码编辑器在服务器支持的浏览器中运行，服务器由运行 Linux 的 AWS(EC2 实例)提供。使用 AWS Cloud 9 类似于用以下方式使用计算机：

- AWS Cloud 9 类似于本地编辑器，带有一个内置的调试器。命令行会话类似于本地终端。
- AWS Cloud 9 管理一个附加到编辑器会话的标准 EC2 实例，可使用它来支持原型开发周期，并与生产部署交互。或者，可以将其配置为连接到现有 EC2 实例，以进行更多控制。
- 除了通常的 EC2 费用，没有额外的费用，而且未使用的实例会自动停止。因此这可能是一个非常合算的解决方案。

缺点是，AWS Cloud 9 没有任何内置支持笔记(下一节将详细介绍笔记)。但通过一些定制操作，也可使用底层 EC2 支持笔记内核。

特定于数据科学的环境：Amazon SageMaker Studio

Amazon SageMaker Studio 是 JupyterLab 数据科学环境的托管版本，与 AWS 数据科学服务紧密集成。尽管你可以将其用作类似于 AWS Cloud 9 的通用代码编辑器，但它以笔记为中心，方式如下：

- SageMaker Studio 为你管理支持笔记和终端的实例，类似于 AWS Cloud 9，但使用的不是普通的 EC2 实例，而是成本更高的特定于 ML 的实例类型。

- 易于 Jupyter 和 JupyterLab 的现有用户使用。
- 便于与 AWS 数据科学服务集成。

其他云供应商也在其平台提供了类似的服务，如微软的 Azure Machine Learning Studio。如果你想利用与之集成的供应商的其他服务，完整的数据科学环境是最有用的。否则，较简单的编辑器可能更易于使用和操作。

由云实例支持的本地编辑器：Visual Studio Code

AWS Cloud 9 和 SageMaker Studio 都完全基于云，包括基于浏览器的编辑器。尽管这种方法有很多好处，如易于操作、安全性高，但有人发现基于浏览器的编辑器比本地编辑器更难以使用。使用本地编辑器(如 PyCharm 或 Visual Studio Code(VSCode))也是一种很好的方法，它由云实例支持。

特别要注意，VS Code 是一个流行的、功能强大的编辑器，提供对远程代码执行的集成支持，称为 Visual Studio Code Remote (SSH)。使用此功能，可帮助你使用选择的任意云实例来计算任何代码。此外，VS Code 还带有对笔记的内置支持，可以在同一个远程实例上运行，为数据科学家提供了无缝的用户体验。

混合方法的主要缺点是，必须要部署一种机制来管理本地编辑器使用的云实例。这可通过类似 Gitpod 的项目来实现。例如，一个相对简单的方法是为每个用户启动一个容器，并配置他们的编辑器，使其自动连接到个人容器。

2.1.3　笔记

上一节介绍了原型开发周期的基本内容：在编辑器中开发代码，在终端中评估代码，并分析终端上打印的结果。这是几十年来开发软件的经典方式。

许多数据科学家都熟悉另一种软件开发方式：在一个称为笔记的文档中编写和评估代码。笔记方法的一个典型功能是，代码可以增量地编写为小代码段或单元，可以在运行中对其进行评估，以便在代码旁边显示和存储结果。笔记支持丰富的输出类型，因此输出可以包括任意可视化形式，而不是像在终端中那样只输出纯文本。当建立新的数据科学应用程序原型或分析现有数据或模型时，这种方法很方便。

许多独立的笔记环境都是可用的，其中大多数针对特定的编程语言。较为知名的环境包括 R 的 R Markdown 笔记，Scala 的 Zeppelin 和 Polynote，Wolfram 语言的 Mathematica，以及 Python(和其他语言)的 Jupyter(当今最流行的笔记环境)。

鉴于笔记在数据科学中的普遍性和实用性，我们很难想象数据科学的基础设施不支持笔记的情景。一些基础设施将这种方法发挥到了极致，并建议所有数据科学代码都应该在笔记环境中编写，就像真的笔记一样。尽管笔记对于探索性编程、分析、教学和快速原型开发无疑是有用的，但我们尚且不清楚它是否是通用软件开发的最佳方法，而通用软件开发是现实世界数据科学项目的一个重要组件。为更好地理解笔记在数据科学堆栈中的作用，首先需要了解笔记的独特优势，如下所示：

- 原型开发周期非常快。你可以在单元格中编写代码段，只需要单击一个按钮，就可以对其进行求值，并在代码旁边看到结果。不必在窗口或选项卡之间切换。
- 结果可以是图表、图或任意可视化形式。数据帧(即数据表)自动可视化为表格格式。
- 笔记格式鼓励创作线性叙事，便于人们阅读理解。结果看起来类似于可执行的研究论文。
- 大多数笔记 GUI 在浏览器中运行，有一个简单的后端进程，可以在本地运行，因此你可以以最少的设置开始。
- 特别是，不同的平台广泛使用、教授和支持 Jupyter 笔记。网上也有大量相应的材料和例子供参考。
- 许多现代数据科学库被设计为在笔记上使用。它们带有内置的可视化和 API，使笔记的使用更方便。

笔记的所有好处都与用户体验有关。笔记可以让数据科学家(而不是计算机)变得更有效和高效。但另一方面，笔记需要自己的基础设施堆栈，这带来了额外的复杂性，从而导致脆性。因为计算机并不在乎笔记的情况，所以当人类不在循环中时，我们可以在没有笔记的情况下执行代码，生产部署中就是如此。

另一个问题与笔记的线性叙事性质有关。尽管人类善于阅读和理解线性发展的故事(如本书)，但计算机程序在本质上往往是非线性的。将程序构造为独立但相互作用的模块，其中每个模块都有明确的逻辑作用，这被公认为一种良好的软件工程实践。模块之间任意调用，形成调用图，而不是线性叙事。

还可以在多个项目中重复使用和共享这些模块，从而使依赖关系图更加复杂。要管理一个大型软件项目，必须使用像 Git 这样的版本控制系统。从技术上讲，在笔记中可以编写任意代码，对其进行版本控制，还可以创建可组合的笔记，但这已经超出了范式的限制，需要多层非标准工具。

尽管具有混合媒体输出的笔记非常适合用于探索和分析，但传统的 IDE 和代码编辑器针对结构化编程进行了优化，使得更易于管理和编写跨多个文件的大型代码库。一些现代 IDE(如 PyCharm、VS Code 或 JupyterLab)在单个界面中支持这两种模式，试图将两者的优点结合起来。

本书提倡一种务实的方法：我们可以使用笔记来处理其适用的用例，而在其他地方使用传统的软件工程工具。图 2.5 通过在原型和生产循环中覆盖建议的工具，扩展了前面的图 2.3。

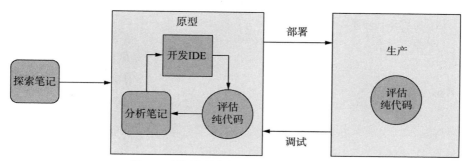

图 2.5　建议用于原型开发和生产循环的工具

想象一下，你要开始一个新的数据科学项目。甚至在开始创建第一个原型(即进入原型开发周期)之前，你可能需要花费一些时间来理解数据和问题域。对于这种开放式探索而言，笔记是一个很好的工具，它的目的并不在于生产任何持续型软件工件。

在最初的探索阶段后，你将开始构建解决方案的原型。该解决方案是一个数据科学应用程序，本质上是一个软件，通常由多个模块组成，因此我们可使用一个为此目的而优化的工具：IDE 或代码编辑器。结果是一个应用程序，一个脚本，我们可在本地和生产环境中将其评估为纯代码，而不会增加任何复杂性。当代码失败或你想要改进模型时，可再次回到笔记进行分析和探索。我们将在后续章节中了解实际情况。如前所述，如今的 IDE 可以在笔记和编辑器模式之间无缝切换，因此能够以最小的摩擦在循环步骤之间进行转换。

设置 Jupyter 笔记环境

在实践中，设置笔记环境意味着什么？首先，考虑一下 Jupyter 的高级架构(许多其他笔记环境都有类似的架构)，如图 2.6 所示。

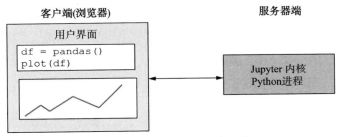

图 2.6　Jupyter 客户端和服务器端

笔记由两个主要部分组成：一个在浏览器中运行的基于 Web 的用户界面和一个后端进程，其中后端进程是一个内核，管理用户界面请求的所有状态和计算。每个笔记会话都由一个独特的内核支持，因此当在单独的浏览器选项卡中打开多个笔记时，通常会有多个内核并行运行。

从基础设施的角度看，关键问题是在哪里运行内核。Python 进程需要在某种服务器上执行。最简单的选择是在用户的计算机上将内核作为本地进程运行，如图 2.7 中最左边的选项 1 所示。

在选项 1 中，笔记启动的所有计算都在用户的计算机上进行，与所有 Python 脚本类似。这种方法具有本地代码评估的所有优点和缺点，我们在表 2.1 中对此进行了介绍。特别要注意，环境不可伸缩，很难用统一的方式进行控制。这种方法的主要优点是简单，你可以在计算机上执行以下命令：

```
# pip install jupyter
# jupyter-notebook
```

选项 2 通过在云实例上运行内核(在上一节中讨论过的云工作站)来解决本地方法的局限性。可以根据用户的需求和用例来扩展云工作站，可以为所有数据科学家提供统一的环境。缺点是，基础设施团队需要设置工作站，包括云工作站和本地计算机之间的安全网络连接，如虚拟专用网络(Virtual Private Network，VPN)。然而，除了初始配置成本，这种设置对于数据科学来说可能非常有效。

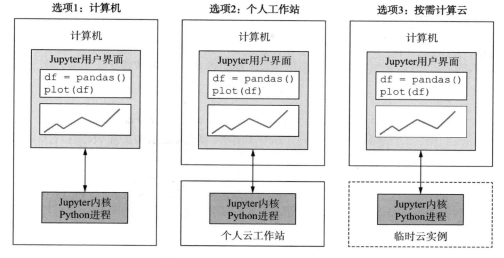

图 2.7　运行 Jupyter 内核的三个选项

选项 3 是笔记的"无服务器"方法。选项 2 使人们错信云中有持久的、有状态的计算机，就像个人工作站一样。选项 3 消除了"任何服务器首先都需要运行内核"这一概念。毕竟，用户看到的只是基于浏览器的 Jupyter 用户界面，所以他们不必关心后端。

实际上，选项 3 需要一个允许打开笔记的入口。当笔记打开时，会为笔记联机配置一个临时实例。这种方法的例子包括 Google Colab 和一个开源的 MyBinder.org。

除了操作复杂性，这种方法的主要缺点是，笔记是无状态的。笔记内核之间没有持久的本地文件系统或依赖关系可以自动持久，使得这种体验与本地计算机截然不同，本地计算机一直保持状态，直到被明确删除。此外，这种方法不允许与本地编辑器(如 VS Code)进行交互(选项 2 中可能允许)。对于快速便笺簿环境或不需要完整持久工作站的用户来说，选项 3 非常有用。

2.1.4　归纳

下面总结一下前面几节介绍的内容：

(1) 为了提高数据科学家的生产效率，我们应该优化两个关键活动的人机工程学：原型开发周期、与生产部署交互。

(2) 为了使数据科学家能够从一开始就与云无缝协作，有很多充分的理由，特别是将更易于与生产部署交互。

(3) 现代编辑器可将代码评估推送到云端。与在计算机上评估代码相比，这样做可使评估环境的可伸缩性更强、更易于管理、更接近生产部署，但需要基础设施团队进行一些前期配置工作。

(4) 笔记是一些数据科学活动不可或缺的工具，对传统的软件开发工具进行了补充。你可以在支持其他代码评估的同一个云工作站上运行笔记。

图 2.8 说明了用于数据科学的云工作站的架构。在实践中，有许多方法可实现设置。你可以选择编辑器或满足需求的 IDE。你可以在浏览器中独立使用笔记，也可以在编辑器中嵌入笔记，如使用 Visual Studio Code 或 PyCharm。或者，你可以选择一个包含完整代码编辑器的笔记环境，如 JupyterLab。工作站实例可以是在基于云的容器平台上运行的容器，如 AWS 弹性容器服务(Elastic Container Service，ECS)。

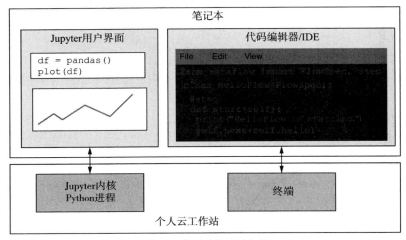

图 2.8   数据科学云工作站

图 2.9 显示了带有嵌入式编辑器、终端和笔记的 Visual Studio Code 会话。只需要单击一下，科学家就可以在终端的编辑器中执行代码。再单击一下，就可以更新可视化结果的笔记视图。终端和笔记内核可以在本地或云工作站上执行。

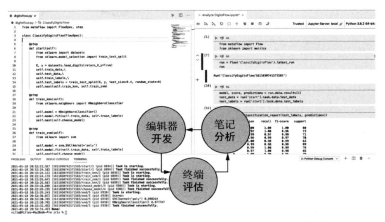

图 2.9   覆盖整个原型开发周期的 Visual Studio Code 设置

通过这样的设置，科学家可以快速迭代原型开发周期的步骤，如图 2.9 所示。

2.2　介绍工作流

　　在 Caveman 的第二天，Alex 参加了由 Harper 主持的入职培训。Harper 解释了该公司如何从多家供应商处获取有机原料，如何使用手工方法生产各种各样的纸杯蛋糕，以及如何处理全国物流。Alex 对生产古早纸杯蛋糕所需的复杂价值链感到困惑。公司的数据科学家应该如何处理所有相关数据、保持模型更新并将更新的预测发送到各个业务系统？这些问题的复杂程度似乎超出了 Alex 之前在学术界使用笔记所处理的问题范围。

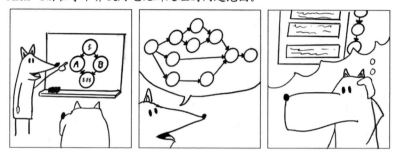

　　我们在上一节中介绍的开发环境是我们生产鲁棒、可投入生产的数据科学应用程序的第一步。它提供了编写代码、评估代码和分析结果的方法。现在，我们应该编写什么代码？如何编写代码？

　　当提到机器学习、人工智能或数据科学等术语时，通常会让人想起"模型"的概念。我们所说的模型是指世界的任何一种计算抽象，它接收输入，执行计算，并产生一个输出，如图 2.10 所示。在数据科学领域，这些模型通常被表示为人工神经网络或使用统计方法，如逻辑回归。

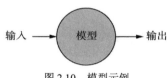

图 2.10　模型示例

　　为真实世界现象构建精确模型并不容易。过去，这种任务是由科学家完成的，这些科学家经过大量的理论训练，对问题领域有深刻理解。根据公司的不同，人们可能会期望数据科学家主要专注于构建模型。然而，在业务环境中构建实用的模型与在研究论文中推出模型设计截然不同。

　　考虑一个常见的业务环境，比如前面介绍的 Caveman Cupcakes。数据科学家 Alex 面临以下 3 个挑战：

　　(1) 将 Caveman Cupcakes 的整个业务建模为单一模型可能不可行。相反，这位数据科学家应该专注于建模一些特定的业务问题，例如，建立一个计算机视觉模型，自动检测生产线上有缺陷的纸杯蛋糕；或者使用混合整数规划来优化物流。因此，随着时间的推移，该公司的数据科学家将产生一套模型，每个模型都有自己的要求和特点。

　　(2) 在业务环境中，模型不能只是一个抽象的数学构造。模型需要在实践中执行计算，这意味着需要用编程语言实现模型，并且需要模型可靠执行。这在软件工程中是一项非常重要的练习，尤其是因为我们不能无限地等待结果。我们可能需要并行运行一些操作，也需要在 GPU 等专用硬件上运行一些操作。

(3) 除了图 2.10 中的大圆圈(即模型)，两个箭头也不容忽视：输入和输出。模型需要接收准确的、不断更新的数据，这并不容易。最后，在如数据库、计划电子表格或其他软件组件等位置得出模型结果，用于业务。

总之，数据科学家要了解有待解决的业务问题、设计模型、将其作为软件实现、确保获得正确的数据，并确定将结果发送到的位置。为此，数据科学家需要在原型开发周期(上一节已介绍)上花费大量时间。

充分解决了这个特定的业务问题后，就可以对其他业务问题重复相同的过程。这个循环无限重复。模型从来都不是完美的，公司总会有新的业务问题需要优化。

此外，所有这些系统都必须保持可靠运行，最好是全天候运行。这需要与生产部署进行大量交互，因为模型经常被公开在真实世界的熵和数据中，从而会受到损害，就像任何公开在元素中的真实机器一样。这是我们在上一节中讨论的第二个循环。

最终，我们得到了一个由数据流程和模型组成的网络——如图 2.11 所示，该网络像一个庞大的不断运行的工厂，需要不断维护。为了保持工厂的可理解性和可操作性，我们需要在构建这些模型时施加一些结构。主要出于这一目的，我们需要将建模和数据流程，或工作流，作为基础设施中的一流实体。

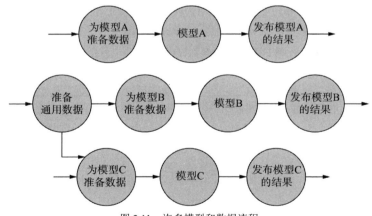

图 2.11　许多模型和数据流程

2.2.1　工作流基础

在这种情况下，工作流是一个有向图，即一组由有向边(箭头)连接的节点或步骤(如图 2.12 中的圆圈所示)。其表示步骤之间的前后关系。例如，在图 2.12 中，我们清楚地知道 A 必须发生在 B 之前。

步骤的顺序并不总是完全明确的。在图 2.13 中，我们知道 A 必须在 B 和 C 之前执行，B 和 C 必须在 D 之前执行，但 B 和 C 之间的顺序未定义。

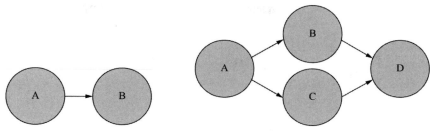

图 2.12　A 发生在 B 之前的工作流　　　图 2.13　可按任何顺序执行 B 和 C 的工作流

可以使用这样的工作流来表明我们并不关注 B 是否在 C 之前执行,只要它们都在 D 之前执行。这个功能很有用,允许我们并行执行 B 和 C。

图 2.14 描绘了一个构成循环的有向图:在 C 之后,我们再次回到 A。当然,这会导致无限循环,除非我们定义了某种停止条件。或者,我们可以不使用带有循环的图,认为只有有向无环图或 DAG 等才是有效的工作流。事实上,仅支持 DAG 是工作流引擎的常见选择。

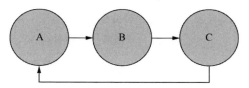

图 2.14　具有循环的工作流,即循环图

为什么 Alex 或其他数据科学家应该关注 DAG?考虑以下 3 个原因:

(1) DAG 引入了一个通用的词汇,即步骤及其之间的转换,使得我们更易于编写和理解 DAG 结构的重要应用程序。

(2) DAG 帮助我们明确操作的顺序。这一点很重要,特别是当顺序比简单的线性顺序更复杂时更是如此,就像笔记上所呈现的。通过明确操作顺序,数据流程和模型网络会更易于管理。

(3) DAG 可以帮助我们明确在何种情况下操作顺序并不重要,如图 2.13 所示。我们可以自动并行执行这些操作,这是高性能的关键。典型的数据科学应用程序中可以出现大量的并行执行,但在大多数情况下,如果不明确表示,计算机就无法自动计算出来。

总之,在高层次上,可以将 DAG 视为一种语言,但也不是编程语言,而是人与人之间交流的一种形式化结构,帮助我们以简洁易懂的方式讨论复杂的操作序列。

2.2.2　执行工作流

如果 DAG 只是讨论数据科学应用程序结构的一种抽象方式,那么如何将理论付诸实践?也就是说,如何在实践中执行工作流?归根结底,是由工作流编排器(也称为作业调度器)执行工作流,我们将在下面讨论。在深入研究各种编排器(有数百种)之前,我们需要先深入研究将抽象 DAG 转换为执行代码所需要关注的问题。

具体的工作流涉及 3 个独立的关注点:应该执行什么代码(步骤的内容),应该在哪里具体执行代码(计算机的某处需要执行代码)，以及应该如何编排步骤。这 3 个关注点映射到第 1 章介绍的基础设施堆栈的不同层，如图 2.15 所示。

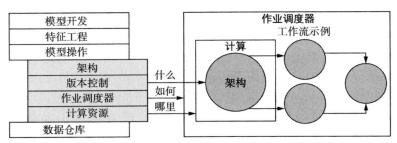

图 2.15   工作流执行的 3 个关注点

架构层定义了数据科学家应该在步骤中编写的代码，它是工作流的用户界面层。不同的工作流框架提供不同种类的抽象，针对不同的用例进行优化。其中有些是图形化的(可以通过拖曳圆圈来定义工作流)，有些是基于配置的，有些则定义为代码。

在数据科学家看来，架构层是工作流中最明显的部分。数据科学家对堆栈顶部的层更感兴趣。架构层基本上定义了何种数据科学应用程序能够在系统中自然表达，这使得它可能是选择工作流框架时最重要的考虑因素。

计算资源层确定具体执行用户代码的位置。想象一个有 600 个并行步骤的工作流。每个步骤在 16 核 CPU 上执行 30 秒。如果计算层只包括一个 16 核实例(可能计算层是一台计算机!)，那么执行这些步骤需要 5 个小时。而如果计算层是一个有 100 个实例的集群，执行这些步骤只需要 3 分钟。如你所见，计算层对工作流的可伸缩性有很大的影响，我们将在第 4 章和第 5 章中详细讨论。

最后，我们需要一个系统来遍历 DAG，将每个步骤发送到计算层，等待每一步骤完成并继续下一步骤。我们称这个系统为作业调度器。调度器层不需要关心正在执行的是什么代码以及执行代码的计算机具体位于哪里。它的唯一职责是按照 DAG 定义的正确顺序安排步骤，确保在继续执行后续步骤之前，每个步骤都能成功完成(这一顺序的技术术语为拓扑顺序)。

尽管这个过程听起来似乎很简单，但作业调度器层是工作流鲁棒性和可操作性的保证。它需要监控计算层是否成功完成步骤，如果没有，则需要重试。它可能需要在成千上万个工作流中同时执行数十万个步骤。从用户的角度看，作业调度器最好可以观察执行情况(可能是通过GUI)，并在工作流失败时向所有者发出警报。

除了操作问题，我们还可根据指定 DAG 的方式来区分两种主要类型的作业调度器。需要在执行开始之前完全指定 DAG 的调度器被称为静态 DAG。另一种调度器允许在执行期间以增量方式构建 DAG，这称为动态 DAG。这两种方法各有利弊。

每个工作流框架都需要解决所有 3 个关注点。每个关注点本身都是一个深刻的主题，需要大量工程。除此之外，关注点之间相互作用。不同的框架最终会做出不同的技术选择，从而影响可伸缩性和鲁棒性。而不同的选择针对的用例以及做出的权衡不同，会对用户体验产生影响。

因此，数百个工作流框架表面上看起来都很相似(因为所有这些框架都可以执行 DAG)，但实际上存在着显著的差异。

2.2.3　工作流框架

有关科学工作流系统的维基百科文章列出了 20 个面向科学应用的著名工作流框架。另一篇关于工作流管理系统的文章列出了更多面向业务用例的此类系统。这两份清单都未包含许多流行的开源框架和资金充足的初创公司。环境也在迅速发生变化，所以当你阅读本书时，试图列出所有框架的做法早已过时。

我们并不试图对所有框架进行排名，而是提供评估框架的标准，如下所示。该标准以上一节中提到的 3 个关注点为基础：

(1) 架构——实际代码的样子以及系统对数据科学家的意义。系统提供的抽象是否使数据科学家更高效，并允许他们更快地交付端到端的数据科学应用程序？

(2) 作业调度器——如何触发、执行和监控工作流，以及如何处理故障。在不停机的情况下管理整个工作流网络有多容易？

(3) 计算资源——实践中执行代码的位置。系统是否可以处理具有不同资源需求的步骤，如 GPU？系统可以并行执行多少步骤？

如何权衡这 3 个维度应该取决于特定用例和业务环境。对于一个拥有少量小用例的小型初创企业来说，计算资源可能不是什么大问题。对于一个拥有大规模用例的公司来说，计算资源可能是最重要的。对于一个由来自不同背景的数据科学家组成的大型分布式组织，以及一个由 Haskell 专家组成的紧密团队来说，理想架构会非常不同。

表 2.2 提供了用于比较工作流框架的标准示例。我们选择了 5 种流行的框架进行说明。因为本书主题是数据科学基础设施，所以我们的比较重点是数据科学应用程序中的以下关注点：

- 该架构是专门为支持数据科学应用程序而设计的，还是本质上是通用的？
- 调度器是否被设为具有高可用性(Highly Available，HA)，即调度器本身是否为单点故障？这很重要，因为没有什么工作流比编排它们的调度器更可靠。最理想的情况是，我们希望能够保持运行任意数量的工作流，而不必担心调度器会出现故障。
- 对计算资源的支持是否灵活？数据科学应用程序往往计算繁重，有时对硬件要求很严格(例如，特定型号的 GPU)，因此这是一个有用的功能。

表 2.2　评估工作流框架的标准示例

工作流框架	架构	调度器	计算
Apache Airflow	任意 Python 代码，不必特定于数据科学	漂亮的 GUI；调度器非 HA	许多由执行器支持的后端
Luigi	任意 Python 代码，不必特定于数据科学	基本配置；非 HA	默认情况下，调度器在本地执行 Python 类 Tasks，Tasks 可将工作推送给其他系统

(续表)

工作流框架	架构	调度器	计算
Kubeflow Pipelines	针对数据科学用例的 Python	漂亮的 GUI；在后端使用一个名为 Argo 的项目；由 Kubernetes 提供一些 HA	步骤在 Kubernetes 集群上运行
AWS Step Functions	基于 JSON 的配置，称为 Amazon States Language	设计 HA；由 AWS 管理	与一些 AWS 服务集成
Metaflow	针对数据科学用例的 Python	用于原型开发的本地调度器；支持 HA 调度器，如用于生产的步骤函数	支持本地任务和外部计算平台

以下是对所涵盖框架的概述：

- **Apache Airflow** 是一个流行的开源工作流管理系统，由 Airbnb 于 2015 年发布。其使用 Python 实现，使用 Python 定义工作流。AWS 和 GCP 等多家商业供应商提供托管 Airflow 作为服务。
- **Luigi** 是另一个著名的基于 Python 的框架，于 2012 年由 Spotify 开源。其基于动态 DAG，通过数据依赖性定义。
- **Kubeflow Pipelines** 是一个嵌入在开源 Kubeflow 框架中的工作流系统，用于在 Kubernetes 上运行的数据科学应用程序。该框架于 2018 年由谷歌发布。在后端，工作流由一个名为 Argo 的开源调度器调度，该调度器在 Kubernetes 生态系统中广为使用。
- **AWS Step Functions** 是一项托管的非开源服务，于 2016 年由 AWS 发布。使用 Amazon States Language 以 JSON 格式定义 DAG。Step Functions 的一个独特特点是，由于 AWS 提供了高可用性保证，因此工作流可以运行很长时间，最长可达一年。
- **Metaflow** 是一个用于数据科学应用程序的全栈框架，最初由本书作者启动，并于 2019 年由 Netflix 开源。Metaflow 专注于整体提高数据科学家的生产力，将工作流视为一类的结构。为了实现可伸缩性和高可用性，Metaflow 与 AWS Step Functions 等调度器进行了集成。

除了这里列出的框架，还有许多其他前景良好的框架，其中一些专门针对数据科学应用程序。本书重点不在于介绍任何特定的框架，你可以在网上找到其详细信息。本书旨在介绍数据科学基础设施的全栈(工作流只是其中的一部分)，以便你可以为每一层选择最佳的技术方法。

当选择专门用于数据科学用例的工作流框架时，请记住以下因素：

(1) 在大多数业务环境中，数据科学家的生产效率应该是关键要素。选择的框架应该具有适合数据科学用例的架构。构建数据科学应用程序需要的不仅仅是工作流，因此在做出选择时需要考虑完整的数据科学堆栈(见图 1.3)，而不仅仅是调度器层。

(2) 从长远看，系统的鲁棒性、可伸缩性和高可用性等操作问题往往会导致其他技术问题。这些特征既是系统设计的特性，又是多年来通过实际用例强化的结果，因此很难在短时间内修复这些问题。所以，我们需要选择一个对可操作性和可伸缩性具有既定记录的系统。我们将在

第 4 章详细讨论这个主题。

(3) 不受计算资源的限制可以大幅提高生产效率，所以需要选择一个与计算层无缝集成的框架。关于这一点，请参阅第 3 章。

Metaflow 符合上面 3 个因素，在接下来的章节中，我们将 Metaflow 作为框架示例。这些原则和示例是通用的，因此如果需要的话，可以轻松将这些示例应用于其他框架。

如果设置本章介绍的全部内容所需的投入较多，不要担心，你可以随着业务需求的增长分阶段扩展工具链的功能。表 2.3 根据基础设施所服务的数据科学家的数量，提供了对不同规模组织的推荐配置。括号中的选项请参见图 2.7。

表 2.3　在开发环境中的投入情况

工具链的组成要素	小型(1-3 个用户)	中型(3-20 个用户)	大型(20 多个用户)
云账户	推荐	必须	必须
数据科学工作站	一台计算机就足够了。为所有数据科学家指定一个通用设置	考虑一个现有的云产品，或者一个简单的带有集成 IDE 的手动启动的云工作站	需要一个具有集成 IDE 的自助式自动配置工作站
笔记	在笔记本地运行笔记内核(选项 1)	一种简单的方法是在云工作站上支持笔记内核(选项 2)。如果笔记的使用较广泛，请考虑提供临时笔记(选项 3)	
工作流	强烈推荐——可使用简单的调度器在单个实例上运行工作流	选择一个能最大化生产效率和迭代速度的工作流调度器	选择一个不仅能够提供生产力，还能够提供高可用性、可观察性和可伸缩性的调度器

2.3　本章小结

- 数据科学家所需要的开发环境应为以下两项关键活动提供优秀的人机工程学：
  - 原型开发周期：编写、评估和分析应用程序代码
  - 与生产部署交互：部署、监控和调试生产应用程序
- 云支持的数据科学工作站可以有效处理这两项活动。你可以在本地开发代码，但要在与生产环境类似的环境中对其进行评估。
- 笔记是数据科学工具链中必要但不充分的一部分。笔记擅长于草稿纸式的原型开发和结果分析。你可以集成它们，以便与工作站上的 IDE 和终端协同工作。
- 工作流是结构化数据科学应用程序的有用抽象。工作流有许多好处：易于理解和解释，有助于随着数据科学应用程序数量的增长管理复杂性，并且可以使执行的可伸缩性更高、性能更强。
- 工作流框架有数十种不同类型。应选择一个能够为构建数据科学应用程序提供优秀人机工程学的框架。
- 作业调度器负责执行工作流。应选择一个与你的计算基础设施集成良好、具有足够可伸缩性和高可用性的调度器。

第 *3* 章

Metaflow简介

本章内容
- 在 Metaflow 中定义接收输入数据并产生有用输出的工作流
- 在单个实例上通过并行计算优化工作流的性能
- 分析笔记中工作流的结果
- 在 Metaflow 中开发简单的端到端应用程序

我们已经建立了一个开发环境，现在你可能跃跃欲试，急于想攻克实际的代码。Metaflow 这一框架展示了基础设施堆栈的不同层是如何无缝协作的。在本章中，你将学习在 Metaflow 中开发数据科学应用程序的基础知识。

我们在上一章中讨论的开发环境决定了数据科学家如何开发应用程序：在编辑器中编写代码，在终端中评估代码，并在笔记中分析结果。除了这个工具链，数据科学家需要在 Metaflow 中确定编写什么代码以及为什么编写，这就是本章的讨论主题。接下来的章节将介绍基础设施，其确定执行工作流的位置和时间。

我们将从基础知识开始介绍 Metaflow。首先，你将学习语法和基本概念，这有助于你在 Metaflow 中定义基本工作流。其次，我们将介绍工作流中的分支。分支是在工作流中嵌入并发性的一种直接方法，通常通过并行计算实现更高的性能。最后，我们会构建一个现实的分类器应用程序，将所有这些概念付诸实践。通过一个端到端的项目，了解 Metaflow 如何通过在笔记中提供用于本地代码评估、调试和结果检查的工具，来支持原型开发周期。

阅读本章后，你或你支持的数据科学家将能够结合 Metaflow 与其他现有库，来开发功能完备的数据科学应用程序。随后的章节将以此为基础，并展示如何利用完整的基础设施堆栈，使应用程序更具可伸缩性、高可用性和易于协作。你可通过扫描本书封底的二维码找到本章的所有代码清单。

3.1   Metaflow 的基本概念

Alex 意识到，数据科学家的工作不仅仅是建立模型。作为 Caveman Cupcakes 的首位数据科学家，Alex 有绝佳的机会帮助公司独立构建完整的数据科学解决方案。Alex 觉得这种情况既令人兴奋又令人恐惧。Alex 是海洋生物学家出身，而不是一名软件工程师，他希望围绕模型构建必要的软件不要太困难。Bowie 建议他考虑 Metaflow，该框架旨在简化对端到端数据科学应用程序的构建。

Metaflow 于 2017 年在 Netflix 启动，旨在帮助数据科学家独立构建、交付和运行完整的数据科学应用程序。该框架旨在满足实际的业务需求：像 Netflix 这样的大公司拥有数十个甚至数百个数据科学潜在用例，这与 Caveman Cupcakes 的情况相似。该公司希望在现实的环境中快速测试新想法，且最好不用分配一个大团队来研究实验想法，然后在不需要太多开销的条件下将最有前景的实验推广到生产中。

第 1 章介绍了 Metaflow 的动机：我们需要考虑数据科学的全部内容，希望涵盖从原型到生产的整个项目生命周期，希望通过关注数据科学家的生产力来实现这一目标。我们可以使用第 1 章介绍的 4 个维度来回答"为什么要选择 Metaflow？"这一问题，如下所示：

- **数量**——Metaflow 有助于以更少的人员交付更多的数据科学应用程序。它通过提供统一的构建方法，利用工作流的通用语言，降低了不断运行的数据科学应用程序的偶然复杂性。

- **多样性**——Metaflow 不针对任何特定类型的数据科学问题进行优化。Metaflow 在堆栈的底层较为固定，而在顶部特定于领域的层则变得灵活，从而有助于交付不同的应用程序。

- **速度**——Metaflow 加快了原型开发周期，以及与生产部署交互的速度。它通过在框架的所有部分优先考虑人类生产力来实现这一点，例如，允许数据科学家使用惯用的 Python。

- **有效性**——Metaflow 通过实施最佳实践，从而构建和运行生产级应用程序，使得即使是没有 DevOps 背景知识的数据科学家，也能使应用程序更鲁棒。

从数据科学家的角度看，Metaflow 的主要任务是使原型开发周期和与生产部署的交互(见

2.1 节)尽可能顺利。为此，需要无缝集成基础设施堆栈的所有层。虽然有些框架只处理工作流、计算资源或模型操作，但 Metaflow 旨在解决整个数据科学堆栈，如图 3.1 所示。

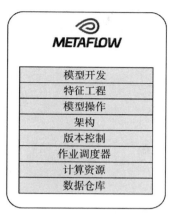

图 3.1　Metaflow 将数据科学堆栈的各个层耦合在一起

从工程的角度看，Metaflow 作为集成基础，并不试图重新创建堆栈的各个层。公司已经为数据仓库、数据工程、计算平台和作业调度构建或购买了优秀的解决方案，开源机器学习库的生态系统更是充满活力。没有必要为满足数据科学家的需求而取代现有的既定系统，这样做也是徒劳的。我们希望将数据科学应用程序集成到周围的业务系统中，而不是将其孤立。

Metaflow 基于一个插件架构，使得只要堆栈各层支持一组基础操作，就允许不同层使用不同的后端。特别要注意，Metaflow 被设计为一个云原生框架，依赖于所有主要云供应商提供的基本计算和存储抽象。

Metaflow 的学习曲线很平缓。你可以从笔记上的"单人模式"开始，并随着需求的增长逐步将基础设施扩展到云端。本章的其余部分将介绍 Metaflow 的基础知识。在接下来的章节中，我们将进行扩展，并展示如何通过涵盖堆栈的所有层来解决日益复杂的数据科学应用问题，以及如何促进多个数据科学家之间的协作。

如果你想用 Metaflow 之外的其他框架构建基础设施，可阅读下面的章节来获得灵感——这些概念也适用于许多其他框架，或者你可以直接跳到第 4 章，该章的重点是堆栈的基础层：计算资源。

3.1.1　安装 Metaflow

2.1 节介绍的基于云的开发环境(包括笔记)为 Metaflow 带来了许多益处。不过，你可以仅从一台计算机开始。在撰写本书时，Metaflow 支持 OS X 和 Linux，但不支持 Windows。如果你想在 Windows 上测试 Metaflow，可以使用 Linux 的 Windows Subsystem、本地基于 Linux 的 Docker 容器，或上一章中讨论的基于云的编辑器。

Metaflow 支持 Python 3.5 之后的所有 Python 版本。安装 Python 解释器后，可使用 pip 将 Metaflow 安装为任何其他 Python 包，如下所示：

```
# pip install metaflow
```

在本书中，以#为前缀的代码行(如上)意味着在没有哈希标记的终端窗口中执行。

提示　在所有示例中，我们假设 pip 和 python 命令引用的是最新版本的 Python，该版本应高于 Python 3.5。在某些系统中，正确的命令称为 pip3 和 python3。在这种情况下，请相应地替换示例中的命令。

可通过执行以下代码来确认 Metaflow 是否正常工作：

```
# metaflow
```

如果 Metaflow 安装正确，将打印出一个顶级帮助程序，标题如下：

```
Metaflow (2.2.5): More data science, less engineering
```

即使没有云(AWS)账户，也可以跟随本章中的示例进行学习，但如果你想尝试后续章节中的所有示例，则需要一个账户。你可以在网上注册免费账户。

3.1.2　编写基本工作流

如前一章所述，工作流的概念有助于构建数据科学应用程序。相比于一组任意的 Python 模块，从工作流的步骤来考虑应用程序要容易得多，如果你不是专业的软件工程师，就更是如此。

想象一下，我们的主角 Alex 正在编写一个 Metaflow 工作流。Alex 已经非常了解笔记，所以可以将小代码段 Python 编写为步骤。不过，使用任意 Python 类、函数和模块来拼凑应用程序需要投入更多的精力。

我们从一个经典的 Hello World 示例开始。Metaflow 中的所有内容都以工作流的概念为中心，简单地说就是一个流，是一个有向无环图(Directed Acyclic Graph，DAG)，如 2.2 节所述。代码清单 3.1 中定义了 HelloWorldFlow，对应于图 3.2 所示的 DAG。

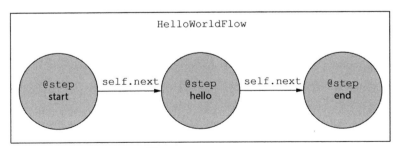

图 3.2　HelloWorldFlow

要在 Metaflow 中定义工作流，必须遵循以下 6 条简单规则：

(1) 流被定义为从 FlowSpec 类派生的 Python 类。你可以自由命名流。在本书中，按照约定，流类名以 Flow 后缀结尾，如 HelloWorldFlow。你可以在该类中包含任何方法(函数)，但使用@step 注释的方法将进行特殊处理。

(2) 流的步骤(节点)是类的方法，用@step 装饰器进行注释。你可以在方法体中编写任意 Python，但最后一行较特殊，如下所述。你可以在方法中包含一个文档字符串来解释该步骤的目的。在第一个示例后，我们将省略文档字符串，以保持书中的代码清单简洁，但建议在实际代码中不要省略。

(3) Metaflow 将方法体作为基本计算单元执行，称为"任务"。在这样一个简单流中，步骤和任务之间存在一对一的对应关系，但情况并不总是如此，3.2.3 节将对此展开介绍。

(4) 第一步必须称为 start，使得流有一个明确的起点。

(5) 通过在方法的最后一行上调用 self.next(step_name)来定义步骤之间的边(箭头)，其中 step_name 是要执行的下一步的名称。

(6) 最后一步必须称为 end。因为 end 步骤结束流，所以不需要在最后一行上添加 self.next。

一个 Python 文件(模块)只能包含一个流。你应该在 if __name __ == '__main__'条件内实例化文件底部的流类，从而让流类仅在文件作为脚本调用时才可被评估。

代码清单 3.1 中列出了相应的源代码。

代码清单 3.1　Hello World

@step 装饰器表示工
作流中的一个步骤

```
from metaflow import FlowSpec, step

class HelloWorldFlow(FlowSpec):        ← 通过子类化 FlowSpec
                                          定义工作流
    @step
    def start(self):                   ← 第一步必须称为 start
        """Starting point"""
        print("This is start step")
        self.next(self.hello)          ← 调用 self.next()表示工
                                          作流中的边
    @step
    def hello(self):
        """Just saying hi"""
        print("Hello World!")
        self.next(self.end)

    @step
    def end(self):                     ← 最后一步必须称为 end
        """Finish line"""
        print("This is end step")

if __name__ == '__main__':
    HelloWorldFlow()                   ← 通过实例化工作流来执行
```

遵循以下步骤，可以阅读和理解对应于 Metaflow 流的代码：

(1) 首先，找到 start 方法。你知道从此处开始执行。你可以阅读这个方法来了解其用处。

(2) 其次，查看 start 中的最后一行，了解下一步。在本例中，下一步是 self.hello，也就是 hello 方法。

(3) 最后，阅读下一步的代码，并识别之后的步骤。重复这些操作，直到到达步骤 end。

相比于理解一组没有明确开头和结尾的任意 Python 函数和模块，这样做要更简单。将代码保存在文件 helloworld.py 中。你可以将 Python 作为任何 Python 脚本执行。首先，尝试运行以下命令：

```
# python helloworld.py
```

这将在不执行任何步骤的情况下验证流结构。Metaflow 有许多针对有效 DAG 的规则。例如，所有步骤必须相互连接，图中不能有任何循环。如果 Metaflow 检测到 DAG 存在任何问题，将显示一条有用的错误消息。

每次执行脚本时，Metaflow 都会执行一个基本的代码检查，即 linter，可以检测拼写错误、缺少的函数和其他此类语法错误。当发现问题时会显示一个错误，并且不会执行任何其他操作。这样，不必花费时间运行代码，就可以检测到问题，大大节省了时间。但有时 linter 会产生假阳性，在这种情况下，你可以指定以下内容，禁用 linter：

```
# python helloworld.py --no-pylint
```

现在尝试运行下一段代码：

```
# python helloworld.py run
```

这应该会显示出 DAG 的文本表示，对于 HelloWorldFlow 来说该结果对应于图 3.2。可以看到，输出结果中包含了文档字符串，因此可以使用 show 命令快速了解不熟悉的流的作用。

现在到了关键时刻：我们执行流，如下所示！我们将流的执行称为运行：

```
# python helloworld.py run
```

该命令按顺序执行 start、hello 和 end 方法。如果一切顺利，你应该会看到输出结果包括很多行，如下所示：

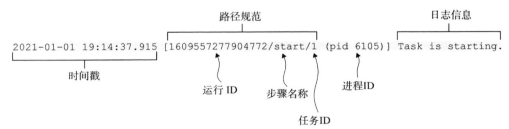

从流输出到标准输出(又名 stdout)或标准错误(又名 stderr)，流的每一行都会有一个标题，如上例所示。对标题的解析如下：

- 时间戳表示输出该行的时间。你可以查看连续的时间戳，大致了解执行代码的不同段所需的时间。输出行与生成时间戳之间可能会发生短暂的延迟，所以不要依赖时间戳来执行任何需要精确计时的操作。

- 方括号内的以下信息标识任务：
  - 每个 Metaflow 运行都有一个唯一的 ID，即运行 ID。
  - 运行按顺序执行步骤。当前正在执行的步骤表示为步骤名称。
  - 一个步骤可以使用 foreach 构造生成多个任务(见 3.2.3 节)，这些任务标识为任务 ID。
  - 流名称、运行 ID、步骤名称和任务 ID 构成一个组合，该组合在任何流的所有运行中唯一地标识 Metaflow 环境中的任务。此处省略了流名称，因为所有行的流名称都相同。我们将这个全局唯一标识符称为路径规范。
  - 每个任务都由操作系统中的单独进程执行，该进程由进程 ID(也称为 pid)标识。可使用任何操作系统级别的监控工具(如 top)，根据任务的进程 ID 来监控任务的资源开销。
- 方括号后面是一条日志消息，该消息可能是 Metaflow 自身输出的信息，如本例中的"Task is starting"，也可能是代码输出的一行。

ID 有什么重要作用？数据科学的核心活动就是运行无数的快速实验，请记住我们前面讨论的原型开发周期。想象一下，有许多不同的代码变体，运行这些代码变体，每次看到的结果都会略有不同。过了一段时间，人们很容易忘记结果：是第 3 个版本产生了希望的结果，还是第 6 个版本？

在过去，勤奋的科学家可能会把他们所有的实验和结果记录在实验室笔记上。十年前，电子表格可能起到了同样的作用，但跟踪实验时仍然需要手动操作，很容易出错。如今，现代数据科学基础设施通过实验跟踪系统能够自动跟踪实验。

有效的实验跟踪系统允许数据科学团队检查已运行的内容，明确地识别每次运行或实验，访问任何过去的结果，将其可视化，并将实验相互比较。此外，我们还希望重新运行过去的实验并重现其结果。准确地做到这一点比听起来要困难得多，所以我们在第 6 章专门详细介绍了"再现性"这一主题。

只要代码插入得当，能将元数据发送到跟踪系统，独立的实验跟踪产品就可以与任何代码段协同工作。如果你在 Metaflow 中构建数据科学应用程序，可以免费获得实验跟踪。Metaflow 会自动跟踪所有执行。前面显示的ID是此系统的一部分，允许你在任务完成后立即识别和访问结果。

我们将在 3.3.2 节中详细讨论如何访问过去的结果，但可使用 logs 命令先体验一下，该命令允许你检查任何过去运行的输出。将 logs 命令与要检查的任务对应的路径规范一起使用。例如，可以从运行生成的输出中复制并粘贴路径规范，然后执行下一个命令：

```
# python helloworld.py logs 1609557277904772/start/1
```

你应该看到一行输出，对应于所检查的步骤中的 print 语句。logs 子命令有几个选项，可以通过执行 logs-help 查看这些选项。

最后，注意 Metaflow 在不需要任何样板代码的情况下，可将单个 Python 文件转换为命令行应用程序。解析命令行实参或手动捕获日志不是问题。每个步骤都作为一个单独的操作系统级别的子流程执行，因此可以独立进行监控。这也是实现容错和可伸缩性的关键特征，我们将在第 4 章中进一步学习。

3.1.3　管理工作流中的数据流

数据科学应用程序的实质是处理数据。原型应用程序从数据仓库中获取原始数据，以各种方式将原始数据转换为特征，然后可能训练模型或使用现有模型进行推理。训练后的模型或预测则为工作流的输出数据。要构建这样的工作流，你需要回答以下 3 个问题：

(1) 工作流应如何访问输入数据？

(2) 工作流应如何跨步骤移动转换后的数据(即工作流的内部状态)？

(3) 工作流应如何让外部系统访问其输出？

通过回答这 3 个问题，你可以确定应用程序的数据流，即通过工作流传输数据的机制。图 3.3 描述了由步骤 A、B 和 C 组成的工作流中的数据流。

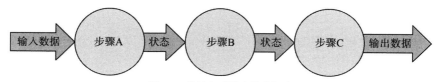

图 3.3　从输入到输出的数据流

在图 3.3 所示的工作流中，步骤 A 先于步骤 B。因为步骤是按顺序执行的，所以步骤 A 处理的任何数据都可用于步骤 B，但步骤 B 处理的数据并不能都用于步骤 A。就这样，工作流顺序决定了数据如何在图中流动。使用 Metaflow 术语来描述就是数据从 start 步骤流向 end 步骤，就像河流中的水从上游流向下游，但从来不会反过来。

图 3.4 所示的示例说明了明确数据流和状态的意义，该示例显示了一个简单的 Jupyter 笔记。

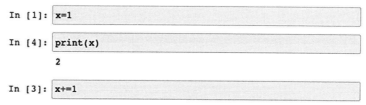

图 3.4　笔记中的隐藏状态和未定义数据流

结果可能令人惊讶。为什么 x 的值在前一个单元格中被指定为 1，但却被打印为 2？在本例中，用户首先从上到下评估所有单元格，然后决定重新评估中间的单元格。在笔记中，不按顺序评估单元格是一种常见的做法，这也部分体现了笔记作为一种不受约束的便笺的优势。

Jupyter 内核在后端维护所有变量的状态。它允许用户根据单元格的隐藏状态，按任意顺序计算单元格。就像在本例中，结果可能非常令人惊讶，且无法在实践中重现。但工作流通过明确评估顺序和相应的数据流解决了该问题。

不必使用笔记，就可以使这三个单元格构成一个工作流，如图 3.3 所示，这样就不可能产生不一致的结果。笔记在数据科学堆栈中发挥着重要作用，它们便于快速探索和分析数据。然而，如前所述，最好将任何重要的应用程序或建模代码构造为具有明确数据流的工作流。

在工作流中传输并保持状态

数据流在实践中是什么样子呢？如果所有步骤都在一台计算机上的单个进程中执行，我们就可以将状态保存在内存中，这是构建软件的常用方法。数据科学工作流面临的一个挑战是，我们可能希望在不同的计算机上并行执行步骤，或者访问 GPU 等特殊硬件。因此，我们需要能够在步骤之间传输状态，这些步骤可以在物理意义上彼此独立的计算机上执行。

我们可以通过持久化状态来做到这一点，也就是说，在一个步骤完成后，存储与后续步骤相关的所有数据。然后，当新的步骤开始时，即使是在另一台计算机上开始，我们也可以重新加载状态并继续执行。详情请参考图 3.5。

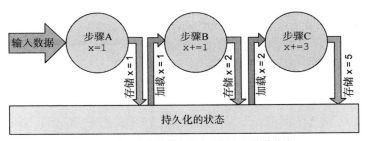

图 3.5　通过公共数据存储在步骤之间传输状态

在图 3.5 中，状态包含一个单一变量 x。该变量首先在步骤 A 中初始化，然后在步骤 B 和 C 中递增。当一个步骤完成时，x 的值将保持不变。在步骤开始之前，x 值将被重新加载。当然，应对需要跨步骤访问的每一段状态、每一个变量重复该过程。

你可以用许多不同的方式实现持久化的状态。许多工作流框架对此并无严格要求。用户可以自主决定如何加载和存储状态，可以使用数据库作为持久层。生成的工作流代码与图 3.6 所示类似。每个步骤都包括用于加载和存储数据的代码。尽管这种方法很灵活，但添加了大量样板代码。更糟糕的是，这样做需要数据科学家明确决定哪些数据要持久化以及如何持久化，从而增加了认知开销。

图 3.6　手动保持状态持久

根据我们的经验，在存储可能多余的数据(尤其是工作流的内部状态)时，如果需要做出明确选择(如图 3.6 所示)，数据科学家就可能会非常保守。如果工作流框架让在步骤之间移动状态变得烦琐乏味，用户可能希望将许多不相关的操作打包到一个步骤中，以避免必须添加样板代码才能加载和存储数据。或者，用户也可能选择只保留下游消费者绝对需要的输出。

从技术上讲,尽管这种方法可以奏效,但在数据上过于节俭并不益于应用程序的长期健康。首先,工作流结构应该主要针对应用程序的逻辑结构进行优化,以便其他阅读者能够轻松理解。例如,对于数据预处理和模型训练设置单独的步骤很有意义,不应该为了避免转移状态而合并这些步骤。其次,假设工作流在生产中失败,这时你需要知道尽可能多的信息来了解问题所在。

总之,最好有一种状态传输机制,使状态传输对用户近乎透明。我们不希望用户担心这些步骤在不同的计算机上执行的技术细节,也不希望他们为了避免使用样板代码而降低工作流的可读性。

最重要的是,我们希望鼓励用户自由地持久化数据,即使持久化不是使工作流正常工作的严格必要条件。每次运行所保存的数据越多,工作流就越具有可观察性,从而补充了实验跟踪系统存储的元数据。如果在每个步骤之后都保存了足够的数据,就可以全面了解工作流在执行期间和执行之后的状态,如图 3.7 所示。

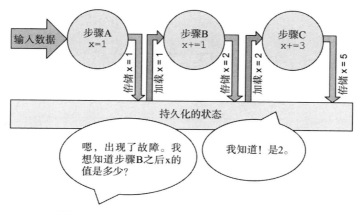

图 3.7　持久化的状态允许你观察工作流的执行情况

从长远看,这种方法有巨大益处。你将能够更有效地监控和调试工作流,在不需要额外操作的情况下可以复制、重用和共享其结果。另一方面,存储数据需要花钱,但在云的帮助下,与数据科学家的时间相比,存储成本变得微不足道。此外,我们不提倡反复存储输入数据的副本,这一内容详见第 7 章。

Metaflow 工件

下面以 Metaflow 为例,说明如何使数据流对用户几乎透明。Metaflow 会自动持久化所有实例变量,即步骤代码中分配给 self 的任何变量。我们称这些持久化实例变量为工件。工件可以是任何数据:标量变量、模型、数据帧,或者是任何可使用 Python 的 pickle 库序列化的其他 Python 对象。工件存储在一个称为数据存储的公共数据仓库中,该仓库是由 Metaflow 管理的持久化状态层。你可以在本章后面的 "Metaflow 数据存储的工作原理" 补充说明部分了解更多关于数据存储的知识。

每个步骤都可以产生任意数量的工件。在一个步骤完成后,它的工件将作为不可变的数据单元保存在数据存储中。这些工件永久耦合到步骤,由生成工件的路径规范标识。这对于实验跟踪至关重要：我们希望对运行过程中产生的内容生成准确且不可修改的审计跟踪。不过，后续步骤可能会读取工件，并生成自己的版本。

为使这个概念更具体，举一个简单的例子，我们对代码清单 3.1 中介绍的 HelloWorldFlow 稍作修改，在修改后的版本中添加了状态和计数器变量 count。为清楚起见，我们将流重命名为 CounterFlow。

如图 3.8 所示，我们在 start 步骤中将计数器变量 count 初始化为零。为此，只需要像往常一样在 Python 中创建一个实例变量，即 self.count=0。在下面的 add 步骤中，我们将 count 递增 1：self.count+=1。在打印出最终值 2 之前，在 end 步骤中再次递增 count。

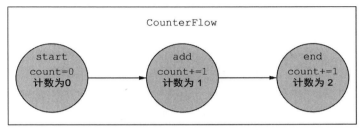

图 3.8　CounterFlow

代码清单 3.2 显示了对应的代码。

代码清单 3.2　维护状态的简单流

```
from metaflow import FlowSpec, step

class CounterFlow(FlowSpec):

    @step
    def start(self):
        self.count = 0        ← 将计数初始化为 0
        self.next(self.add)

    @step
    def add(self):
        print("The count is", self.count, "before incrementing")
        self.count += 1        ←
        self.next(self.end)
                                      将计数递增 1
    @step
    def end(self):
        self.count += 1        ←
        print("The final count is", self.count)   ← 显示最终计数

if __name__ == '__main__':
    CounterFlow()
```

将流代码保存到名为 counter.py 的文件，并照常执行，如下所示：

```
# python counter.py run
```

除了 Metaflow 输出的常见消息，你还应该看到消息"the count is 0 before incrementing"和"The final count is 2"。如果你已熟悉 Python 的基础知识，就会发现当按顺序调用 self.start()、self.add()和 self.end()时，流会与所有 Python 对象一样。要重新了解实例变量(数据属性)在 Python 中的工作方式，请访问链接[1]查看关于实例变量的 Python 教程部分。

Metaflow 中管理状态的语法类似于惯用的、简单的 Python：只需要像往常一样用 self 创建实例变量。排除不值得保存的临时值也很容易：只需要创建普通的非实例变量，这些变量将在 step 函数退出后被清除。

经验法则	请使用实例变量(如 self)来存储可能在步骤之外具有值的任何数据和对象，仅对中间临时数据使用局部变量。如果有疑问，请使用实例变量，因为它们能使调试更容易。

从设计上看，Metaflow 中的状态管理几乎微不足道，但很多事情都是在后端发生的。Metaflow 必须解决以下两个与数据流相关的关键挑战：

(1) 每个任务都作为单独的进程执行，可以在单独的计算机上执行。我们必须在流程和实例之间移动状态。

(2) 运行可能失败。我们想了解运行失败的原因，因此要了解失败之前的流状态。此外，我们可能希望重启失败的步骤，但不必从头开始重启整个流程。所有这些特征都要求我们保持状态持久。

为了应对这些挑战，每次在任务完成后 Metaflow 都会快照并存储工作流的状态，例如，存储在 self 中。快照是 Metaflow 的关键功能之一，它支持许多其他功能，例如，在不同的计算环境中恢复工作流并执行任务，还可以支持工作流的易观察性。

可以在任务完成后立即观察实例变量，即使运行仍在执行。方法有很多，但一个简单的方法是使用 dump 命令，该命令的工作原理与我们之前使用的 logs 命令类似。只需要复制并粘贴要观察的任务的路径规范，例如以下示例：

```
# python counter.py dump 1609651059708222/end/3
```

如果使用与 end 任务相对应的路径规范，如前例中所示，应该会看到输出结果显示 count 的值为 2。在前面的步骤中，该值可能会更低。除了 dump 命令，还可通过编程方式访问工件，如笔记中的 Metaflow Client API，我们将在 3.3.2 节对其进行介绍。

我们的讨论仅涉及工件的基本知识。下一节将介绍参数，显示工件如何从流外部传递到运行中。下一章将详细介绍如何处理大型数据集，这些数据集有时需要特殊处理。稍后，在第 6 章中，我们将讨论如何将复杂对象(如机器学习模型)作为工件来处理。

Metaflow 数据存储的工作原理

你不需要掌握这些技术细节就可以成功使用或操作 Metaflow，但如果你感兴趣，可以参阅下面介绍的 Metaflow 数据存储的工作原理。Metaflow 完成任务评估后，会检查用户代码创建了哪些实例变量。所有变量都被序列化，即被转换为字节，并存储在 Metaflow 管理的数据存储中。这些序列化对象称为工件，是 Metaflow 中的一个关键概念。

下图说明了在 CounterFlow 示例中，如何在数据存储中移动和持久化数据。start 步骤完成后，Metaflow 检测 count 变量，其值 0 被序列化为字节，目前使用 Python 的内置 pickle 库进行序列化，但这是内部实现细节，可能会发生更改。我们假设对应于 0 的字节序列是 ab0ef2。这些字节在数据存储中(除非它们已存在)存储为一个不可变的 blob，即一个工件。之后，更新内部元数据，以便 count 变量在 start 步骤引用工件 ab0ef21。

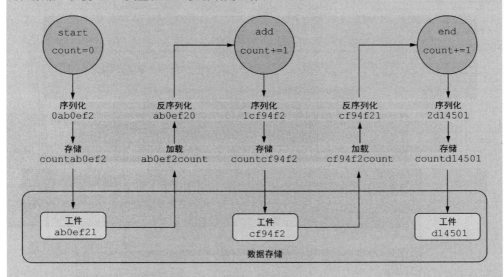

数据存储如何在内部处理工件

当 add 步骤第一次访问 count 时，Metaflow 会根据元数据从数据存储中获取它。我们知道，因为流的顺序会使 add 从 start 获取值。add 步骤将增加 count 的值，从而创建一个新的工件。需要注意的是，我们不会更改先前存储的 count 值，因为它在 start 步骤的历史值没有被更改。每个步骤都有自己的一组工件。在 end 步骤中重复该过程。

Metaflow 的数据存储被组织为一个内容寻址存储，在概念上与 Git 版本控制系统相似。在内部，使用工件内容的哈希来命名工件，因此，只需要存储其唯一值的一个副本。换句话说，数据存储会自动消除重复工件。这意味着磁盘空间可以得到有效利用，在大多数情况下，你不必担心会因创建的工件太多而浪费空间的情况。

步骤应该是什么

当你开发一个新的流程时，可能想知道哪些操作应该属于同一个步骤，以及何时应该将一个大步骤划分为多个单独的步骤。尽管这些问题没有正确的答案，但我们可以将步骤视为检查点。如前所述，工件在一个步骤(确切地说是由该步骤启动的任务)完成时被持久化。成功持久化后的工件可用于检查，如 3.3.2 节所述。此外，还可以在任意步骤恢复执行，如 3.3.3 节所述。因此，我们应该根据执行时间使步骤大小适中，这样，如果发生故障，也不会损失太多劳动成果。或者，如果你想实时监控运行状态，也需要一些小步骤。

另一方面，持久化文件和启动任务会产生一些开销。如果你的步骤太小，则开销会影响整体执行时间。不过，这个开销很容易被注意到：如果出现问题，你可以随时将小步骤合并到一起。

另一个考虑因素是代码的可读性。如果执行

```
# python counter.py show
```

你觉得这会有意义吗？太大的步骤可能比太小的步骤更难以理解。

经验法则 应以易于解释和理解的逻辑步骤构建你的工作流。当有疑问时，采用小步骤，因为小步骤往往比大步骤更容易理解和调试。

3.1.4 参数

在上一节中，我们学习了使用文件在流中向下游传递数据的方法：将变量分配给 self。但是，如果你想将数据传入 start，即设置流的参数，该怎么做？

例如，假设你正在实验一个新模型，并使用各种参数对其进行训练。当你事后分析实验结果时，应该知道用于训练特定模型的参数。Metaflow 可作为一个解决方案。Metaflow 提供了一个名为 Parameter 的特殊文件，可使用该文件将数据传递到运行中。与任何其他文件一样，Parameter 文件也会被跟踪，因此你可以检查之前运行的参数。

参数是流级别(类级)的构造。参数不耦合到任何特定步骤，并自动对所有步骤(包括 start)可用。要定义 Parameter，必须指定以下 4 个元素：

(1) 在类级别创建 Parameter 实例。

(2) 将参数指定给文件，如代码清单 3.3 中的 animal 和 count。

(3) 指定显示给用户的参数名称，如 creature 和 count，如下图所示。文件名称和参数名称可以相同，但不是必须，如代码清单 3.3 所示。

(4) 决定参数的类型。默认情况下，参数是字符串型。你可通过指定参数的 default 值(如代码清单 3.3 中的 count)，也可通过显式地将类型设置为 Python 的基本标量类型(str、float、int 或 bool)之一(如代码清单 3.3 中的 ratio)来更改类型。

除了这些必要元素，Parameter 还支持一组可选实参。典型的选项包括 help(指定用户可见的帮助文本)和 required=True(指示用户必须为参数提供值)。默认情况下，所有参数都是可选的。如果未指定 default 且用户未提供值，则会收到 None 值。代码清单 3.3 显示了一个示例。

代码清单 3.3　带参数的流

```
from metaflow import FlowSpec, Parameter, step

class ParameterFlow(FlowSpec):
```

```
    animal = Parameter('creature',
                       help="Specify an animal",
                       required=True)
    count = Parameter('count',
                      help="Number of animals",
                      default=1)
    ratio = Parameter('ratio',
                      help="Ratio between 0.0 and 1.0",
                      type=float)
    @step
    def start(self):
        print(self.animal, "is a string of", len(self.animal), "characters")
        print("Count is an integer: %s+1=%s" % (self.count, self.count + 1))
        print("Ratio is a", type(self.ratio), "whose value is", self.ratio)
        self.next(self.end)

    @step
    def end(self):
        print('done!')

if __name__ == '__main__':
    ParameterFlow()
```

在步骤之外，从类级别定义参数

将代码保存到名为 parameters.py 的文件中，并尝试照常运行：

```
# python parameters.py run
```

代码运行失败。creature 参数包含 required=True，因此出现了错误 Missing option '--creature'。如果这是一个真实的流，那么这一错误就可以帮助我们检查流的帮助信息，如下所示：

```
# python parameters.py run --help
```

这列出一系列选项。用户定义的参数位于选项清单的顶部，并显示其 help 文本。尝试按如下方式设置–creature 的值：

```
# python parameters.py run --creature seal
```

这时流应该可以运行，你会看到与指定的参数值相对应的输出。注意，ratio 没有 default，因此设置为 None。我们尝试指定所有值，如下所示：

```
# python parameters.py run --creature seal --count 10 --ratio 0.3
```

注意 count 和 ratio 被自动转换为正确的 Python 类型的方式。

提示　参数是恒定的、不可变的值，不能在代码中更改。如果你想更改参数，请创建参数值的副本，并将其分配给另一个工件。

将参数指定为环境变量

如果你频繁地执行同一个运行命令行，可能需要对代码稍加修改，那么反复指定相同的参数可能很无趣。为方便起见，也可以将任何选项指定为环境变量。

为此，请设置一个环境变量，名称要与选项名称匹配，前缀为 METAFLOW_RUN_。例如，我们可以为 parameters.py 固定 creature 的值，如下所示：

```
# export METAFLOW_RUN_CREATURE=dinosaur
```

现在，不必指定—creature 就可以运行 ParameterFlow，因为值是通过环境变量指定的，如下所示：

```
# python parameters.py run --ratio 0.25
```

如果同时设置了环境变量和命令行选项，则后者优先，可通过执行以下操作看到这一点：

```
# python parameters.py run --creature otter --count 10 --ratio 0.3
```

这里的 creature 应该设置为 otter，而不是 dinosaur。

复杂参数

前面的机制适用于字符串、整数、浮点数或布尔值等基本标量参数。除了这些基本参数类型，大多数基本流都不需要其他参数。

但有时，你可能需要一个参数，这个参数是一个清单或某种类型的映射，或者一个复杂组合。这种情况下存在一个挑战，因为参数通常在命令行上被定义为字符串，所以以我们需要一种方法将非标量值定义为字符串，以便它们可作为 Parameter 传入。对于这种挑战，JSON 编码参数就能发挥作用。

代码清单 3.4 展示了一个简单示例，其接受字典作为参数。

代码清单 3.4　带有 JSON 类型参数的流

```
from metaflow import FlowSpec, Parameter, step, JSONType

class JSONParameterFlow(FlowSpec):

    mapping = Parameter('mapping',
                        help="Specify a mapping",
                        default='{"some": "default"}',
                        type=JSONType)

    @step
    def start(self):
        for key, value in self.mapping.items():
            print('key', key, 'value', value)
        self.next(self.end)

    @step
    def end(self):
        print('done!')

if __name__ == '__main__':
    JSONParameterFlow()
```

定义 JSON 类型的参数，导入 JSONType，并将其指定为参数类型

　　将代码段保存到名为 json_parameter.py 的文件中。你可以在命令行上传入一个映射或一个字典，如下所示：

```
# python json_parameter.py run --mapping '{"mykey": "myvalue"}'
```

　　注意，字典应放在单引号内，以避免特殊字符与 shell 混淆。

　　在命令行内联指定大型 JSON 对象有些麻烦。对于大型 JSON 对象，更好的方法是使用标准 shell 表达式从文件中读取值。如果你没有用于测试的大型 JSON 文件，可以创建一个，将其命名为 myconfig.json，如下所示：

```
# echo '{"largekey": "largevalue"}' > myconfig.json
```

　　现在可以将此文件作为参数提供，如下所示：

```
# python json_parameter.py run --mapping "$(cat myconfig.json)"
```

　　shell 表达式$(cat-myconfig.json)将命令行上的值替换为文件 myconfig.json 的内容。在本例中，我们必须将 shell 表达式放入双引号中。

文件作为参数

　　前面介绍的机制允许你使用在命令行上传递的小值或配置文件来参数化运行。这一机制不适合传递大量的输入数据。

　　然而，在实际的数据科学应用程序中，在参数和输入数据之间划清界限有时并不容易。大型配置文件可能大于最小的数据集。或者，尽管实际的输入数据是通过单独的通道提供的，但你可能觉得一个中等大小的辅助数据集就像是一个参数。

　　Metaflow 提供了一个名为 IncludeFile 的特殊参数，可使用该参数将运行中的中小型数据集作为工件。CSV(逗号分隔值)文件是一个典型例子。IncludeFile 对要处理的文件大小没有确切的限制，但它的性能并不针对大数据(如大于 1GB 的文件)进行优化。如图 3.9 所示，应将其视为一个超大 Parameter，而不是如第 7 章所述的大规模数据处理机制。

　　下面查看代码清单 3.5 中的示例。该示例接收一个 CSV 文件作为参数，并对其进行解析。该示例使用了 Python 的 CSV 模块中内置的 CSV 解析器，因此可以处理带引号的值和可配置的字段分隔符。你可以指定--delimiter 选项来更改默认分隔符(逗号)。

　　可以创建一个简单的 CSV 文件 test.csv 来测试流，该文件中包含所有逗号分隔的值，如下所示：

```
first,second,third
a,b,c
```

　　csv.reader 函数将 CSV 数据作为一个文件对象，因此我们将字符串值的 self.data 工件封装在 StringIO 中，使其成为内存文件对象。

图 3.9 参数仅适用于中小型数据集

IncludeFile，is_text=True 表示相应的工件应该作为 Unicode 字符串返回，而不是字节对象。

代码清单 3.5 引入 CSV 文件作为参数的流

```python
from metaflow import FlowSpec, Parameter, step, IncludeFile

from io import StringIO
import csv

class CSVFileFlow(FlowSpec):

    data = IncludeFile('csv',
                       help="CSV file to be parsed",
                       is_text=True)

    delimiter = Parameter('delimiter',
                          help="delimiter",
                          default=',')

    @step
    def start(self):
        fileobj = StringIO(self.data)
        for i, row in enumerate(csv.reader(fileobj,
delimiter=self.delimiter)):
            print("row %d: %s" % (i, row))
        self.next(self.end)

    @step
    def end(self):
        print('done!')

if __name__ == '__main__':
    CSVFileFlow()
```

将代码保存为 csv_file.py 文件。可以按以下方式运行该文件：

```
# python csv_file.py run --csv test.csv
```

你应该会看到 CSV 文件的解析字段被打印出来了。你可能想知道，这个简单的示例与直接在代码中(如使用 CSV.reader(open('test.CSV')))打开 CSV 文件有什么区别。关键的区别在于，IncludeFile 读取文件，将其作为一个不可变的 Metaflow 工件保存，并附加到运行中。因此，输入文件与运行一起被快照和版本控制，所以即使 test.csv 被更改或丢失，也可访问原始数据。这对于再现性而言意义非凡，我们将在第 6 章中学习相关内容。

现在，你知道了定义顺序工作流的方式。这些工作流可通过参数从外部接收数据，并用多个步骤进行处理，这些步骤通过工件共享状态。在下一节中，我们将学习如何同时运行多个这样的步骤序列。

3.2　分支和合并

在 Metaflow 中定义基本工作流与在笔记中编写代码的难易程度相当，Alex 对此感到非常惊讶。但是这样写代码有什么好处吗？在这一点上，所谓的工作流带来的好处似乎相当抽象。Alex 一边喝咖啡一边和 Bowie 聊天，同时在笔记上回忆一个花了九分钟完成的项目。Bowie 指出，工作流易于并行执行操作，可以使处理速度更快。加快工作速度的想法让 Alex 产生了共鸣，也许这是工作流的一个杀手级功能！

工作流提供了并发的概念，即分支，允许高效使用并行计算资源，如多核 CPU 和分布式计算集群。尽管其他几种范式支持并行计算，但众所周知，许多范式都难以实现这一点，多线程编程就是一个著名的例子。工作流的功能异常强大，可帮助非专业软件开发人员(包括数据科学家)访问并行性。

什么时候应该使用分支？我们首先考虑一个没有分支的线性工作流。通常，设计线性工作流并不太难。很显然，线性工作流中，A 必须发生在 B 之前，C 必须发生在 B 之后。这种 A→B→C 的顺序由数据流决定：C 需要来自 B 的一些数据，而 B 需要来自 A 的一些数据。

相应地，只要数据流允许，就应该使用分支。如果 A 生成的数据可以由 B 和 C 使用，并且 B 和 C 之间没有其他数据共享，那么 B 和 C 应该从 A 分支出来，这样它们就可以同时运行。

图 3.10 描述了一个具体的例子。要训练任何模型，我们需要获取由步骤 A 执行的数据集。有
两个版本的模型都使用步骤 A 生成的数据，我们希望对这两个版本都进行训练。步骤 B 和步
骤 C 之间不存在任何信息传输，因此应该将它们指定为独立的分支。步骤 B 和步骤 C 完成后，
我们希望在步骤 D 中选择最佳模型，显然这需要来自步骤 B 和步骤 C 的输入。

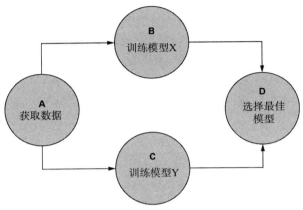

图 3.10   具有两个分支的基本工作流

我们可以将图 3.10 的 DAG 表示为线性 DAG，A→B→C→D 或 A→C→B→D，这会得到
完全相同的结果。由于 Metaflow 无法并行运行步骤 B 和步骤 C，因此这些 DAG 的执行速度较
慢。除了性能上具有优势，分支还可以通过突出显示实际数据流和步骤之间的相互依赖性，使
工作流更具可读性。因此，我们建议采用以下做法。

经验法则	当你有两个或多个可以独立执行的步骤时，请使它们成为并行分支。这将使你的工作流更容易理解，因为读者可以通过查看工作流结构来了解哪些步骤不共享数据。这也将使你的工作流更快。

你可能想知道系统是否可以自动找出最佳 DAG 结构。几十年来，自动并行化一直是计算
机科学中一个活跃的研究课题，但遗憾的是，使用任意的、惯用的 Python 代码几乎不可能实
现这一点。主要的障碍是，步骤与其他第三方库和服务交互，因此流代码本身通常不具备足够
的信息来判断哪些内容可以并行。我们发现，相比依赖于不完善、易出错的自动化，让用户保
持控制作用更容易。而且，归根结底，工作流是人类交流的媒介。在向人类描述业务问题时，
自动化系统无法抉择出最便于理解的方式。

3.2.1   有效的 DAG 结构

我们将扇出分支的步骤称为划分步骤，如图 3.10 中的步骤 A。相应地，将扇入分支的步骤
称为连接步骤，如图 3.10 中的步骤 D。为了使数据流易于理解，Metaflow 要求每个划分步骤
都有相应的连接步骤。你可以将划分视为左括号，将连接视为右括号。一个正确的带括号的表

达式两边都需要括号。你可以根据需要深度嵌套划分和连接。

图 3.11 显示了具有嵌套分支的有效 DAG 的示例。该图有三个划分步骤，阴影为浅灰色。每个划分步骤都由一个深灰色的连接步骤与之匹配。

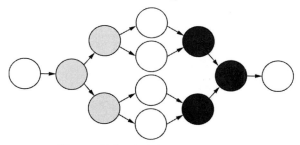

图 3.11　具有两级嵌套分支的有效 DAG

注意，仅具有相同数量的划分和连接是不够的，还需要遵循另一个规则。

规则　连接步骤只能连接具有公共划分父级的步骤。

图 3.12 显示了具有两个无效划分的 DAG，以深灰色和浅灰色显示。深灰色划分应该有一个对应的深灰色连接，但这里深灰色连接尝试连接浅灰色步骤，这是不允许的——连接步骤只能连接来自公共划分父级的步骤。绘制有效的 Metaflow DAG 时，边(箭头)永远不必交叉。

这些规则的原因可以追溯到数据流：我们需要跟踪工件的来源，其在图中具有交叉边时可能会非常混乱。

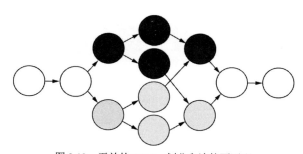

图 3.12　无效的 DAG，划分和连接不匹配

3.2.2　静态分支

在第 2 章中，我们介绍了静态 DAG 的概念。静态 DAG 是指在执行开始之前结构完全已知的 DAG。前面描述的所有示例，如图 3.10，都是具有静态分支的静态 DAG。在本节中，我们将展示如何在 Metaflow 中定义静态分支。

在讨论划分和连接的语法前，需要先讨论以下重要主题：在分支中，数据流(即工件)各不相同。当我们到达连接步骤时，必须决定如何处理离散值。换句话说，我们必须合并工件。Metaflow 的新用户通常会对合并问题感到困惑，所以下面列举一个简单例子。

我们通过添加另一个分支来扩展代码清单 3.2 中的原始 CounterFlow 示例，如图 3.13 所示。此处，start 为划分步骤。我们有一个分支 add_one，它将 count 增加 1；还有另一个分支 add_two，它将 count 增加 2。现在，在 join 步骤中，count 有两个可能的值，即 1 和 2。我们必须确定哪一个是正确的值。

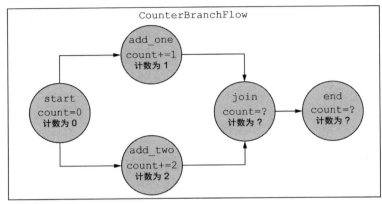

图 3.13   CounterBranchFlow

与实际流类似，在本例中，关于 join 步骤中 count 应该获取什么值没有明确的正确或错误答案。正确的选择取决于应用程序：可能是两个值中的最大值，如代码清单 3.6 所示；可能是平均值；可能是总和。由用户定义如何合并这些值。例如，图 3.10 中的"选择最佳模型"步骤将迭代模型 X 和 Y，并选择得分最高的值。

我们很容易看出图 3.13 中的 count 问题需要解决，但还面临一个额外的挑战：Metaflow 无法准确检测哪些工件已被修改，因此 join 步骤需要决定如何处理上游的所有工件。如果在 join 步骤中不执行任何操作，则下游步骤在连接之前将无法访问任何数据，除非参数是常量，常量可以保证始终可用。

规则   *join 步骤在数据流中的作用相当于屏障。你必须显式合并除参数外的所有工件，以使数据在下游流动。*

在代码清单 3.6(对应于图 3.13)中，我们添加了另一个工件 creature 来演示这一点。如果 join 步骤对 creature 不做任何处理，那么尽管分支没有修改 creature，它也将在 end 步骤中不可用。

为静态分支定义划分的语法很简单：只需要将所有分支列为 self.next 的实参。join 步骤需要一个额外的实参。按照约定，该实参被称为 inputs，允许你访问每个入站分支的工件。join 步骤并不一定要命名为 join，只是根据额外的实参将其识别为 join 步骤。

inputs 对象允许通过以下 3 种方式访问分支：

(1) 你可以迭代 inputs。通常使用 Python 的内置函数(如 min、max 或 sum)与循环输入的生成器表达式合并工件。我们在代码清单 3.6 中就是通过这种方式来选择最大计数。

(2) 对于静态分支，可以按名称引用分支，如代码清单 3.6 中的 print 语句所示。

(3) 可通过索引引用分支。通常使用第一个分支，即 inputs[0]，重新分配在所有分支中都是常量的工件。在代码清单 3.6 中，我们通过这种方式重新分配了 creature 工件。

代码清单 3.6　具有静态分支的流

```python
from metaflow import FlowSpec, step

class CounterBranchFlow(FlowSpec):

    @step
    def start(self):
        self.creature = "dog"
        self.count = 0
        self.next(self.add_one, self.add_two)    # 通过将所有出站步骤作
                                                 # 为实参提供给 self.next
                                                 # 来定义静态分支
    @step
    def add_one(self):
        self.count += 1
        self.next(self.join)

    @step
    def add_two(self):
        self.count += 2
        self.next(self.join)
                                    # join 步骤由步骤的
                                    # 额外输入实参定义
    @step
    def join(self, inputs):
                                                              # 还可以打印特定
                                                              # 命名分支的值
        self.count = max(inp.count for inp in inputs)
        print("count from add_one", inputs.add_one.count)
        print("count from add_two", inputs.add_two.count)
# 通过迭代输
# 入来获取两
# 个计数的最
# 大值
        self.creature = inputs[0].creature      # 要重新分配未修改的工
        self.next(self.end)                     # 件，可通过索引引用第
                                                # 一个分支
    @step
    def end(self):
        print("The creature is", self.creature)
        print("The final count is", self.count)

if __name__ == '__main__':
    CounterBranchFlow()
```

将代码保存为 counter_branch.py 条件。可以按如下方式运行该文件：

```
# python counter_branch.py run
```

打印的最终计数应为 2，即两个分支的最大值。你可以尝试在 join 步骤中对 self.creature 行添加注释，以查看并非所有下游步骤需要的工件(本例中为end)都由 join 处理时，会发生什么。因为无法查询 self.creature，所以最终会崩溃。

在日志中，要注意 add_one 和 add_two 的 pid(进程标识符)的区别。Metaflow 将两个分支作为单独的进程执行。如果你的计算机上有多个 CPU 核(任何现代系统上几乎都有多个 CPU

核),那么操作系统很可能在单独的 CPU 核上执行这些进程,因此计算在物理上是并行进行的。这意味着,你得到结果的速度比按顺序运行得到结果的速度要快两倍。

合并 helper

你可能想知道如果有很多工件会发生什么。是否真的有必要明确地重新分配所有这些工件?所有这些工件都需要重新分配,不过为了避免样板代码,Metaflow 提供了一个 helper 函数 merge_artifacts,为你完成了大部分烦琐的工作。要查看实际操作,可以将重新分配常量工件的代码行:

```
self.creature = inputs[0].creature
```

替换为以下代码行:

```
self.merge_artifacts(inputs)
```

如果再次运行该流,会看到它与 merge_artifacts 同样有效。

可以想象,merge_artifacts 不能为你完成所有的合并。例如,它不知道你想要使用最大 count。merge_artifacts 需要你先显式地合并所有分散的工件,就像代码清单 3.6 中对 count 所操作的那样。当你重新分配所有分散工件后调用 merge_artifacts 时,它将自动为你重新分配所有剩余的非分散工件,即在所有分支中具有相同值的工件。如果仍然存在分散工件,merge_artifacts 将运行失败。

有时,有的工件可能不必在下游可见,因此你不想合并它们,但它们会混淆 merge_artifacts。如代码清单 3.7 所示。我们用两个不同的值在两个分支中定义了一个工件 increment。我们将其视为步骤的内部细节,因此不想合并它。然而,我们希望将其保存在一个工件中,以防以后需要调试代码。可使用 merge_artifacts 中的 exclude 选项列出所有可以安全忽略的工件。

代码清单 3.7 使用合并 helper 合并分支

```
from metaflow import FlowSpec, step

class CounterBranchHelperFlow(FlowSpec):

    @step
    def start(self):
        self.creature = "dog"
        self.count = 0
        self.next(self.add_one, self.add_two)

    @step
    def add_one(self):
        self.increment = 1          ◄────────────┐
        self.count += self.increment             │
        self.next(self.join)                     │  增量值在两个
                                                 │  分支之间分散
    @step
    def add_two(self):
        self.increment = 2          ◄────────────┘
```

```
        self.count += self.increment
        self.next(self.join)

    @step
    def join(self, inputs):
        self.count = max(inp.count for inp in inputs)
        print("count from add_one", inputs.add_one.count)
        print("count from add_two", inputs.add_two.count)
        self.merge_artifacts(inputs, exclude=['increment'])  ◄──┐
        self.next(self.end)                                      │ 必须显式地忽略分散工
                                                                 │ 件，因为我们没有进行
    @step                                                        │ 显式处理
    def end(self):
        print("The creature is", self.creature)
        print("The final count", self.count)

if __name__ == '__main__':
    CounterBranchHelperFlow()
```

将代码保存为 counter_branch_helper.py 文件。你可以按如下方式运行该文件：

```
# python counter_branch_helper.py run
```

输出与代码清单 3.6 中的相同。你可以删除 exclude 选项，以查看 merge_artifacts 在面对具有不同值的工件时所引发的错误。除了 exclude，merge_artifacts 还有一些更方便的选项，详情请参考 Metaflow 的在线文档。

3.2.3　动态分支

在上一节中，我们展示了如何扇出预定义的命名步骤清单，每个步骤执行不同的操作。这样的并发操作有时被称为任务并行。但如果你想执行基本相同的操作，但输入数据不同，该怎么办？这样的数据并行在数据科学应用程序中极为常见。英特尔主管 James Reinders 撰写了一篇关于 ZDNet 上任务并行的文章(详见链接[2])，描述了两种类型的并行，如下所示：

数据并行涉及在不同的数据组件上运行相同的任务，而任务并行是在同一数据上同时运行许多不同的任务。

在数据科学领域，很多情况中都存在数据并行，例如，当你并行训练或评分模型、并行处理数据分片或并行进行超参数搜索时。在 Metaflow 中，数据并行通过 foreach 构造表示。我们称 foreach 分支为动态分支，因为分支的宽度或基数是在运行时根据数据动态确定的，而不是像静态分支那样在代码中确定的。

提示　静态分支适用于在代码中表示并发性，也就是说，无论处理什么数据，操作总是并发的。但动态分支适用于表示数据中的并发性。

在图 3.10 中，我们概述了如何使用静态 DAG 并行构建 X 和 Y 两个模型。如果训练 X 和 Y 需要不同的代码，则该结构是有意义的——可能 X 是决策树，Y 是深度神经网络。但如果不同分支中的代码相同，只有数据不同，那么这种方法就没有意义。例如，为世界上的每个国家训练一个决策树模型, 如图 3.14 所示。

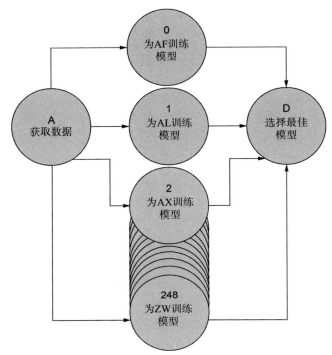

图 3.14   具有动态、数据驱动分支的工作流

    Metaflow 中的 foreach 构造允许你为给定清单的每个值运行一个步骤的副本, 由此得名 for-each。包括 Python 在内的许多编程语言都提供了类似的函数, 名为 map。与 map 一样, foreach 采用一个用户定义的函数(Metaflow 中的一个步骤), 并将其应用于给定清单的每个条目, 保存 并返回结果(Metaflow 中的工件)。

    划分和连接的工作逻辑与静态分支完全相同, 只是划分步骤中使用的语法略有不同。特别 要注意, 与静态分支相似, 你需要为 foreach 合并工件。代码清单 3.8 说明了 foreach 的语法。

代码清单 3.8   带有 foreach 分支的流

```
from metaflow import FlowSpec, step

class ForeachFlow(FlowSpec):

    @step
    def start(self):
        self.creatures = ['bird', 'mouse', 'dog']
        self.next(self.analyze_creatures, foreach='creatures')   ◄──  用引用清单的
                                                                       foreach 关键字定义
                                                                       foreach 流

    @step
    def analyze_creatures(self):                    self.input 指向 foreach
        print("Analyzing", self.input)   ◄──        清单的一个条目
```

```
        self.creature = self.input
        self.score = len(self.creature)
        self.next(self.join)

    @step
    def join(self, inputs):
        self.best = max(inputs, key=lambda x: x.score).creature
        self.next(self.end)

    @step
    def end(self):
        print(self.best, 'won!')

if __name__ == '__main__':
    ForeachFlow()
```

定义 foreach 划分的方式是使用步骤引用(同前)和关键字实参 foreach 调用 self.next，关键字实参 foreach 将工件名称、字符串作为其值。foreach 引用的工件应该是 Python 清单。在这个例子中，foreach 工件被称为 creatures。

为清单的每个条目调用 analyze_creatures 步骤，本例将调用 3 次。在 foreach 步骤中，你可以访问特殊属性 self.inputt，它包含 foreach 清单中为当前执行的分支分配的条目。注意，self.input 在 foreach 之外不可用，所以如果你想保留该值，应该将其分配给另一个工件，就像我们对 self.creature 所做的处理那样。

这个示例还演示了一种常见的模式，即选择一个最大化某些工件值的分支，在本例中是 score。Python 的内置 max 函数接收一个可选的 key 实参，该实参定义了一个函数，生成用于定义最大值的 sort 键。实际上，这是 Python 中 arg max 的实现方式，是数据科学(尤其是 foreaches)中常见的操作。

将代码保存为 foreach.py 文件，并按如下方式运行该文件：

```
# python foreach.py run
```

可以看到，analyze_creatures 的 3 个实例并发运行，每个实例从 creatures 清单中获得不同的值。每种动物都根据其名字的长度获得分数，mouse 分数最高。

这是第一个显示单个步骤如何生成多个任务的示例。在日志中，可以看到每个任务都有一个唯一的 ID，如 analyze_bibits/2 和 analyze_creatures/3，用于唯一标识 foreach 的分支。

数值计算喜欢动态分支

"并行执行不同部分数据的代码段然后收集结果"的模式在数值计算中是通用的。在文献中，该模式的名称如下：

- 批量同步并行(该概念于 20 世纪 80 年代首次引入)
- MapReduce(由开源数据处理框架 Hadoop 普及)
- Fork-Join 模型(例如，Java 中的 java.util.concurrent.ForkJoinPool)
- 并行映射(例如，Python 中的 multiprocessing 模块)

如果你感兴趣，可使用谷歌搜索这些概念的更多细节。这些都与 Metaflow 中的 foreach 构造类似。

在一个典型的数据科学应用程序中，并行发生在许多级别。例如，在应用程序级别，你可使用 Metaflow 的 foreach 定义一个工作流，为每个国家训练一个单独的模型，如图 3.14 所示。在较低的级别，可使用 TensorFlow 等 ML 库训练模型，该库在内部使用类似的模式在多个 CPU 核上并行化矩阵计算。

Metaflow 的理念是关注应用程序整体结构的以人为中心的高级关注点，并让现有的 ML 库处理以机器为中心的优化。

3.2.4　控制并发

一个 foreach 可用于扇出多达数万个任务。事实上，如第 4 章所述，foreach 是 Metaflow 可伸缩性的一个关键元素。但也存在副作用，foreah 分支可能会意外地在计算机上启动太多并发任务，从而导致计算机发热。为了减轻计算机(或数据中心)的压力，Metaflow 提供了一种控制并发任务数量的机制。

并发限制不会以任何方式改变工作流结构——代码保持不变。默认情况下，该限制在执行期间由 Metaflow 的内置本地调度器强制执行，该调度器在你键入 run 时执行工作流。如第 6 章所述，对于需要更高可用性和可伸缩性的用例，Metaflow 支持其他调度器。

我们以代码清单 3.9 中的代码为例，学习并发限制在实践中的工作原理。代码清单 3.9 显示了一个流，该流在一个包含 1000 个条目的清单中使用了一个 foreach。

代码清单 3.9　具有 1000-way foreach 的流

```
from metaflow import FlowSpec, step

class WideForeachFlow(FlowSpec):

    @step
    def start(self):
        self.ints = list(range(1000))
        self.next(self.multiply, foreach='ints')

    @step
    def multiply(self):
        self.result = self.input * 1000
        self.next(self.join)

    @step
    def join(self, inputs):
        self.total = sum(inp.result for inp in inputs)
        self.next(self.end)

    @step
    def end(self):
        print('Total sum is', self.total)
```

```
if __name__ == '__main__':
    WideForeachFlow()
```

将代码保存为 wide_foreach.py 文件。尝试按如下方式运行该文件：

```
# python wide_foreach.py run
```

该文件应该会运行失败，并显示一条错误信息：start 生成了太多子任务。因为在 Metaflow 中定义 foreach 非常容易，所以你可能会无意在 foreach 中使用一个非常大的清单，可能包括数百万个条目。运行这样的流需要很长时间。

为了防止发生低级问题并付出高昂代价，Metaflow 限制了 foreach 的最大大小，默认为 100。可使用--max-num splits 选项提高限制，如下所示：

```
# python wide_foreach.py run --max-num-splits 10000
```

如果你总是运行大量 foreach，设置环境变量可能会更加容易，如下所示：

```
# export METAFLOW_RUN_MAX_NUM_SPLITS=100000
```

理论上，代码清单 3.9 中 foreach 的所有 1000 个任务都可以并发运行。但请记住，每个任务都会成为进程，因此，你的操作系统不应该管理 1000 个同时运行的活跃进程。此外，因为你的计算机没有 1000 个 CPU 内核，所以任务在操作系统的执行队列中的大多数时间都是空闲的，这并不能加快处理速度。

为了支持原型开发周期(尤其是 run 命令)，Metaflow 提供了一个内置的工作流调度器，与 2.2.3 节中列出的调度器相似。Metaflow 将此调度器称为本地调度器(local scheduler)，将其与其他可以编排 Metaflow 流的调度程序区分开来，我们将在第 6 章中进一步学习该调度器。本地调度器就像一个合适的工作流调度器：按流程顺序处理步骤，将步骤转换为任务，并将任务作为流程执行。重要的是，它可以控制并发执行多少任务。

可使用--max-workers 选项来控制调度器启动的最大并发进程数。默认情况下，最大值为 16。对于本地运行，例如，我们迄今为止一直在执行的运行，将该值设置为高于开发环境中 CPU 内核的数量并不会带来太大好处。有时你可能会希望降低该值，以节省计算机上的资源。例如，如果一个任务需要 4 GB 的内存，那么除非你的计算机至少有 64 GB 的可用内存，否则就不能同时运行其中的 16 个并发进程。

你可以用不同的 max-workers 值进行实验。例如，比较执行时间

```
# time python wide_foreach.py run --max-num-splits 1000 --max-workers 8
```

与

```
# time python wide_foreach.py run --max-num-splits 1000 --max-workers 64
```

我们将在第 5 章详细了解 max-workers。图 3.15 总结了两个选项。

步骤 A 是一个 foreach 划分，生成了步骤 B 的 8 个任务。在本例中，如果为--max-num -splits 指定任何小于 8 的值，则运行会崩溃，因为该选项控制 foreach 分支的最大宽度。所有 8 个任

务都将运行，而不考虑--max-workers 的值，因为--max-workers 只控制并发。此处，设置--max-workers=2 提示本地调度器同时最多运行两个任务，因此这 8 个任务将作为 4 个小批量执行。

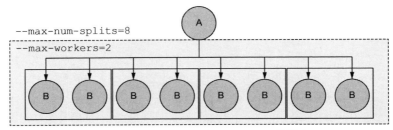

图 3.15   max-num-splits 和 max-workers 的影响

现在，你可以在 Metaflow 中定义任意工作流，通过分支管理数据流，甚至可以在计算机上执行大规模测试用例，而不必合并它！有了这个基础，我们可以着手构建第一个真实的数据科学应用程序。

3.3   Metaflow 实际应用

作为第一个真实的数据科学项目，Harper 建议 Alex 构建一个应用程序，根据客户的一组已知属性，预测新客户在推广的纸杯蛋糕中最可能喜欢的类型。幸运的是，客户已经选择了他们最喜欢的纸杯蛋糕，因此可将他们过去的选择用作训练集中的标签。Alex 认识到这是一个简单的分类任务，使用现有的机器学习库来实现这一任务应该不会太难。Alex 开始使用 Metaflow 开发原型。

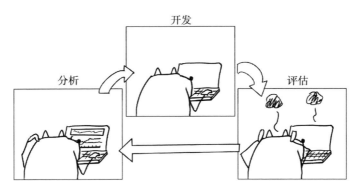

我们已介绍了 Metaflow 的基础知识，现在，可以构建一个简单但功能强大的数据科学应用程序。该应用程序创建了用于训练和测试的数据集，训练两个不同的分类器模型，并选择性能最佳的一个。该工作流类似于图 3.10 所示的工作流。

即使你不是机器学习专家，也不用担心。与本书中的所有其他示例一样，该应用程序展示的是数据科学的开发经验和基础设施，而不是建模技术。如果你对建模感兴趣，可通过

Scikit-learn 教程了解更多(详见链接[3])。该示例即基于 Scikit-learn 完成建模。

我们将通过多次迭代逐步构建该示例，就像对实际应用程序进行原型开发一样。这也是一个很好的机会，可以将第 2 章中使用 IDE、笔记和云实例设置的工作站付诸实践。

3.3.1　启动新项目

从零开始一个新的项目可能会让人感到手足无措：你盯着编辑器中的空白文件，不知道如何开始、从何处开始。你可以从工作流的角度考虑项目。我们可能对需要做什么只有一个模糊的概念，但至少我们知道工作流的开头有一个 start 步骤，在结尾有一个 end 步骤。

我们知道工作流需要获取一些输入数据，并且需要将结果写入某个位置。我们还知道，在 start 和 end 之间需要进行一些处理，我们可以对这些处理步骤进行迭代。图 3.16 以螺旋的方式描述了该方法。

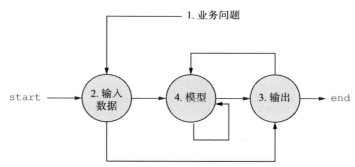

图 3.16　用于启动新项目的螺旋式方法

启动新项目时，请遵循黑色箭头指示的路径：

(1) 我们试图解决的业务问题是什么？

(2) 我们可以使用哪些输入数据？如何读取？在哪里读取？

(3) 输出数据应该是什么？如何编写？在哪里编写？

(4) 可使用哪些技术根据输入产生更好的输出？

箭头显示了工作流顺序。可以看到，我们是从外到内构建工作流。以下原因解释了这种螺旋式方法的有用之处，已被许多数据科学项目证实：

(1) 我们很容易忽略试图解决的实际问题的细节，尤其是在处理一个新的模型时更是如此。应该由问题决定解决方案，而不是由解决方案决定问题。

(2) 发现、验证、清洗和转换合适的输入数据通常比预期的更困难。最好尽早开始这个过程。

(3) 将结果集成到周围的业务系统中也可能比预期的更难，最好尽早开始。此外，集成对输出的要求可能在意料之外，从而可能会影响建模方法。

(4) 从最简单的建模方法开始，得到一个与之合作的端到端的工作流。在基本应用程序运行后，我们可以使用真实数据在真实的业务环境中测量结果，进而可以严格地改进模型。如果项目成功，这一步将永远不会结束，因为总有改进模型的方法。

基础设施应更易于遵循螺旋式方法，应该支持额外的迭代开发。下面查看在实践中螺旋式方法如何作用于 Metaflow。

项目框架

示例中的业务问题是对葡萄酒进行分类——并不完全是纸杯蛋糕，但两个示例很相近。将合适的数据集与 Scikit-Learn 一起打包非常方便。该示例不包含特定于此数据集的内容，因此也可使用相同的模板来测试其他数据集。

我们首先安装 Scikit-Learn 包，如下所示：

```
# pip install sklearn
```

我们将在第 6 章学习更复杂的处理依赖关系的方法，目前，我们选择在系统范围内安装软件包。按照螺旋式方法，我们先介绍只加载输入数据的流的简单框架。稍后，将在该流程中添加更多特征，如图 3.17 所示。相应的代码如代码清单 3.10 所示。

图 3.17　ClassifierTrainFlow 的第一次迭代

代码清单 3.10　ClassifierTrainFlow 的第一次迭代

```
from metaflow import FlowSpec, step

class ClassifierTrainFlow(FlowSpec):

    @step
    def start(self):
        from sklearn import datasets
        from sklearn.model_selection import train_test_split

        X, y = datasets.load_wine(return_X_y=True)
        self.train_data,\
        self.test_data,\
        self.train_labels,\
        self.test_labels = train_test_split(X, y, test_size=0.2, random_state=0)
        print("Data loaded successfully")
        self.next(self.end)

    @step
    def end(self):
        self.model = 'nothingburger'
        print('done')

if __name__ == '__main__':
    ClassifierTrainFlow()
```

在步骤代码中导入，而不是在文件的顶部导入

将数据集划分为包含 20%行的测试集和包含其余行的训练集

加载数据集

实际模型的虚拟占位符

我们使用 Scikit-Learn 中的函数加载数据集(load_wine)，并将其划分为训练集和测试集

(train_test_split)。你可以在线查找函数以获取更多信息，但这对于本例来说不是必需的。

> **提示**　在 Metaflow 中，更好的做法是将 import 语句放在使用模块的步骤中，而不是放在文件的顶部。这样，仅在需要时执行导入。

将代码保存为 classifier_train_v1.py 文件并运行，如下所示：

```
# python classifier_train_v1.py run
```

代码应成功执行。要确认某些数据已加载，可执行如下命令：

```
# python classifier_train_v1.py dump 1611541088765447/start/1
```

将路径规范替换为可以从上一个命令的输出中复制和粘贴的真实路径规范。该命令应该显示已创建了一些工件，但工件太大，无法显示。部分数据已被提取，虽然这样做很好，但如果能真正看到这些数据就更好了。接下来，我们将学习如何能看到这些数据。

3.3.2　使用客户端 API 访问结果

在 3.1.2 节中，我们了解到 Metaflow 将所有实例变量(如代码清单 3.10 中的 train_data 和 test_data)作为工件保存在自己的数据存储中。存储工件后，可使用 Metaflow Client 或 Client API 以编程方式进行读取。Client API 是允许你检查结果并在流中使用结果的关键机制。

> **提示**　可使用 Client API 读取工件。工件被创建后，无法再进行更改。

Client API 公开了容器的层次结构，可用于引用运行的不同部分，即流的执行部分。假设你使用的是共享的元数据服务器，除了单次的运行，容器还允许你浏览整个 Metaflow，包括你和同事的所有运行(第 6 章中对此有详细介绍)。容器的层次结构如图 3.18 所示。

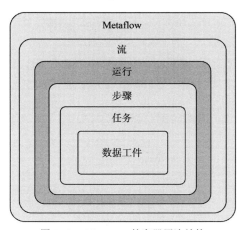

图 3.18　Client API 的容器层次结构

可以在每个容器中找到以下内容：

- **Metaflow**——包含所有流。你可以在 Metaflow 中发现你和同事创建的流。
- 流——包含已使用 FlowSpec 类执行的所有运行。
- 运行——包含在此运行期间开始执行的流的所有步骤。运行是层次结构的核心概念，所有其他对象都是通过运行生成的。
- 步骤——包含此步骤启动的所有任务。只有 foreach 步骤包含多个任务。
- 任务——包含此任务生成的所有数据工件。
- 数据工件——包含由任务生成的一段数据。

除了作为容器，对象还包含其他元数据，如创建时间和标记。值得注意的是，还可通过 Task 对象访问日志。

可通过以下 3 种方式实例化 Client API 对象：

(1) 可使用路径规范直接实例化任何对象，该路径规范在层次结构中唯一标识对象。例如，可使用 Run(pathspec)访问特定运行的数据，如 Run("ClassifierTrainFlow/1611541088765447")。

(2) 可使用括号访问子对象。例如，Run("ClassifierTrainFlow/1611541088765447")['start']返回 start 步骤。

(3) 可迭代任何容器以访问其子容器。例如，list(Run("ClassifierTrainFlow/1611541088765447")返回一个清单，其包含与给定 Run 对应的所有 Step 对象。

此外，Client API 包含许多用于导航层次结构的快捷方式，我们将在下面的示例中介绍这些快捷方式。

在笔记中检查结果

可以在任何支持 Python 的地方使用 Client API：可以在脚本中(使用交互式 Python 解释器，只需要执行 Python 来开启)，也可以在笔记中。笔记支持多种可视化，对于检查结果而言，它是一个特别方便的环境。

我们在笔记中检查代码清单 3.10 中 ClassifierTrainFlow 的结果。首先，在编辑器中打开一个笔记，或者在执行 Metaflow 运行的工作目录中的命令行上执行 jupyter-notebook。

我们可以用笔记检查之前加载的数据。具体来说，我们希望检查在 start 步骤中创建的名为 train_data 的工件。为此，需要将代码清单 3.11 中的代码行复制到笔记单元格中。

代码清单 3.11　在笔记中检查数据

```
from metaflow import Flow
run = Flow('ClassifierTrainFlow').latest_run
run['start'].task.data.train_data
```

使用 Client API 就要导航图 3.18 所示的对象层次结构。Flow.latest_run 是提供给定 Flow 最新 Run 的快捷方式。我们使用['start']访问所需的 Step，然后使用.task 快捷方式获取相应的 Task 对象，使用.data 查看给定的工件。结果应该类似于图 3.19。

```
In [11]:   from metaflow import Flow

In [9]:    run = Flow('DigitsTrainFlow').latest_run
           run

Out[9]:    Run('DigitsTrainFlow/1611556523340289')

In [10]:   run['start'].task.data.train_data

Out[10]:   array([[ 0.,    0.,    0.,  ...,    5.,    0.,    0.],
                  [ 0.,    3.,   10.,  ...,    2.,    0.,    0.],
                  [ 0.,    0.,    6.,  ...,    8.,    0.,    0.],
                  ...,
                  [ 0.,    0.,    5.,  ...,    0.,    0.,    0.],
                  [ 0.,    0.,    4.,  ...,    0.,    0.,    0.],
                  [ 0.,    0.,    6.,  ...,   11.,    0.,    0.]])
```

图 3.19　在笔记中使用 Client API

Client API 旨在方便探索数据。你可以自行尝试以下练习。

● 尝试检查运行所创建的其他工件，如 train_labels 或 model。

● 再次运行流。注意.latest_run 返回不同的运行 ID。现在尝试检查以前的运行。

● 尝试探索对象的其他属性，如.created_at。提示：可使用 help()查看文档，请尝试 help(run)。

跨流访问数据

图 3.20 显示了我们的项目在前两个步骤(从业务问题定义到在 ClassifierTrainFlow 中设置输入数据)中的进展情况。我们确认了输入数据已正确加载，现在可以进入下一步，即项目的输出。我们想使用一个由 ClassifierTrainFlow 训练的模型，对未知的数据点进行分类，在本例中即为葡萄酒。

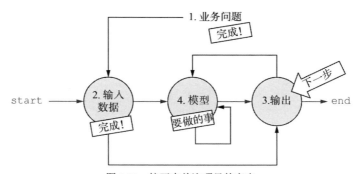

图 3.20　接下来关注项目的产出

通常，我们将这样的预测应用程序划分为两个流：一个流训练模型，另一个流使用模型为未知的数据提供预测。这样划分非常有用，因为预测或推理流通常独立运行，并且比训练流运行得更频繁。例如，我们可能每天训练一次新模型，但需要每小时预测一次新数据。

下面制作预测流 ClassifierPredictFlow 的原型，以配合训练流 ClassiferTrainFlow。关键之处在于访问一个先前训练过的模型，我们可以使用 Client API 实现这一点。本例中，我们接受一个数据点并对它进行分类，将它指定为 JSON 类型 Parameter 的数值向量(参见代码清单 3.4 可了解其工作原理)。作为练习，你可以将其替换为数据点的 CSV 文件(参见代码清单 3.5 中的示例)，这种方式更实用。流的第一次迭代如代码清单 3.12 所示。

代码清单 3.12　ClassifierPredictFlow 的第一次迭代

```
from metaflow import FlowSpec, step, Flow, Parameter, JSONType

class ClassifierPredictFlow(FlowSpec):

    vector = Parameter('vector', type=JSONType, required=True)

    @step                                          使用 Client API 查找
    def start(self):                               最新的训练运行
        run = Flow('ClassifierTrainFlow').latest_run
        self.train_run_id = run.pathspec
        self.model = run['end'].task.data.model    获取实际的模型对象
        print("Input vector", self.vector)
        self.next(self.end)

    @step
    def end(self):
        print('Model', self.model)

if __name__ == '__main__':
    ClassifierPredictFlow()
```

保存训练运行的路径规范以进行血缘跟踪

将代码保存为 classifier_predict_v1.py 文件，并按如下方式运行该文件：

```
# python classifier_predict_v1.py run --vector '[1,2]'
```

运行应该将模型报告为代码清单 3.10 项目框架中指定的“nothingburger”。这是螺旋式方法的实际应用：在考虑实际模型之前，应先建立并验证端到端应用程序所有部分之间的连接。

注意我们持久化工件 train_run_id(包括训练运行的路径规范)的方式。可使用该工件来跟踪模型血缘(model lineage)：如果预测出现意外，我们可以跟踪精确训练运行，使其产生模型，进而产生结果。

3.3.3　调试故障

我们已有了对于项目输入和输出的框架流程，现在，开始一个有趣的环节：定义机器学习模型。正如现实世界项目中经常发生的那样，模型的第一个版本往往无法运行。我们将练习在 Metaflow 中调试故障。

数据科学项目的另一个共同特点是，最初无法确定哪种模型对给定数据最有效。也许我们应该训练两种不同类型的模型，从中选择性能最好的模型，正如我们在图 3.10 中讨论的那样。

受 Scikit-Learn 教程的启发，我们训练了一个 K 最近邻(K-Nearest Neighbor，KNN)分类器和一个支持向量机(Support Vector Machine，SVM)。如果你不熟悉这些技巧，请不要担心，本例不需要你了解这些技巧。有关模型的更多信息，请参阅 Scikit-Learn 教程。

　　训练模型通常是流程中最耗时的部分，因此我们可以用并行步骤训练模型，以加快执行速度。代码清单 3.13 扩展了代码清单 3.10 中早期的 ClassifierRainflow 框架，在中间添加了 3 个新步骤：train_knn、train_svm(两者是并行分支)，以及 choose_model(负责选择两者中性能最好的模型)。

代码清单 3.13　几乎可以使用的 ClassifierTrainFlow

```python
from metaflow import FlowSpec, step

class ClassifierTrainFlow(FlowSpec):

    @step
    def start(self):                          # 除了更新 self.next()，start
        from sklearn import datasets          # 步骤中没有任何更改
        from sklearn.model_selection import train_test_split

        X, y = datasets.load_wine(return_X_y=True)
        self.train_data,\
        self.test_data,\
        self.train_labels,\
        self.test_labels = train_test_split(X, y, test_size=0.2, random_state=0)
        self.next(self.train_knn, self.train_svm)

    @step
    def train_knn(self):
        from sklearn.neighbors import KNeighborsClassifier

        self.model = KNeighborsClassifier()
        self.model.fit(self.train_data, self.train_labels)
        self.next(self.choose_model)

    @step
    def train_svm(self):                      # 在流程的中间添
        from sklearn import svm               # 加新的训练步骤

        self.model = svm.SVC(kernel='polynomial')   # 此行将导致
        self.model.fit(self.train_data, self.train_labels)  # 错误：实参
        self.next(self.choose_model)          # 应为'poly'

    @step
    def choose_model(self, inputs):
        def score(inp):
            return inp.model,\
                inp.model.score(inp.test_data, inp.test_labels)

        self.results = sorted(map(score, inputs), key=lambda x: -x[1])
        self.model = self.results[0][0]
        self.next(self.end)                   # end 步骤被修改为打印
                                              # 出有关模型的信息
    @step
    def end(self):
        print('Scores:')
```

```
        print('\n'.join('%s %f' % res for res in self.results))
if __name__ == '__main__':
    ClassifierTrainFlow()
```

我们在 start 步骤中初始化工件 train_data 和 train_labels，两个 train_ 步骤使用这两个工件中的训练数据来拟合模型。这种简单方法适用于中小型数据集。使用大量数据训练更大的模型时，有时需要不同的技术，我们将在第 7 章中讨论。

choose_model 步骤使用 Scikit-Learn 的 score 方法，使用测试数据对每个模型进行评分。模型按照分数的降序排序(由于-x[1]否定 sort key 中的分数)。我们将最佳模型存储在 model 工件中，稍后 ClassifierPredictFlow 将使用该工件。注意，所有模型及其分数都存储在 results 工件中，这样我们就可以稍后在笔记中检查结果。

再次将代码保存为 classifier_train.py 文件，并按如下方式运行该文件：

```
# python classifier_train.py run
```

代码清单 3.13 中的代码在运行时出现了故障，出现了类似 ValueError：'polynomial' is not in list 的错误。

这样的错误在原型开发周期的预料之内。事实上，Metaflow 和其他类似框架的许多特征都是专门为调试故障而设计的。每当出现故障时，都可以按照图 3.21 中建议的步骤进行故障分类，并修复问题。

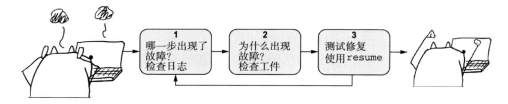

图 3.21 调试循环

我们逐个介绍所有步骤。

1. 在日志中查找错误消息

第一步是尝试了解确切的失败内容，特别是哪一步失败了，以及错误消息是什么。如果你在手动运行流，在终端上应该会看到一个堆栈跟踪，并以步骤名为前缀(如前面 ClassifierTrainFlow 中的 train_svm)。

尤其是在 foreach 较宽的情况下，终端上可能会出现过多的错误消息，这样会导致难以阅读错误消息。在这种情况下，可以使用 logs 命令(参见 3.1.1 节)显示单个任务的输出。但是，只有当你知道哪个步骤或任务可能失败时，该命令才有用。当茫然寻找故障时，该命令则无济于事。

或者，你可以在笔记中使用 Client API 自动梳理所有任务。你可以将代码清单 3.14 复制并粘贴到笔记中。

代码清单 3.14　使用 Client API 访问日志

```
from metaflow import Flow
for step in Flow("ClassifierTrainFlow").latest_run:
    for task in step:
        if not task.successful:
            print("Task %s failed:" % task.pathspec)
            print("-- Stdout --")
            print(task.stdout)
            print("-- Stderr --")
            print(task.stderr)
```

可使用引用特定运行的 Run 对象替换 Flow().latest_run，如 run("ClassifierTrainFlow/161
1603034239532")，以此分析任何过去运行的日志。使用 Client API 的一个好处是，可使用 Python
的全部功能来查找所需内容。例如，如果在代码中添加如下条件，则只能看到包含特定术语的
日志：

```
if 'svm' in task.stderr:
```

2. 理解代码故障的原因

一旦你弄清了故障的内容，就可以开始分析发生故障的原因。通常，这一步需要反复检查
(和谷歌搜索！)发生故障的 API 文档。Metaflow 也支持使用一些额外的工具来调试故障。

请使用 Client API 检查表示故障前执行状态的工件。尽可能多地储存信息可以帮助重构故
障前的流状态。你可以在笔记中加载工件，检查工件，并使用它们来测试与故障相关的假设。
要学会爱上使用工件！

Metaflow 与调试器是兼容的，比如嵌入 Visual Studio Code 和 PyCharm 中的调试器。因为
Metaflow 将任务作为单独的进程执行，所以调试器需要一些额外的配置才能正常工作。你可以
在 Metaflow 的在线文档中找到在流行编辑器中配置调试器的说明。配置了调试器后，就可使
用调试器来检查实时代码。

通常，涉及大量数据的计算密集型代码会因资源耗尽(如内存耗尽)而运行失败。我们将在
第 4 章详细介绍如何处理这些问题。

3. 测试修复

最后，你可以尝试修复代码。Metaflow 的一个非常有益的特性是可以让你不必从头开始重
启整个运行来测试修复。可以想象一个流程，首先要花 30 分钟处理输入数据，然后要花 3 个
小时训练模型，之后在 end 步骤由于名称拼写错误而失败。虽然你可以在一分钟内改正拼写错
误，但要等待 3.5 小时后才能确认修改有效，这会让人很焦急。

但使用 resume 命令可解决该问题。我们使用 resume 命令来修复代码清单 3.13 中的错误。
在 train_svm 步骤中，模型实参应该是'poly'，而不是"polynomial"。将不正确的行替换为：

```
svm.SVC(kernel='poly')
```

可使用 run 命令再次运行代码，但此处使用的是其他命令，请尝试：

```
# python classifier_train.py resume
```

此命令将查找上一次运行，克隆所有成功步骤的结果，并从失败的步骤恢复执行。换句话说，该命令不会浪费时间去重新执行已成功的步骤，在前面的示例中，这将节省 3.5 小时的执行时间！

如果修复代码的尝试没有成功，可以尝试其他方法，再次使用 resume。你可以根据需要持续迭代修复，如图 3.21 中的反向箭头所示。

在上一个示例中，resume 重用了成功的步骤 train_kn 的结果。然而，在某些情况下，要修复某个步骤可能也需要对成功的步骤进行更改，而此后你也可能需要将其恢复。为此，可以指示 resume 从失败步骤之前的任何步骤恢复执行，例如：

```
# python classifier_train.py resume train_knn
```

这将强制 resume 重新运行 train_knn 和 train_svm 步骤以及任何后续步骤。失败的步骤及其后的步骤总会重新运行。

默认情况下，resume 会查找在当前工作目录中执行的最新运行 ID，并将其用作原始运行(origin run)——为恢复运行，原始运行的结果会被克隆。可使用--origin-run-id 选项将原始运行更改为相同流的任何其他运行，如下所示：

```
# python classifier_train.py resume --origin-run-id 1611609148294496 train_knn
```

这将使用 classifier_train.py 中最新版本的代码，从 train_knn 步骤开始恢复执行过去的运行 1611609148294496。原始运行不一定是失败的运行，也不一定是由你执行的运行！在第 5 章中，我们将使用此功能在本地恢复失败的生产运行。

恢复的运行将被注册为正常运行，并获得自己的唯一 Run ID，可以使用 Client API 访问运行结果。但是，你将无法更改恢复的运行的参数，因为更改参数可能会影响需要克隆的任务的结果，可能导致总体结果不一致。

3.3.4　最后润色

ClassifierTrainFlow 经过修复后，应该成功完成并生成有效的模型。要完成 ClassifierPredictFlow (代码清单 3.12)，请在其最后一步添加以下代码行：

```
print("Predicted class", self.model.predict([self.vector])[0])
```

要测试预测，你必须在命令行上提供一个向量。葡萄酒数据集包含每种葡萄酒的 13 个属性。你可以在 Scikit-Learn 的数据集页面(见链接[4])中找到它们的定义。以下示例使用了训练集中的向量：

```
# python classifier_predict.py run --vector
➥ '[14.3,1.92,2.72,20.0,120.0,2.8,3.14,0.33,1.97,6.2,1.07,2.65,1280.0]'
```

　　预测的类应该是 0。恭喜——我们有了一个有效的分类器！

　　如果分类器产生错误的结果怎么办？你可以组合使用 Scikit-Learn 的模型洞察工具和
Client API 来检查模型，如图 3.22 所示。

```
In [1]:   from metaflow import Flow
          from sklearn import metrics

In [3]:   run = Flow('ClassifierTrainFlow').latest_run
          run

Out[3]:   Run('ClassifierTrainFlow/1611617953113492')

In [5]:   model, score = run.data.results[0]
          test_data = run['start'].task.data.test_data
          test_labels = run['start'].task.data.test_labels

In [6]:   metrics.plot_confusion_matrix(model, test_data, test_labels)

Out[6]:   <sklearn.metrics._plot.confusion_matrix.ConfusionMatrixDisplay at 0x7f8fe3512610>
```

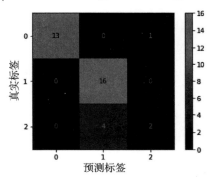

图 3.22　检查分类器模型的笔记

　　现在，应用程序似乎可以端到端工作了，下面总结一下我们构建的内容。该应用程序说明
了 Metaflow 和数据科学应用程序的许多关键概念。图 3.23 说明了最终应用程序的总体架构。

　　下面我们从上到下解读该图。

(1) 我们获得了输入数据，并将其划分为训练集和测试集，均被存储为工件。

(2) 我们将两个备选模型训练为平行分支…。

(3) …并根据测试数据的准确性选择性能最佳的一个。

(4) 所选模型被存储为工件，我们可以使用 Client API 在笔记中一起检查该工件与其他工件。

(5) 可以根据需要多次调用单独的预测流，以使用训练的模型对新向量进行分类。

　　尽管这一部分只是一个小小的示例(你能想象我们用了不到 100 行代码就实现了图 3.23 中
所示的应用程序吗？)，但该架构非常适用于生产级应用程序。你可以用自己的数据集替换输
入数据，根据实际需要改进建模步骤，在笔记中添加更多细节，丰富信息，并将用于预测的单
一--vector 输入替换为 CSV 文件。

　　本书的其余部分回答了以下问题(以及许多其他问题)。当你将此应用程序和其他类似性质
的数据科学应用程序运用于现实用例时，可能会面临如下问题：

- 如果我必须处理太字节的输入数据怎么办？
- 如果训练每个模型需要一小时，而我想要训练模型的数量是 2000 个而不是 2 个，怎么办？
- 在流中添加实际的建模和数据处理代码后，文件变得相当长。我可以将代码划分为多个文件吗？
- 我应该在生产中继续手动运行流吗？可以安排流自动运行吗？
- 当调用 Flow().latest_run 时，我想确保最新运行引用我的最新运行，而非同事的最新运行。有什么方式可以把我们的运行分开吗？
- 生产流使用旧版本的 Scikit-Learn 运行，但我想使用最新的 Scikit-Learn 实验版本制作一个新模型的原型。要怎么做呢？

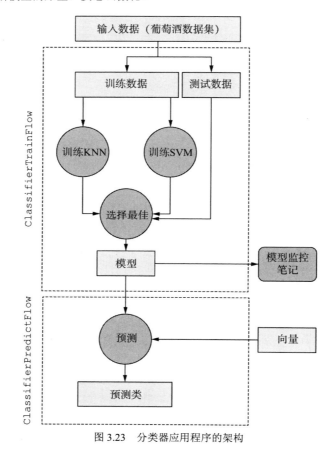

图 3.23　分类器应用程序的架构

不要担心，基础设施的其他部分将在本章内容的基础上无缝构建。如果你已经学到了这里，就说明已很好地掌握了要点，在后续章节中你可以跳过与你的用例无关的任何部分。

3.4　本章小结

- 如何在 Metaflow 中定义工作流：
  - 可以在 Metaflow 中定义基本工作流，并在计算机或云工作站上进行测试。
  - Metaflow 自动跟踪所有执行，并为执行提供唯一的 ID，因此不需要做额外工作，你的项目就可以在整个迭代过程中保持有序。唯一的 ID 可帮助你轻松查找与任何任务相关的日志和数据。
  - 使用工件在工作流中存储和移动数据。
  - 使用名为 Parameter 的特殊工件参数化工作流。
  - 使用带有 Client API 的笔记来分析、可视化并比较过去运行的元数据和工件。
- 如何在 Metaflow 中进行并行计算：
  - 使用分支，通过明确数据依赖关系，使应用程序更易于理解，并实现更高的性能。
  - 可使用动态分支对多条数据运行同一操作，也可使用静态分支并行运行许多不同的操作。
- 如何开发简单的端到端应用程序：
  - 最好迭代开发应用程序。
  - 使用 resume 在代码运行失败后快速继续执行。
  - Metaflow 需要与 Scikit-Learn 等现有的数据科学库一同使用。

第 *4* 章

随计算层伸缩

本章内容
- 设计可伸缩的基础设施，以便数据科学家处理计算要求高的项目
- 选择符合需求的基于云的计算层
- 在 Metaflow 中配置和使用计算层
- 开发鲁棒的工作流，妥善处理故障

所有数据科学项目最基本的组件是什么？首先，根据定义，数据科学项目要使用数据。所有机器学习和数据科学项目至少需要少量数据。其次，数据科学的科学部分意味着我们不仅仅是收集数据，还要将其用于某些用途，也就是说，我们使用数据来进行计算。与此对应，数据和计算是数据科学基础设施堆栈中最基本的两层，如图 4.1 所示。

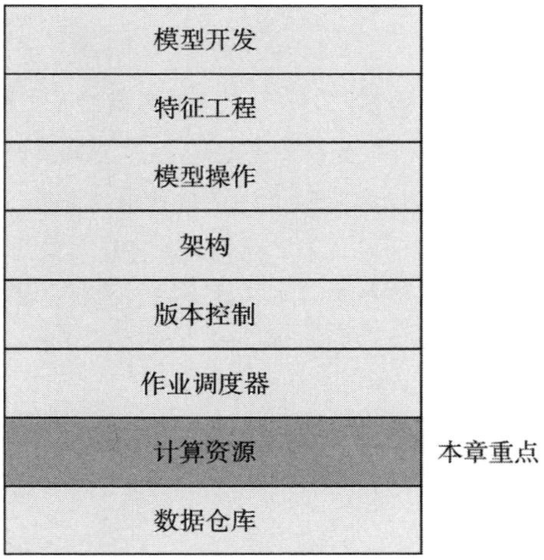

管理和访问数据是一个非常深入和广泛的话题，我们将在第 7 章再进行深入介绍。在本章中，我们将重点放在堆栈的计算层。计算层回答了一个看似简单的问题：在数据科学家定义了代码段(如工作流中的一个步骤)后，我们应该在哪里执行代码？

图 4.1　计算层突出显示的数据科学基础设施堆栈

第 2 章提到了一个简单的答案：在计算机或云工作站上执行任务。但是，如果这项任务对计算机要求太高，比如需要 64 GB 的内存，该怎么办？或者，如果工作流包括一个可以启动 100 个任

务的 foreach 构造，该怎么办？单个工作站没有足够的 CPU 内核来并行运行，按顺序运行可能会很慢。本章提出了一种解决方案：我们可以在个人工作站之外，在基于云的计算层上执行任务。

实现计算层的方法有许多。确切的选择取决于你的具体需求和用例。我们将介绍一些常见的选择，并讨论如何做出符合需求的选择。我们将介绍一个简单的选项，即一个名为 AWS 批处理的托管云服务，以说明如何通过 Metaflow 实际使用计算层。在本章所述内容的基础上，下一章将提供更多实际操作的示例。

从根本上讲，我们关心计算层，因为它允许项目处理更多的计算和数据。换句话说，计算层允许项目更具可伸缩性。在深入研究计算层的技术细节之前，我们先探讨可伸缩性和性能(两者为同级概念)的含义，以及它们对数据科学项目的重要性。正如你将了解到的，可伸缩性的主题十分微妙。更好地理解可伸缩性将有助于你为项目做出正确的技术选择。

从基础设施的角度看，我们的理想目标是让数据科学家能够有效、高效地解决任何业务问题，而不受问题规模的限制。许多数据科学家认为，利用大量数据和计算资源能够给他们带来超能力。这种感觉是合理的：使用本章介绍的技术，数据科学家可以仅用几十行 Python 代码，就能实现几十年前超级计算机的计算功能。

任何计算层都存在一个缺点：与计算机具有严格限制相比，任务可能会以意外的方式失败。为了提高数据科学家的生产力，我们希望自动处理的错误尽可能多。当发生不可恢复的错误时，我们希望尽可能让调试过程变得轻松。我们将在本章末尾讨论这一点。你可以通过链接[1]找到本章的所有代码清单。

4.1　什么是可伸缩性

Alex 构建了第一个能够训练模型并生成预测的应用程序，为此感到非常自豪。但 Bowie 担心：随着纸杯蛋糕业务的发展(希望能呈指数级增长)，Alex 的 Python 脚本能否处理未来可能面临的数据规模？Alex 不是可伸缩性专家。尽管 Bowie 的担忧是可以理解的，但 Alex 认为，这可能有点为时过早，他们的业务还远没有达到这样的规模。如果 Alex 可以选择，最简单的解决办法就是使用一个足够大的计算机，其可以用更大的数据运行现有脚本。与其花时间重新设计现有脚本，Alex 更愿意专注于完善模型，并更好地理解数据。

在这种情况下，谁的担忧更值得关注？从工程角度来看，Bowie 的担忧是合理的：在 Alex 的计算机上运行的 Python 脚本将无法处理任意大小的数据。Alex 的担心也是合理的：脚本可能适合他们现在的情况，也可能适合不久的将来。从业务角度来看，关注结果的质量而不是规模可能更有意义。

此外，Alex 的梦想是，仅通过一台更大的计算机来处理可伸缩性，尽管从技术角度来看，这似乎很愚蠢，也不现实，但从生产力角度来看，这是一个合理的想法。从理论上讲，借助一台无限大的计算机，不必做任何更改就可以使用现有的代码，这使得 Alex 可以专注于数据科学，而不是复杂的分布式计算。

如果你是 Harper，作为领导者，你是会站在 Bowie 一边，建议 Alex 重新设计代码，使其具有可伸缩性，从而转移 Alex 对模型的注意力；还是会让 Alex 专注于改进模型，但可能会导致未来的失败？这不是一个容易的决定。许多人会说"这取决于具体情况"。但明智的领导者可能更喜欢一种平衡的方法，使代码具有足够的可伸缩性，以便在将来不会在现实负载下崩溃，并让 Alex 将剩余的时间用于确保结果的质量。

找到这样一种平衡的方法是本节要讨论的主题。我们希望同时优化数据科学家的生产力、业务需求和工程关注点，强调与每个用例相关的维度。我们希望提供通用的基础设施，使每个应用程序都能灵活运用可伸缩性，从而达到符合特定需求的平衡。

4.1.1　整个堆栈的可伸缩性

如果你曾参与过一个涉及高要求训练或数据处理步骤的数据科学项目，那么你很可能听过或思考过"它能伸缩吗？"或者"速度够快吗？"等问题。在非正式讨论中，可伸缩性和性能可以互换使用，但实际上两者是各自独立的关注点。我们先介绍一下可伸缩性的定义。

可伸缩性是系统的一种属性，通过向系统添加资源来处理不断增长的工作量。

对该定义的分析如下：

(1) 可伸缩性关乎增长。谈论具有静态输入的静态系统的可伸缩性是没有意义的，但是你可以讨论此类系统的性能，下文将对性能展开详细介绍。

(2) 可伸缩性意味着系统必须执行更多的工作，例如，处理更多的数据或训练更多的模型。可伸缩性不是优化固定工作量的性能。

(3) 可伸缩系统能够有效地利用添加到系统中的额外资源。如果系统能够通过添加一些资源(如更多的计算机或更多的内存)来处理更多的工作，那么系统是可伸缩的。

可伸缩性与增长有关，而性能与系统的能力有关，与增长无关。例如，我们可以衡量你做煎蛋饼的表现：你做一个煎蛋饼的速度如何，煎蛋饼的质量如何，或者作为副作用，产生了多少垃圾？对于性能或可伸缩性不存在单一指标，你必须定义你感兴趣的维度。

如果你正在构建单个应用程序，那么可以专注于该特定应用程序的可伸缩性。在构建基础设施时，你不仅需要考虑如何使单个应用程序具有可伸缩性，还需要考虑当不同应用程序的数量增加时，整个基础设施如何伸缩。此外，基础设施需要支持越来越多的构建应用程序的工程师和数据科学家。

因此，在构建高效的基础设施时，我们并不仅仅关注特定算法或工作流的可伸缩性，还要优化基础设施堆栈所有层的可伸缩性。请记住我们在第 1 章中介绍的 4 个 V，如下：

(1) **数量**——我们希望支持大量数据科学应用程序。

(2) **速度**——我们希望使数据科学应用程序的原型开发和产品化变得简单快捷。

(3) **有效性**——我们希望确保结果有效且一致。

(4) **多样性**——我们希望支持多种不同类型的数据科学模型和应用程序。

几乎所有的维度都与可伸缩性或性能有关。数量指的是应用程序的数量，这是起初使用通用基础设施的动机。速度指的是代码、项目和人员的速度，即性能。将有效性与可伸缩性进行比较是一个非常重要的主题，因此值得在下一章中单独讨论。多样性指的是我们使用多种工具处理多种用例的能力。对于可伸缩性，不存在一劳永逸的解决方案。总之，不同形式的可伸缩性是贯穿本书的一个基本主题。图 4.2 显示了可伸缩性如何触及数据科学基础设施堆栈的所有层。

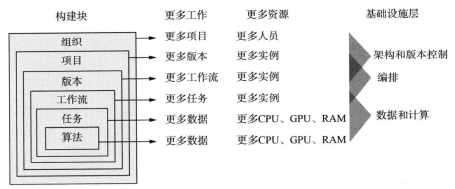

图 4.2　基础设施堆栈中的可伸缩性类型

我们仔细分析这个图。最左边的一列是数据科学应用程序的构建块。构建块形成了一个层次结构：算法包含在任务中，任务包含在工作流中，以此类推。这个层次结构扩展了图 3.18 中在 Metaflow 背景下讨论的层次结构。

每个构建块都可以独立伸缩。按照我们的定义，可伸缩性涉及两个因素：更多工作和更多资源。更多工作列显示了相应构建块需要处理的工作类型，即其可伸缩性的主要维度。更多资源列显示了我们可以添加到构建块中以使其伸缩的资源。基础设施层一列显示了管理资源的基础设施。各层相互协作，因此其功能存在一些重叠。我们将逐一介绍，如下所示。

- 应用程序的核心通常是一种算法，其执行数值优化、训练模型等。通常，算法由现有的库(如 TensorFlow 或 Scikit-Learn)提供。当算法必须处理大量数据时，就需要伸缩，但也存在其他可伸缩性维度，如模型的复杂性。现代算法可以有效地使用计算实例上的所有可用资源、CPU 内核、GPU 和 RAM，因此可通过增加实例的能力进行伸缩。

- 算法本身无法运行，需要由用户代码进行调用，如 Metaflow 任务。该任务是一个操

作系统级的过程。你可以通过各种工具和技术(在 4.2 节中详细介绍)使用实例上的所有
可用 CPU 内核和 RAM,以进行伸缩。通常,当使用高度优化的算法时,可以将所有
可伸缩性问题交由算法处理,并且任务可以保持相对简单,就像我们在 3.3 节中对
Scikit-Learn 所处理的那样。

- 数据科学应用程序或工作流由多个任务组成。事实上,利用数据并行性时,工作流可
  以产生任意数量的任务,如动态分支(详情参考 3.2.3 节)。为了处理大量并发任务,工
  作流可以将工作分散到多个计算实例。我们将在本章后面和下一章讨论这些主题。
- 为了鼓励实验,我们应该允许数据科学家测试他们工作流的多个不同版本,可以在数
  据或模型架构上有稍微不同的更改。并行测试版本非常方便,可以节省时间。为了处
  理多个并行工作流,我们需要一个可伸缩的工作流编排器(参见第 6 章)以及许多计算
  实例。
- 数据科学组织通常同时从事各种数据科学项目。每个项目都有自己的业务目标,表示
  为特定的工作流和版本。重要的是,我们应尽量减少项目之间的干扰。对于每个项目,
  我们应该能够独立地选择架构、算法和可伸缩性要求。第 6 章将进一步阐明有关版本
  控制、命名空间和依赖管理的问题。
- 组织希望通过雇佣更多的人来扩大并发项目的数量。重要的是,设计良好的基础设施
  也可以帮助解决这一可伸缩性难题,相关内容将在后文讨论。

总之,数据科学项目依赖两种资源:人和计算。数据科学基础设施的职责是使两者有效匹
配。可伸缩性不仅通过更多的计算资源使单个工作流更快地完成,还使更多的人能够处理更多
的版本和项目。这一问题非常重要,但在技术讨论中经常被忽略,所以在深入研究技术细节之
前,我们先占用几页篇幅详细讨论一下这个主题。

4.1.2 实验文化

一个现代化、高效的数据科学组织鼓励数据科学家相对自由地创新并对新方法和替代实现
进行实验,而不受计算层的技术限制。这听起来不错,但为什么如今大多数组织都没有实现呢?

随着时间的推移,计算循环的成本急剧下降,云是部分原因,而人才的成本却上涨了。一
个高效的基础设施可以受益于这种不平衡:我们可以使成本高昂的人力资源便捷地访问廉价的
计算资源,以最大限度地提高生产力。我们希望组织能够通过自身伸缩来进行这种访问。

组织难以伸缩的一个根本原因是通信开销。对于由 N 个人组成的小组,组员要想相互交流,
则需要 N^2 条通信线路。换句话说,通信开销随人数的增加呈二次增长。经典的解决方案是分
层组织,其限制信息流以避免二次增长。然而,许多现代、创新的数据科学组织宁愿避免严格
的层次结构和信息瓶颈。

为什么人类需要沟通?因为需要协调和知识共享。从历史上来看,在许多环境中,访问共
享资源(如计算机)就需要上述两者,如图 4.3 所示。

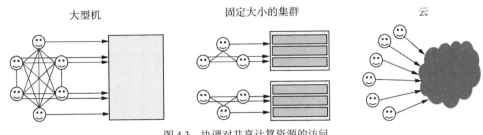

大型机　　　　　固定大小的集群　　　　云

图 4.3　协调对共享计算资源的访问

假设 20 世纪 60 年代你在一所计算机实验室工作。该实验室可能只有一台笔记本，它是一台大型机。由于计算能力和存储空间非常有限，因此可能需要与所有使用计算机的同事进行协调。协调开销是同事数量的二次方。在这样的环境中，为了保持头脑清醒，你会积极尝试限制可以访问计算机的人数。

假设 21 世纪初你在一家中型公司工作。该公司有自己的数据中心，可以根据业务需求和编程团队的指导，将固定大小的集群等计算资源提供给不同的团队。这个模型显然比大型机模型的可伸缩性更强，因为每个团队都可以对其专用资源的访问进行协调。该模型的一个缺点是，非常庞大，随着团队需求的增长，可能需要花费数周甚至数月的时间来提供更多资源。

如今，云使人误以为其具有无限的计算能力。计算资源不再稀缺。由于范式转变发生得很快，因此许多组织仍然将云视为固定大小的集群或大型机，这是可以理解的。但是，云使我们改变了这种思维方式，并完全摆脱了协调开销。

我们可以依靠基础设施来相对开放地访问计算资源，而不是通过人力协调对共享、稀缺资源的访问。我们将在下一节介绍基于云的计算层，借助于计算层，我们能以经济高效的方式轻松执行任意数量的计算。基于云的计算层允许数据科学家自由实验，使其处理大型数据集时不必担心资源过度消耗或干扰同事的工作，从而大幅提升生产效率。

因此，组织可以处理更多的项目，团队可以更有效地进行实验，科学家可以处理规模更大的问题。除了在量的方面扩大规模，云在质的方面也实现了更改——我们可以专注于数据科学家自治的想法，如 1.3 节所述。一个独立的数据科学家可以独自驱动原型开发周期以及与生产部署的交互，而不必与机器学习工程师、数据工程师和 DevOps 工程师协调工作。

最小化干扰以最大化可伸缩性

为什么以前控制和协调对计算资源的访问如此重要？一个原因是资源稀缺。如果任务、工作流、版本或项目的数量多于系统能够处理的范围，则需要进行控制。如今，在大多数情况下，云都可以胜任，这一原因不再存在。

另一个原因是脆弱性。如果用户粗心大意，可能会破坏系统，那么我们最好有一个监督层。或者，系统的设计方式可能使工作负载很容易相互干扰。对于许多至今仍被广泛使用的系统而言，这一原因依然存在。例如，一个错误的查询可能会影响共享数据库的所有用户。

为了最大化组织的可伸缩性，我们希望最大限度地减少人与人之间沟通和协调的开销。如果可以的话，我们希望消除对协调的需求，特别是在需要通过协调以避免破坏系统的情况下更是如此。作为基础设施供应商，我们的目标是确保工作负载不会破坏系统，也不会给相邻系统带来副作用。

数据科学工作负载在本质上往往是实验性的，我们不能期望工作负载本身的性能特别好。相反，我们必须确保适当隔离工作负载，以便即使工作负载出现严重故障，也只能在小范围内产生干扰，即把干扰其他工作负载而造成的副作用降到最小。

可伸缩 **性提示**	通过隔离将工作负载之间的干扰降至最低是减少协调需求的绝佳方法。需要的协调越少，系统的可伸缩性就越强。

幸运的是，现代云基础设施，尤其是容器管理系统，可以帮助我们相对容易地实现这一点，我们将在下一节进一步学习。隔离的其他关键元素是版本控制、命名空间和依赖管理，我们将在第 6 章中对其详细介绍。

4.2　计算层

比起使用一台巨大的计算机，我们更希望使用一种设置，允许 Alex 在基于云的计算环境中处理任意数量的任务(无论大小)，该环境将自动伸缩以处理任务。除了收集结果，Alex 不必更改代码或担心任何其他细节。最理想的情况是，Bowie 只需要花很少的时间来维护环境。

我们先进行宏观介绍。图 4.4 显示了基础设施堆栈的各层如何参与执行工作流。我们使用工作流作为用户界面来定义需要执行的任务，但计算层不必关心工作流本身，只需要关注单个任务。我们将使用工作流编排器(即堆栈中的作业调度器层)来确定如何调度各个任务以及何时执行工作流。详情请参见第 6 章。

此外，计算层不需要关注正在计算的内容以及如此计算的原因——数据科学家在构建应用程序时会回答这些问题。这对应于基础设施堆栈中的架构层。计算层只需要决定在哪里执行任务，即只需要找到一台足够大的可以执行任务的计算机。

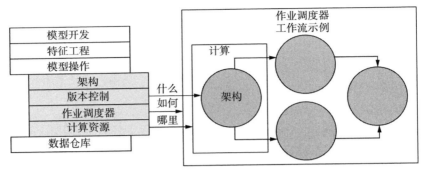

图 4.4　计算层的作用：在哪里执行任务

为了完成工作，计算层需要提供一个简单的界面：该界面接受任务以及资源需求(任务需要多少 CPU 或多少 RAM)，执行任务(可能有延迟)，并允许请求者查询所执行工作的状态。尽管这样做看起来很简单，但构建一个鲁棒的计算层则是一项非常艰巨的工程挑战，需要考虑以下要求。

- 系统需要处理大量并发任务，可能高达几十万或几百万个。
- 系统需要管理用于执行任务的物理计算机池。最好可以在不造成停机的情况下动态地将物理计算机添加到池中或从池中删除。
- 任务有不同的资源需求。系统需要将每个任务与至少具有所需可用资源量的计算机相匹配。众所周知，大规模地高效进行匹配或打包是一个困难的问题。如果你是一个理论爱好者，可以搜索短语"装箱问题"和"背包问题"，详细了解有关任务布局的计算复杂性。
- 系统必须预见到：任何计算机都可能发生故障，数据中心可能着火，任何任务都可能表现不好甚至非常糟糕，软件也会出现漏洞。无论如何，该系统在任何情况下都不应该崩溃。

几十年来，构建满足这些要求的大规模系统一直属于高性能计算(High-Performance Computing，HPC)领域。该行业的主导者为向政府、研究机构和大公司提供昂贵系统的专业供应商。规模较小的公司和机构依赖于各种本土解决方案，这些解决方案通常很脆弱，维护成本很高，至少在工时方面也是如此。

AWS 等公共云的出现已经彻底改变了环境。如今，只需要单击几下，就可以提供一个计算层，该计算层可以在相对较新的超级计算机上鲁棒地运行。当然，大多数人并不需要超级计算机规模的计算层。云可以帮助我们起步于小型计算机，并随着需求的增长而弹性地伸缩资源。最好的一点是，你只需要按使用量进行付费，这意味着与购买同等大小的物理笔记本相比，小型计算层只是偶尔使用，更加经济实惠。

借助于公共云，我们基本上不用亲自处理以前的需求，因为需求可以告诉我们在哪里执行任务，并为我们执行任务。然而，需求提供的抽象级别仍然很低。为了使计算层可用于数据科学工作负载，需要在云提供的界面之上做出许多架构选择。

不同的系统会做出不同的工程权衡。优化的侧重点包括延迟(即启动任务的速度)，可用计算机的类型，最大规模，高可用性和成本。因此，不存在通用计算层。

此外，不同的工作流和应用程序有不同的计算要求，因此数据科学基础设施最好支持一系列计算层，从本地计算机和云工作站到专用 GPU 集群或其他用于 ML 和 AI 的硬件加速器都包括在内。虽然这种多样性不可避免，但幸运的是，我们可以进行抽象梳理。不同类型的计算层可以遵循共同的界面和架构，相关内容如下一节所述。

4.2.1　使用容器进行批处理

系统执行批处理是指，其处理的任务涵盖开始任务、接收输入数据、执行处理、产生输出和终止任务。从根本上讲，我们在这里描述的计算层是一个批处理系统。在我们的工作流范式(如图 4.5 所示)中，工作流中的一个步骤定义了一个或多个作为批处理作业执行的任务。

图 4.5　批处理作业示例，工作流中的任务

> **批处理与流处理**
>
> 批处理解决离散计算单元，批处理可用流处理代替，流处理解决连续数据流。历史上，绝大多数需要高性能计算的 ML 系统和应用程序都是基于批处理的：输入数据、完成一些处理、得出结果。
>
> 在过去的十年中，应用程序日益复杂，使得对流处理的需求日益增多，因为流处理可以将更新结果的延迟减少为几秒钟或者几分钟，而批处理可能需要耗时一小时。如今，流处理的流行框架包括 Kafka、Apache Flink 或 Apache Beam。此外，所有主要的公共云供应商(如 Amazon Kinesis 或 Google Dataflow)都提供流处理即服务。
>
> 幸运的是，你可以让一个应用程序同时使用这两个范式。如今，许多大规模 ML 系统(如 Netflix 的推荐系统)主要基于批处理，同时对于需要频繁更新的组件使用流处理。
>
> 与流处理作业相比，批处理作业的一个主要优点是，其更容易开发、推理、伸缩。因此，除非你的应用程序确实需要流处理，否则，通常都是从本章中讨论的批处理作业工作流开始。我们将在第 8 章讨论需要实时预测和/或流处理的更高级用例。

批处理作业由用户定义的任意代码组成。在 Metaflow 中，由步骤方法定义的每个任务都是一个批处理作业。例如，代码清单 4.1(从代码清单 3.13 复制)中的 train_svm 步骤就是一个批处理作业。

代码清单 4.1　批处理作业示例

```
@step
def train_svm(self):
    from sklearn import svm            ◄──────  外部依赖项
    self.model = svm.SVC(kernel='poly')
    self.model.fit(self.train_data, self.train_labels)
    self.next(self.choose_model)
```

作业调度器获取这个代码段(称为用户代码),将其发送到计算层执行,并等待执行完成,然后继续执行工作流中的下一步。非常简单!

还有一个更重要的细节:在本例中,用户代码引用了一个外部依赖项,即 sklearn 库。如果我们试图在没有安装该库的原始环境中执行用户代码,那么代码将无法执行。要成功执行代码,批处理作业需要打包用户代码以及代码所需的所有依赖项。

如今,我们常常将用户代码及其依赖项打包为容器镜像。容器是一种在物理计算机内部提供隔离执行环境的方法。在物理计算机内部提供这种"虚拟计算机"称为虚拟化。虚拟化使我们能够将多个任务打包在一台物理计算机中,同时每个任务运行时都如同独自占用一台计算机。如 4.1.1 节所述,这样的强隔离可以让每个用户不必担心会干扰他人,从而专注于自己的工作,提高工作效率。

为什么容器很重要

容器允许我们打包、装运和隔离批处理作业的执行。为理解真实世界中的容器,请将容器想象为一个物理容器,就像装运动物的板条箱。首先,你可以参观动物收容所(容器登记),在板条箱中发现一只预先封装好的流浪猫(容器镜像)。容器包含猫(用户代码)及其依赖项,如食物(库)。接下来,你可以在你的房子(物理计算机)中部署容器。由于每只猫都已被装箱,因此不会破坏你的房子也不会对彼此造成伤害。否则,这座房子很可能会变成战场。

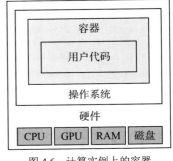

图 4.6 计算实例上的容器

从计算层的角度来看,提交给系统的用户代码类似于流浪猫。我们不应该假设任何代码都表现良好。尽管我们不认为数据科学家本身具有恶意,但他们知道在最坏的情况下,他们只能破解自己的代码,这样就给用户带来了很大的实验自由和平和的心态。该系统保证,无论发生什么,用户都不会干扰生产系统或同事的任务。容器有助于提供这种保证。图 4.6 总结了我们的讨论。

生产力提示 容器给予用户实验的自由,使其不必担心可能会意外破坏某些内容或干扰同事的工作,以此提高生产力。如果没有容器,恶意进程可能会占用任意数量的 CPU 或内存,也有可能填满磁盘,这可能会导致同一实例上相邻但不相关的进程出现故障。在计算密集型和数据密集型的机器学习过程中特别容易出现这些问题。

图 4.6 中的外框代表一台计算机。计算机提供某些固定硬件,如 CPU 内核(或 GPU)、RAM(内存)和磁盘。计算机运行操作系统,如 Linux。操作系统提供机制,用以执行一个或多个彼此隔离的容器。容器提供所有必要的依赖项,在容器内执行用户代码。

容器的格式有很多种,但现在最流行的为 Docker。创建和执行 Docker 容器并不是特别困难(如果你感兴趣,可访问链接[2]),但并不是所有数据科学家都会将自己的代码手动打包为容器。将代码的每一次迭代打包为单独的容器镜像只会减慢原型开发周期,从而降低生产效率。

相反，我们可以自动容器化代码和依赖项，如 4.3 节中的 Metaflow 所示。在后端，数据科学基础设施可以充分利用容器的潜力，而不必直接向用户展示容器的技术细节。数据科学家只需要表明想要执行的代码(工作流中的步骤)和需要的依赖项。我们将在第 7 章详细介绍依赖管理。

从容器到可伸缩计算层

现在我们已了解到，可以将批处理作业定义为包含用户代码及其依赖项的容器。但在可伸缩性和性能方面，容器化本身并没有任何益处。相比于将代码段作为正常进程执行，在计算机上的 Docker 容器中执行的速度并不快，可伸缩性也不强。

可伸缩性使计算层值得探究。请记住可伸缩性的定义：可伸缩系统能够通过向系统添加资源来处理不断增长的工作量。相应地，如果计算层可以通过向系统添加更多的计算机或实例来处理更多的任务，那么计算层就是可伸缩的。正是这一特征使得基于云的计算层非常有用。基于云的计算层能够根据需求，自动增加或减少用于处理任务的物理计算机的数量。图 4.7 展示了可伸缩计算层在工作流编排方面的工作原理。

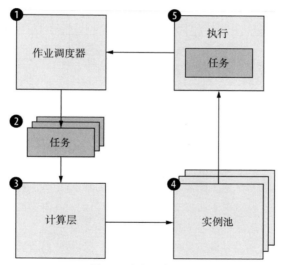

图 4.7　任务调度周期

下面逐步介绍图 4.7。

(1) 作业调度器(例如，使用 run 命令调用的 Metaflow 内部调度器)开始执行工作流。它按顺序遍历工作流的各个步骤。如第 3 章所述，每一步都会产生一个或多个任务。

(2) 调度器将每个任务作为独立的批处理作业提交给计算层。foreach 分支可以同时向计算层提交大量任务。

(3) 计算层管理实例池以及任务队列，试图将任务与具有执行任务所需资源的计算机相匹配。

(4) 如果计算层注意到任务数量远多于可用资源，则可以决定增加实例池中的实例数量。换句话说，计算层提供了更多的计算机来处理负载。

(5) 最终，找到一个可用于执行任务的合适实例。任务在容器中执行。任务完成后，调度器会收到通知，从而进入工作流图中的下一步，并重新开始循环。

注意，计算层可以并发处理来自任意数量工作流的传入任务。如图 4.7 中所示，计算层得到的是一个连续的任务提交流。计算层只需要执行任务，而不必关注任务内部在做什么，为什么需要执行任务，或者任务什么时候被调度。简单地说，计算层负责找到一个用于执行任务的实例。

为了实现步骤(3)–(5)，计算层内部需要几个组件。图 4.8 显示了典型计算层的高级架构。

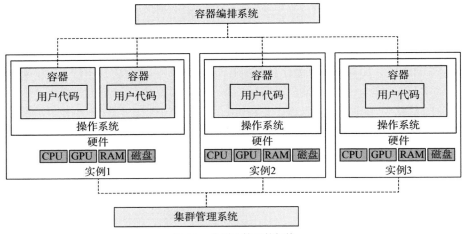

图 4.8　典型计算层的架构

- 中间是一个实例池。每个实例都是一台如图 4.6 所示的计算机。计算机用于执行一个或多个并发容器，而容器用于执行用户代码。
- 底部是一个名为集群管理系统的组件。该系统负责管理实例池。在本例中，我们有一个由三个实例组成的池。在需求(即等待任务的数量)变动，或检测到实例不正常时，集群管理系统会从池中添加或删除实例。注意，实例不需要具有统一的硬件。实例的 CPU、GPU 和 RAM 的占用量各不相同。
- 顶部是一个容器编排系统。该系统负责维护处于等待状态中的任务的队列，并在底层实例的容器中执行这些任务。该系统根据任务的资源需求将其匹配到底层实例。例如，如果任务需要 GPU，则系统需要在底层池中找到一个具有 GPU 的实例，并等待该实例将以前的任务执行完毕，然后再将任务放置到该实例上。

众所周知，容器编排系统和集群管理系统都很复杂。但幸运的是，我们不需要从零开始实现它们。相反，我们可以利用现有的计算层，这些计算层久经考验，可作为开放源代码，也可作为云供应商的托管服务。我们将在下一节中列出一系列此类系统。当你自己评估这些系统时，最好记住这些图，因为它们可以帮助你了解系统在后端的工作原理，并激发系统做出各种权衡。

4.2.2　计算层示例

下面介绍一些你现在可以使用的计算层。现在，你已基本了解了这些系统在后端的工作原理。你知道每个系统都针对稍微不同的特征进行了优化,不存在全方面都完美的系统。幸运的是,我们并非只有一种选择。我们的基础设施堆栈可以为不同的用例提供不同的计算层。

图 4.9 说明了支持多个计算层的有用之处。如果你没有识别出图中计算层的名称(Spark、AWS 批处理、SageMaker 和 AWS Lambda),也不必担心。很快,我们将进行详细介绍。

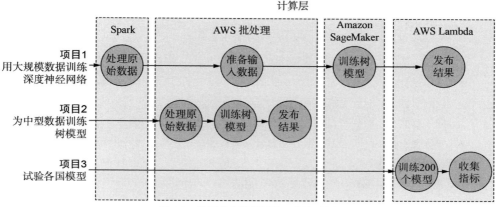

图 4.9　使用多个计算层的工作流示例

该图描述了以下 3 个项目,每个项目都有自己的工作流。

- 项目 1 是一个高级的大型项目,需要处理大量数据(如一个 100 GB 的文本语料库),并基于数据训练一个大规模的深度神经网络模型。首先,使用针对作业优化的 Spark 执行大规模数据处理。其次,在 AWS 批处理管理的大型实例上执行其他数据准备。训练大规模神经网络需要一个针对该工作优化的计算层。我们可以使用 Amazon SageMaker 在 GPU 实例集群上训练模型。最后,我们可以使用在 AWS Lambda 上启动的轻量级任务来发送模型准备就绪的通知。
- 项目 2 使用中等规模(如 50 GB)的数据集训练决策树。我们可以使用 128 GB 的 RAM,在标准 CPU 实例上处理这种规模的数据,训练模型,并发布结果。通用计算层(如 AWS 批处理)可以轻松处理这项工作。
- 项目 3 表示一位数据科学家进行的实验。该项目为世界上的每个国家都训练一个小模型。可以使用 AWS Lambda 并行进行模型训练,从而加快原型开发周期,而不必在计算机上依次训练 200 个模型。

如图 4.9 所示,计算层的选择取决于你需要支持的项目类型。适当做法是先从一个单一的通用系统(如 AWS 批处理)开始,随着用例种类的增加,再添加更多的选项。

重要的是,尽管基础设施堆栈可能支持多个计算层,但我们可以限制用户所面临的复杂性。我们所要做的就是用 Python 编写工作流,在特定计算层存在时,可能需要使用特定的库。同时,不要忘记原型开发和生产部署两个循环的人机工程学,详情参见 2.1 节。通常,原型开发需要使用少量数据进行快速迭代,而生产部署强调的是可伸缩性。

应该如何评估不同计算层的优缺点?你可以关注以下特征。

- **工作负载支持**——有些系统专门针对于某些特定类型的工作负载，例如，大数据处理或管理多个 GPU，而有些系统是通用的，可以处理任何类型的任务。

- **延迟**——有些系统尽量保证任务以最小的延迟开始。这在原型开发过程中很方便，因为如果等待几分钟任务才能开始可能会让人很焦急。另一方面，启动延迟对预定的夜间运行没有任何影响。

- **工作负载管理**——当系统接收的任务超过它可以立即部署到实例池的任务时，系统会怎样处理？系统或是拒绝任务，或是将任务添加到队列中，甚至终止或抢占已执行的任务，以便执行优先级更高的任务。

- **成本效益**——如前所述，成本优化的关键手段是利用率。有的系统在提高利用率方面较为积极，而有的系统则采取较为宽松的方法。此外，云系统中的计费粒度也各不相同：有些按小时计费，有些按秒计费，有些甚至按毫秒计费。

- **操作复杂性**——有些系统很容易部署、调试和维护，而有些系统可能需要持续进行监控和维护。

下面我们列出了计算层的一些常见选择，其内容并非详尽无遗，但可以让你了解如何比较各种选项的相对优势。

Kubernetes

Kubernetes(通常缩写为 K8S)是当今最流行的开源容器编排系统。K8S 起源于谷歌。多年来，谷歌内部一直在运行类似的计算层。你可以将 K8S 部署在私人数据中心，甚至部署在计算机上(搜索 Minikube 可获取相关说明)，但它通常用作托管云服务，例如 AWS 的 Elastic Kubernetes Service(EKS)。

Kubernetes 是一个非常灵活的系统。我们可以将其视为工具包，用于构建自己的计算层或微服务平台。Kubernetes 的灵活性也带来了极大的复杂性。Kubernetes 及其相关服务的发展十分迅速，因此，想要跟上其生态系统的发展，既需要具备专业知识，又需要付出努力。但如果你需要一个可无限扩展的自定义计算层，Kubernetes 就是一个很好的起点。Kubernetes 的特征见表 4.1。

表 4.1　Kubernetes 的特征

特征	说明
工作负载支持	通用
延迟	K8S 是一个容器编排系统。你可以配置 K8S，使其与处理可伸缩性的各种集群管理系统协作。该选择会大幅影响任务的启动延迟
工作负载管理	尽管 K8S 只提供了最小的工作负载管理，但你可以使 K8S 与任何工作队列协作
成本效益	可配置；主要取决于底层集群管理系统
操作复杂性	高；K8S 具有陡峭的学习曲线。EKS 等托管云解决方案在一定程度上降低了操作复杂性

AWS 批处理

AWS 提供了许多容器编排系统：ECS(弹性容器服务)，该系统在你可以管理的 EC2 实例之上运行容器；Fargate，这是一个无服务器的编排器(即，没有要管理的 EC2 实例)；以及用

Kubernetes 管理容器的 EKS。AWS 批处理层位于这些系统之上，为底层编排器(特别是任务队列)提供批处理计算功能。

在操作基于云的计算层方面，AWS 批处理是最简单的解决方案之一。你可以定义要在实例池中拥有的实例类型(称为计算环境)，以及一个或多个存储等待任务的作业队列。之后，你可以开始向队列提交任务。AWS 批处理负责提供实例、部署容器，并等待它们成功执行。AWS 批处理的工作方式很简单，但也存在一个缺点：AWS 批处理仅为较高级的用例提供有限的可伸缩性和可配置性。有关 AWS 批处理的更多信息，请参见 4.3 节。AWS 批处理的特征见表 4.2。

表 4.2　AWS 批处理的特征

特征	说明
工作负载支持	通用
延迟	相对较高；顾名思义，AWS 批处理是为批处理而设计的，且没有将启动延迟视为主要问题。任务可能需要几秒到几分钟的时间才能开始
工作负载管理	包括内置工作队列
成本效益	可配置；可以将 AWS 批处理与任何实例类型一起使用，而不需要额外费用。AWS 批处理还支持 Spot 实例，其成本比正常的按需 EC2 实例低得多。Spot 实例可能会突然终止，但对于可以自动重试的批处理作业来说，这通常不是问题
操作复杂性	低；设置相对简单，几乎不必维护

AWS Lambda

AWS Lambda 的特点通常是函数即服务。不用定义服务器甚至容器，你只需要定义代码段，用我们的话说，就是定义一个任务。当触发事件发生时，AWS Lambda 会在无任何用户可见实例的情况下执行该任务。自 2020 年 12 月起，AWS Lambda 允许将任务定义为容器镜像，此后它就成了计算层的有效选项。

与 AWS 批处理相比，两者最大的区别在于，Lambda 根本不公开实例池(也称为计算环境)。尽管任务可以请求额外的 CPU 内核和内存，但对于资源的需求却存在较多的限制。这使得 AWS Lambda 最适合于要求适中的轻量级任务。例如，你可以在原型开发过程中使用 Lambda 快速处理中小型数据。AWS Lambda 的特征见表 4.3。

表 4.3　AWS Lambda 的特征

特征	说明
工作负载支持	仅限于运行时间相对较短的轻量级任务
延迟	低；AWS Lambda 针对一秒或更短时间内开始的任务进行了优化
工作负载管理	在异步调用模式下，Lambda 包括一个工作队列。相比于 AWS 批处理的作业队列，该队列更不透明
成本效益	高；任务是按毫秒计费的，所以你只需为所使用的内容付费
操作复杂性	非常低；易于设置，几乎不必维护

Apache Spark

Apache Spark 是常用于大规模数据处理的开源引擎。与前面列出的服务不同，Apache Spark 依赖于特定的编程范式和数据结构来实现可伸缩性。它不适用于执行任意容器。不过，Spark 允许用基于 JVM 的语言、Python 或 SQL 编写代码，因此只要代码符合 Spark 范式，就可以使用 Apache Spark 执行任意代码。你可以在自己的实例上部署 Spark 集群，也可以将其用作托管云服务，例如通过 AWS Elastic MapReduce(EMR)来实现。Apache Spark 的特征见表 4.4。

表 4.4　Apache Spark 的特征

特征	说明
工作负载支持	仅限于使用 Spark 构造编写的代码
延迟	基于基础集群管理策略
工作负载管理	包括内置工作队列
成本效益	可配置，具体取决于集群设置
操作复杂性	相对较高；Spark 是一款复杂的引擎，需要专业知识来操作和维护

分布式训练平台

尽管可使用 Kubernetes 或 AWS 批处理等通用计算层来训练大规模的模型(尤其是在由 GPU 实例支持的情况下)，但我们需要一个专门的计算层来训练最大的深度神经网络模型，如大规模计算视觉。我们可以使用开源组件构建这样的系统，如使用 Horovod 项目，该项目起源于 Uber 或 TensorFlow 分布式训练。但许多公司可能会发现使用托管云服务更容易，如 SageMaker 的分布式训练或谷歌的云 TPU。

这些系统针对非常特定的工作负载进行了优化，它们使用了大型 GPU 集群，或使用了定制硬件，以加快现代神经网络所需的张量或矩阵计算。如果你的用例需要训练大规模的神经网络，那么需要将这样的系统当作基础设施的一部分。分布式训练平台的特征见表 4.5。

表 4.5　分布式训练平台的特征

特征	说明
工作负载支持	非常有限；针对训练大规模模型进行了优化
延迟	高；针对批处理进行了优化
工作负载管理	特定于任务的、不透明的工作负载管理
成本效益	通常非常高昂
操作复杂性	相对较高；与内部部署解决方案相比，云服务更易于操作和维护

本地进程

历史上，大多数数据科学工作负载都是在个人计算机上执行的，如笔记本电脑。如 2.1.2 节所述，云工作站是一个现代的解决方案。虽然工作站不是图 4.8 所示的计算层，但它可用于执行进程和容器。对于大多数公司来说，工作站是在没有其他系统的情况下受支持的第一个计算层。

从计算的角度看，个人工作站有一个主要优点和一个主要缺点。优点是工作站提供了非常低的延迟，因此可以快速进行原型开发。缺点是它无法伸缩。因此，最好将工作站用于原型开发，而将重任转移到其他系统。本地进程的特征见表 4.6。

表 4.6　本地进程的特征

特征	说明
工作负载支持	通用
延迟	非常低；进程立即启动
工作负载管理	可配置，默认情况下无
成本效益	便宜，但计算量有限
操作复杂性	适度；工作站需要维护和调试。可能很难为所有用户提供和维护统一的环境

比较

随着基础设施支持的用例种类的增加，也需要提供针对特定工作负载优化的计算层。作为数据科学基础设施的供应者，你需要评估堆栈中应包含哪些系统，何时应该包含，如何包含，以及为什么要包含。

为了帮助你弄明白这些问题，表 4.7 大致总结了我们所介绍的系统的主要优点和缺点。一颗星表示系统在某一特定领域表现不佳，两颗星表示行为可接受，三颗星表示该系统在任务中表现出色。

表 4.7　比较常用计算层

表现	本地	Kubernetes	批处理	Lambda	Spark	分布式训练
擅长通用计算	☆☆	☆☆☆	☆☆☆	☆☆	☆☆	☆
擅长数据处理	☆☆	☆☆	☆☆	☆	☆☆☆	☆☆
擅长模型训练	☆☆	☆☆	☆☆	☆	☆☆	☆☆☆
任务快速启动	☆☆☆	☆☆	☆☆	☆☆☆	☆☆	☆
可以使大量等待中的任务排队	☆	☆☆	☆☆☆	☆☆☆	☆☆☆	☆☆
价格低廉	☆☆☆	☆☆	☆☆	☆☆	☆☆	☆
易于部署和操作	☆☆	☆	☆☆	☆☆☆	☆	☆
可扩展性	☆☆☆	☆☆☆	☆☆	☆	☆☆	☆☆

不要太在意个体评估，可能会有偏差。重要的信息是，能够以最佳方式处理所有工作负载的系统不存在。此外，如果你比较列，可以看到一些系统的特征是重叠的(如 Kubernetes 和批处理)，而有些系统则更具互补性(如 Lambda 和 Spark)。

作为练习，你可以对表 4.7 创建自己的版本，将重要的特征作为行，将可能使用的系统作为列。练习的结果应该是一套互补的系统，能够满足你需要支持的数据科学项目的需求。如果你不确定，可参考以下经验法则。

经验法则　提供一个通用计算层，如 Kubernetes 或 AWS 批处理，用于繁重的工作；提供一个低延迟系统，如本地进程，用于原型开发。根据用例的需求，使用更专业的系统。

无论你最终选择什么样的系统，请确保它们能够无缝集成到数据科学家的内聚用户体验中。从用户的角度来看，需要多个系统是一件令人讨厌的事情。然而，忽视这一事实往往会导致更多的困难。

在 4.3 节中，我们将开始在 Metaflow 中实践计算层和可伸缩性。此外，本节还将展示多个计算层如何在单个内聚用户界面后和谐共存。

考虑成本

许多公司担心使用基于云的计算层的成本。当谈到成本优化时，一个关键的观察结果是，一个空闲实例的成本与一个执行工作的实例的成本相同。因此，最小化成本的关键手段是最大化利用率，即在有用的工作上花费的时间比例。我们将利用率定义为用于执行任务的时间占总正常运行时间的百分比，如下所示：

$$利用率 = \frac{用于完成任务的时间}{总实例正常运行的时间}$$

现在，假设我们不能影响任务执行的时间，当执行任务的时间等于总实例正常运行的时间时，我们就实现了最小的成本，即达到了 100% 的利用率。实际上，大多数计算层的利用率远未达到 100%。尤其是老式数据中心的利用率可能为 10% 或更低。你可以通过以下两种方式提高利用率：

- 在任务完成后立即关闭实例，最小化总实例的正常运行时间。
- 通过将实例与尽可能多的项目和工作流共享，最大限度地增加执行任务所需的时间，这样实例在运行时不会停工。

可使用本节中描述的计算层来实现这两个目标。首先，当基于云的实例自动停工后，关闭实例非常简单，因此你只需要为执行的确切任务付费。其次，由于虚拟化和容器化提供了强大的隔离保证，因此可以安全地与多个团队共享相同的实例。这增加了提交给计算层的任务数量，从而提高了利用率。

最好记住，在大多数情况下，数据科学家的时间成本远高于实例的时间成本。任何通过使用更多实例时间来节省数据科学家时间的机会通常都是值得的。例如，使用原始、低效的代码运行实验可能更具成本效益，因为这样做需要的实例时间更多，而不需要花很多天或几周的时间手动优化代码。

4.3　Metaflow 中的计算层

每当 Alex 的计算机执行模型训练步骤时，噪音就非常大，犹如一台高分贝的喷气式发动

机。与其购买降噪耳机，还不如利用云来完成高要求的计算任务，因为这样做似乎更明智。Bowie
帮助 Alex 配置了 Metaflow，使用 AWS 批处理作为计算层，这样 Alex 就能够在本地创建工作
流原型，并能够通过单击按钮在云中执行它们。对 Alex 来说，这感觉就像超能力！

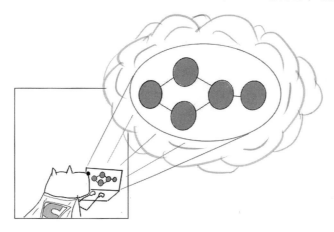

Metaflow 支持可插拔计算层。例如，你可以在本地执行轻量级任务，将繁重的数据处理和
模型训练任务交由基于云的计算层处理。或者，如果你的公司有一个类似 Kubernetes 的现有容
器管理系统，可以将其用作一个中心化计算层，而不必为数据科学运行一个单独的系统。

默认情况下，Metaflow 使用在个人工作站上运行的本地进程作为计算层，这便于快速原型
开发。代码清单 4.2 演示了本地进程的实际运行。

代码清单 4.2　作为计算层的本地进程

```
from metaflow import FlowSpec, step
import os

global_value = 5          ← 初始化全局变量

class ProcessDemoFlow(FlowSpec):

    @step                          修改全局
    def start(self):               变量的值
        global global_value
        global_value = 9
        print('process ID is', os.getpid())
        print('global_value is', global_value)
        self.next(self.end)

    @step
    def end(self):
        print('process ID is', os.getpid())
        print('global_value is', global_value)

if __name__ == '__main__':
    ProcessDemoFlow()
```

将代码保存为 process_demo.py 文件。这里，global_value 被初始化为模块级别的全局变量。在 start 步骤中，global_value 的值从 5 更改为 9，在 end 步骤中再次打印该值。你能猜到 end 步骤打印的值是 5 还是 9 吗？可执行以下代码进行测试：

```
# python process_demo.py run
```

在 start 步骤 global_value 的值为 9，与预期一致。在 end 步骤 global_value 的值为 5。如果 start 和 end 是按顺序执行的普通 Python 函数，则值将保持为 9。但是，Metaflow 将每个任务作为单独的本地进程执行，因此在每个任务开始时，global_value 的值将重置回 5。如果你希望使任务的更改保持不变，应该将 global_value 作为数据工件存储在 self 中，而不是依赖于模块级变量。还可以看到，这两个任务的进程 ID 是不同的，如果任务由同一个 Python 进程执行，则不会出现这种情况。将 Metaflow 任务作为独立计算单元执行对于计算层而言非常重要。

提示   Metaflow 任务是可以在不同计算层上执行的独立计算单元。单个工作流可以为每个任务使用最适合的系统，从而将任务分为多个不同的计算层。

Metaflow 的计算方法基于以下 3 个关于数据科学通用基础设施性质的假设。

- 基础设施需要支持各种对计算有不同需求的项目。有些项目需要在单个实例上具有大量内存，有些需要许多小实例，有些需要 GPU 等专用硬件。不存在适用于所有计算需求的方法。
- 单个项目或工作流具有不同的计算需求。数据处理步骤可能是 IO 密集型的，可能需要大量内存。模型训练可能需要特定的硬件。小型协调步骤应迅速执行。尽管从技术上讲，人们可以在最大的实例上运行整个工作流，但在许多情况下，这会导致成本过高。最好为用户提供一个选项，使其单独调整每个步骤的资源需求。
- 一个项目的需求在其生命周期的各个阶段各不相同。使用本地进程可以快速开发第一个版本的原型。之后，你应该能够使用更多的计算资源大规模地测试工作流。最后，生产版本应该具有鲁棒性和可伸缩性。在项目生命周期的不同阶段，当涉及延迟、可伸缩性和可靠性时，你可进行不同类型的权衡。

接下来，我们将展示如何使用本地进程和 AWS 批处理来设置以这种方式工作的基础设施。

4.3.1 为 Metaflow 配置 AWS 批处理

在没有任何用户干预的情况下，AWS 批处理为需要执行计算单元(作业)的用例提供了一个方便的抽象。在后端，AWS 批处理是一个相对简单的作业队列，可以将计算资源的管理转移到其他 AWS 服务。

你可以在 Metaflow 在线文档中找到有关 AWS 批处理的逐步安装说明。你可使用该文档提供的 CloudFormation 模板，只需要单击一个按钮即可设置所有内容。如果你想自己设置，也可按照手动安装说明进行操作，随时随地自定义设置。

在为 Metaflow 配置了 AWS 批处理之后，数据科学家可以直接使用，而不必担心实现细节，我们将在下一节介绍这一点。然而，对于系统操作员来说，理解高级架构(如图 4.10 所示)是有益的。

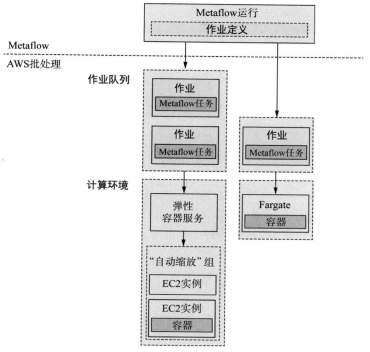

图 4.10　AWS 批处理的架构

以下 4 个概念在图 4.10 中加粗显示，你经常可以在 AWS 批处理的文档中看到这些概念。

- 作业定义——为作业配置执行环境：CPU、内存、环境变量等。Metaflow 会自动为每个步骤创建合适的作业定义，因此你不必担心。
- 作业——单个计算单位。每个作业都作为独立的容器执行。Metaflow 自动将每个 Metaflow 任务映射到单个批处理作业。因此，当涉及 AWS 批处理时，我们可以互换地讨论任务和作业。
- 作业队列——作业被发送到作业队列以等待被执行。队列中可能有任意数量的待定任务。例如，你可以设置多个队列，以区分低优先级作业和高优先级作业。该图说明了两个队列：其中一个队列有两个作业，另一个队列只有一个作业。
- 计算环境——用于执行作业的计算资源池。AWS 批处理可以为你管理计算环境，在队列变长时向环境中添加更多计算资源。也可以自己管理计算环境。得益于自动伸缩计算环境，AWS 批处理可以用作弹性伸缩计算层。该图说明了两个计算环境：其中一个使用 EC2 实例，另一个使用 Fargate。稍后将详细讨论相关内容。

当启动使用 AWS 批处理的 Metaflow 时，执行过程如下：

(1) 在开始任何任务之前，Metaflow 确保在批处理上正确创建了作业定义。

(2) Metaflow 创建一个作业包，其中包含与流对应的所有 Python 代码。该包被上传到 AWS

S3 中的数据存储区(有关作业包的更多信息，请参见第 7 章)。

(3) Metaflow 通过 DAG。当 Metaflow 遇到应该在批处理上执行的任务时，会向预先配置的作业队列提交作业请求。

(4) 如果计算环境中没有足够的计算资源，并且没有达到其最大限制，批处理会伸缩环境。

(5) 一旦资源可用，批处理将安排作业执行。

(6) 在容器中执行被封装在批处理作业中的 Metaflow 任务。

(7) Metaflow 轮询任务的状态。一旦批处理报告任务成功完成，Metaflow 将继续执行后续任务，返回步骤(3)，直到 end 步骤完成。

选择计算环境

如果你让 AWS 批处理为你管理计算环境，它将使用 AWS 提供的容器管理服务(如弹性容器服务(Elastic Container Service，ECS))来执行容器。在后端，ECS 使用托管的自动伸缩组启动 EC2 计算实例，该组是一个可以根据需要自动增长和收缩的实例集。与你账户中的任何其他实例一样，这些实例将显示在 EC2 控制台中。

使用 ECS 的一个好处是，你可以在计算环境中使用任何 EC2 实例类型，可以选择具有大量内存、多个 CPU 内核甚至多个 GPU 的实例。ECS 将作业安排在能够满足其资源需求的最合适的实例上。

或者，你可以选用 AWS Fargate 作为计算环境。Fargate 不直接使用 EC2 实例，因此你不会在 EC2 仪表板上看到任何实例。此外，你不能直接选择实例类型。Fargate 会根据其资源需求，自动为每个作业找到合适的实例。但与 ECS 相比，Fargate 支持的资源需求范围更有限，但 Fargate 最大的好处是作业启动更快。

还有一种选择，你可以在 ECS 后端管理自己的 EC2 实例池。尽管这种方式更加乏味，但它允许最大限度的可定制性。你可以根据需要设置实例。如果你有特殊的安全或法规遵从性要求，这种方法可能很有用。

从 Metaflow 任务的角度来看，计算环境没有任何区别。一旦为任务找到合适的实例，不管环境如何，它都会在使用相同容器镜像的容器中执行。如本章前面所述，计算层仅确定执行任务的位置。

最后，对于注重成本的公司来说，这是一个好消息：使用 AWS 批处理实例不需要支付任何费用。你只需要支付所选 EC2 实例的每秒价格，这使 AWS 批处理成为了最具成本效益的计算层之一。你可以使用 Spot 实例进一步降低成本。Spot 实例与 EC2 实例相同，但 Spot 实例可能在任何时间点中断。这并不像听起来那么糟糕，Metaflow 可以使用@retry 装饰器自动重试中断的作业(参见 4.4 节)。Spot 实例的主要成本是发生中断时执行时间的额外延迟。

配置容器

计算环境决定了 CPU 和内存等硬件用于作业的方式，而容器设置决定了 Metaflow 任务的软件环境。注意下面描述的两个设置。

首先，你必须配置安全配置文件(也称为 IAM 角色)，以确定允许 Metaflow 任务访问哪些

AWS 资源。Metaflow 任务至少需要能够访问 S3 存储桶，该存储桶用作 Metaflow 数据存储。如果如第 6 章所述使用 AWS 步骤函数进行作业调度，还必须访问 DynamoDB 表。如果使用提供的 CloudFormation 模板，将自动获得合适的 IAM 角色。

其次，你可以选择配置用于执行任务的默认容器镜像。该镜像确定默认情况下可用于任务的库。例如，如果你已如第 2 章所述设置了基于云的工作站，那么可以将相同的镜像用于工作站和任务执行(第 6 章将介绍有关依赖管理的更多信息)。如果未指定任何镜像，Metaflow 将选择通用的 Python 镜像。

AWS 批处理的第一次运行

要将 AWS 批处理与 Metaflow 一起使用，需要完成以下步骤。这些步骤由提供的 CloudFormation 模板自动执行，但手动完成并不困难。有关详细说明，请参阅 Metaflow 的在线文档。

首先，安装并配置 awscli(一个用于与 AWS 交互的命令行工具)，如下所示：

```
# pip install awscli
# aws configure
```

如果你不使用 CloudFormation 模板，但希望手动配置 AWS 批处理，请执行以下步骤：

(1) 初始化 Metaflow 数据存储的 S3 存储桶。

(2) 为计算环境建立 VPC 网络。

(3) 设置批处理作业队列。

(4) 设置批处理计算环境。

(5) 为容器设置 IAM 角色。

执行 CloudFormation 模板或之前的手动步骤后，运行 metaflow configure aws 为 Metaflow 配置服务。就是这样！

完成这些步骤后，测试集成是否有效。执行以下命令，该命令使用 AWS 批处理，运行来自代码清单 4.2 的 process_demo.py：

```
# python process_demo.py run --with batch
```

该命令应生成如下输出：

```
[5c8009d0-4b48-40b1-b4f6-79f6940a6b9c] Task is starting (status SUBMITTED)...
[5c8009d0-4b48-40b1-b4f6-79f6940a6b9c] Task is starting (status RUNNABLE)...
[5c8009d0-4b48-40b1-b4f6-79f6940a6b9c] Task is starting (status STARTING)...
[5c8009d0-4b48-40b1-b4f6-79f6940a6b9c] Task is starting (status RUNNING)...
[5c8009d0-4b48-40b1-b4f6-79f6940a6b9c] Setting up task environment.
```

为节省空间，该示例在每行上省略了 Metaflow 的标准前缀。方括号中是对应于 Metaflow 任务的 AWS 批处理作业 ID。可使用它交叉引用 AWS 控制界面中可见的 Metaflow 任务和 AWS 批处理作业。

前 4 行"Task is starting"(任务正在启动)表示批处理队列中任务的状态如下：

- **SUBMITTED**——任务正在进入队列。
- **RUNNABLE**——任务在队列中挂起，等待合适的实例可用。
- **STARTING**——找到了一个合适的实例，任务正在该实例上启动。
- **RUNNING**——该任务正在实例上运行。

当 AWS 批处理伸缩计算环境时，任务通常保持 RUNNABLE 状态多达几分钟。如果计算环境已达到其最大大小，则任务需要等待之前的任务完成，这可能需要更长的时间。

几分钟后运行应成功完成。输出应与本地运行的输出相似。由于在云中启动任务带来的开销，使用 AWS 批处理的运行速度比本地运行要慢，因此导致第一次运行的输出似乎并不相似。尽管如此，但你现在拥有了几乎无限的处理能力！我们将在下一节，甚至在下一章，运用这种能力。

排除 RUNNABLE 任务故障

AWS 批处理无法正常工作常表现在，任务似乎永远处于 RUNNABLE 状态。许多因素都可能导致这种情况的发生，所有这些都与计算环境(Compute Environment，CE)有关。

如果你使用的是 EC2 支持的计算环境(而不是 Fargate)，可以登录 EC2 控制台并搜索标签 aws:autoscaling:groupName:和 CE 名称，从而检查 CE 中创建了哪些实例。根据返回的实例清单，你可以按如下方式解决问题：

- 无实例。如果未返回实例，则 CE 可能无法启动所需类型的实例。例如，你的 AWS 账户可能已达到 EC2 实例的限制。你可以检查以 CTE 命名的"自动伸缩"组的状态，了解为什么会无实例。
- 有一些实例，但没有其他任务正在运行。你的任务请求资源(例如，内存或使用稍后讨论的@resources 装饰器的 GPU)可能无法由 CE 完成。在这种情况下，任务将永远留在队列中。你可以在 AWS 批处理控制台中终止任务(作业)。
- 有一些实例和正在运行的任务。你的集群可能正忙于处理其他任务，这种情况下要先等待其他任务完成。

如果问题仍然存在，你可以联系 Metaflow 的在线支持。

4.3.2　@batch 和@resources 装饰器

现在在你已配置了AWS 批处理，可以只使用 run --with batch 在云中执行任何运行了。Metaflow 所有特性(如工件、实验跟踪、参数和 Client API)的工作方式都与以前使用 AWS 批处理作为计算层时完全相同。

正如本章开头所讨论的，基于云的计算层的主要作用是提供可伸缩性：与在本地工作站上处理的数据相比，你可以在基于云的计算层处理要求更高的计算和更多的数据。下面我们在实践中测试可伸缩性。代码清单 4.3 显示了一个流，该流试图通过创建一个具有 80 亿字符的字符串来分配 8 GB 的内存。

代码清单 4.3　使用大量内存的流

```
from metaflow import FlowSpec, step      将长度设置为 80 亿个字符。
                                         添加下画线,提高可读性
LENGTH = 8_000_000_000   ◀

class LongStringFlow(FlowSpec):

    @step
    def start(self):
        long_string = b'x' * LENGTH   ◀        尝试分配 8 GB 的内存
        print("lots of memory consumed!")
        self.next(self.end)

    @step
    def end(self):
    print('done!')

if __name__ == '__main__':
    LongStringFlow()
```

将代码保存在 long_string.py 中。如果你的工作站上至少有 8 GB 的可用内存,那么可以先
在本地运行流,如下所示:

```
# python long_string.py run
```

如果没有足够的可用内存,运行可能会失败,并显示 MemoryError。接下来,我们在批处
理上执行流程,如下所示:

```
# python long_string.py run --with batch
```

Metaflow 使用其默认内存设置在批处理上执行任务,该设置为任务提供的内存小于 8 GB。
因此任务可能会失败,并显示如下消息:

```
AWS Batch error:
OutOfMemoryError: Container killed due to memory usage This could be a
    transient error. Use @retry to retry.
```

虽然你不能像使用计算机那样轻松增加工作站上的内存量,但可以从计算层请求更多内
存。重新执行流程,如下所示:

```
# python long_string.py run --with batch:memory=10000
```

memory=10000 属性指示 Metaflow 为流的每个步骤请求 10 GB 的内存。memory 的单位是
兆字节,所以 10000 MB 等于 10 GB。注意,如果你的计算环境没有为实例提供至少 10 GB 的内
存,那么运行将停留在 RUNNABLE 状态。如果可以找到合适的实例,运行应该会成功完成。

这是垂直伸缩操作!我们可以仅在命令行上请求具有特定硬件要求的实例。除了内存,还
可以请求具有 cpu 属性的最小数量的 CPU 内核,甚至可以请求具有 gpu 属性的 GPU。例如,
下面的命令行代码为每个任务提供 8 个 CPU 内核和 8 GB 的内存:

```
# python long_string.py run --with batch:memory=8000,cpu=8
```

因为数据科学工作负载往往需要大量资源，所以能够如此容易地测试代码和伸缩工作负载是非常方便的。你可以请求计算环境中 EC2 实例支持的任何内存量。在撰写本书时，最大的实例有 768 GB 的内存，因此可使用合适的计算环境，请求--with batch:memory=760000，为实例上的操作系统留出 8 GB 的内存。

你可以用这么多的内存来处理相当大的数据集。不必担心成本，该函数的执行时间不到一分钟。即使你在最大和最昂贵的实例上执行任务，由于是按秒计费，因此也只需要花费大约 10 美分。如前所述，通过在计算环境中使用 Spot 实例，可以进一步降低成本。

在代码中指定资源需求

假设你与同事共享 long_string.py。按照前面的方法，同事需要知道特定的命令行代码，run --with batch: memory=10000，才能成功运行流。我们知道对内存量的要求较为严格，如果没有至少 8 GB 的内存，流就不会成功执行，因此对于 start 步骤，我们可以在@steps 上添加以下代码，对要求直接进行注释：

```
@batch(memory=10000)
```

记住，也要向文件顶部添加 from metaflow import batch 命令。

现在，你的同事可以使用 run 命令运行流，而不需要任何额外选项。另一个好处是，在 AWS 批处理上只执行用@batch 装饰器注释的 start 步骤，而没有任何资源需求的 end 步骤在本地执行。这演示了如何在单个工作流中无缝地使用多个计算层。

> **提示**　--with 选项是动态为每一步分配一个装饰器(如 batch)的简写。因此，run --with batch 相当于将@batch 装饰器手动添加到流的每个步骤并执行 run。相应地，在冒号后面添加的任何属性，如 batch:memory=10000，都会将目录映射到装饰器的参数，如@batch(memory=10000)。

现在假设你共享一个用@batch 公开注释的 long_string.py 版本。有陌生人想要执行代码，但他们的计算层是 Kubernetes，而不是 AWS 批处理。从技术上讲，他们应该能够在 Kubernetes 提供的 10 GB 实例上成功执行流。对于这种情况，Metaflow 提供了另一个装饰器@resources，允许你以计算层不可知的方式指定资源需求。你可以将@batch 装饰器替换为以下内容：

```
@resources(memory=1000)
```

然而，与@batch 不同的是，@resources 装饰器并不确定使用哪个计算层。如果在没有选项的情况下运行流，流将在本地执行，@resources 没有任何效果。要使用 AWS 批处理运行流，可使用不添加任何属性的 run--with batch。@batch 装饰器知道从@resources 中选择资源需求。相应地，陌生人可以在他们的 Kubernetes 集群上使用类似于 run --with kubernetes 的代码运行流。

最好使用@resources 注释资源需求高的步骤。如果没有一定的内存量，步骤代码就无法成功执行，或者，如果没有一定数量的 CPU 或 GPU 内核，模型训练步骤就无法快速执行。在这些情况下，你应该在代码中明确对资源的需求。通常，在可能的情况下，最好使用@resources 而不是@batch 或其他特定于计算层的装饰器，这样运行流的任何人都可以随时选择合适的计算层。

在下一章，我们将介绍更多使用@resources 和 AWS 批处理的可伸缩性示例。但在开始前，我们将讨论生活中不可避免的一个事实：会有意外情况发生，无法事事皆如人意。

4.4　处理故障

有一天，Caveman Cupcakes 公司的基于云的计算环境开始出现异常。几周来一直完美运行的任务开始出现故障，原因不明。Bowie 注意到，云供应商的状态仪表板报告了"错误率增加"。除了等待云自行修复，并试图限制对生产工作流的影响，Alex 和 Bowie 对这种情况无能为力。

Alex 和 Bowie 面临的这种情况是可能发生的。尽管云提供了一种相当实用的无限可伸缩性的假象，但它并不总能做到完美。云的错误本质上往往是随机的，因此并发作业的数量越多，发生随机瞬态错误的可能性就越大。因为这些错误无法避免，所以应该做好准备，主动处理错误。区分如下两种故障很有必要：

(1) 用户代码中的故障——用户在步骤中编写的代码可能包含错误，或者可能调用其他行为错误的服务。

(2) 平台错误——执行步骤代码的计算层可能由于多种原因而失败，如硬件故障、网络故障或配置的意外更改。

用户代码中的故障(如数据库连接失败)通常可以在用户代码自身中处理，从而将此类故障与平台错误区分开。你无法用 Python 代码从底层容器管理系统故障中恢复。考虑代码清单 4.4 中显示的示例。

代码清单 4.4　因除以零而失败

```
from metaflow import FlowSpec, step

class DivideByZeroFlow(FlowSpec):
```

```
    @step
    def start(self):
        self.divisors = [0, 1, 2]
        self.next(self.divide, foreach='divisors')

    @step
    def divide(self):
        self.res = 10 / self.input          ←————————
        self.next(self.join)

    @step
    def join(self, inputs):
        self.results = [inp.res for inp in inputs]
        print('results', self.results)
        self.next(self.end)

    @step
    def end(self):
        print('done!')

if __name__ == '__main__':
    DivideByZeroFlow()
```

代码将因 ZeroDivisionError
而失败

将流保存在 **zerodiv.py** 文件中，并按如下方式运行该文件：

```
# python zerodiv.py run
```

运行将失败，并抛出异常 ZeroDivisionError: division by zero。这显然是用户代码中的逻辑错误。在数值算法中，意外除以零的错误非常常见。如果我们怀疑一个代码段可能会失败，可以使用 Python 的标准异常处理机制来进行处理。按如下方式修复 divide 步骤：

```
    @step
    def divide(self):
        try:
            self.res = 10 / self.input
        except:
            self.res = None
        self.next(self.join)
```

修复后，流将成功运行。遵循此模式，建议在步骤代码中尽可能多地处理异常，原因如下。

(1) 如果你在编写代码时考虑过可能的错误路径，也可以实现错误恢复路径，例如，你考虑过当出现 ZeroDivisionError 时应该会发生什么。你可以将"计划 B"作为逻辑的一部分来实现，因为只有你知道特定应用程序中正确的操作过程。

(2) 从用户代码中的错误中恢复更快。例如，如果在步骤中调用外部服务(如数据库)，则可以实现重试逻辑(或依赖于数据库客户端的内置逻辑)，该逻辑可以重试失败的连接，而不必重试整个 Metaflow 任务(开销更大)。

即使你遵循这个建议，任务仍然可能失败。导致任务失败的原因可能是你没有考虑到一些不可预见的错误场景，也可能是任务会由于平台错误而失败，例如，数据中心可能会着火。

Metaflow 提供了一个额外的错误处理层，可以在这些场景中提供帮助。

4.4.1　使用@retry 从瞬态错误中恢复

代码清单 4.4 所示的流程在每次执行时都会以可预见的方式失败。大多数平台错误和用户代码中的错误表现得更加随机，例如，AWS 批处理可能会在有硬件故障的实例上执行任务。计算环境最终将检测到硬件故障并停用实例，但这可能需要几分钟的时间。最好的做法是自动重试该任务，这样很有可能就不会再次遇到相同的瞬态错误。代码清单 4.5 模拟了一个糟糕的瞬态错误：每隔一秒就会失败一次。

代码清单 4.5　重试装饰器

```
from metaflow import FlowSpec, step, retry

class RetryFlow(FlowSpec):

    @retry
    @step
    def start(self):
        import time
        if int(time.time()) % 2 == 0:        ← 条件为 true，具体取决于
            raise Exception("Bad luck!")        执行代码行的时间
        else:
            print("Lucky you!")
        self.next(self.end)

    @step
    def end(self):
        print("Phew!")

if __name__ == '__main__':
    RetryFlow()
```

将流保存在 retryflow.py 文件中，并按如下方式运行该文件：

```
# python retryflow.py run
```

当执行到达糟糕的分支时，你应该会看到打印出了大量异常信息。@retry 标志使得 start 步骤中的任何失败都会自动重试。执行最终很可能会成功。你可以重新运行流几次以查看效果。

@retry 的一个关键功能是，它还可以处理平台错误。例如，如果一个容器因任何原因(包括数据中心着火)在 AWS 批处理上失败，@retry 装饰器将重试该任务。由于云的复杂性，重试的任务很有可能会被重新路由到未烧毁的数据中心，从而最终成功。

注意，当你在工作站上开始运行时，只有当工作站在整个执行期间保持活动状态时，运行才会成功。@retry 装饰器的重试机制由 DAG 调度器实现，在本地运行的情况下，DAG 调度器是 Metaflow 的内置调度器。如果调度器本身出现故障，将停止所有的执行，这对于业务关键的生产运行是不可取的。第 6 章的讨论重点是生产部署，将解决这一问题。我们将学习如何

使调度本身能够容忍平台错误。

> **逃离燃烧的数据中心**
>
> 如果数据中心着火,任务如何才能成功执行呢? AWS 有可用区(Availability Zones,AZ)的概念,可用区是物理距离较远的数据中心,它限制了任何真实世界灾难的影响半径。在 AWS 批处理的情况下,计算环境可以透明地在多个 AZ 上启动实例,因此当一个 AZ 中的实例不可用时,其他 AZ 中的实例可以代替。

选择性地避免重试

你可能想知道,为什么用户要担心@retry 装饰器——Metaflow 无法自动重试所有任务吗?一个挑战是,这些步骤可能会产生副作用。假设有一个步骤增加了数据库中的值,例如,银行账户的余额。如果该步骤在增量操作后崩溃并自动重试,银行账户将被记入两次。

如果你有一个不应该重试的步骤,那么可使用装饰器@retry(times=0)对其进行注释。现在,可通过执行以下代码行轻松运行流:

```
# python retryflow.py run --with retry
```

这将为每个步骤添加一个@retry 装饰器,但具有@retry(times=0)的步骤将不再重试。还可以使用 times 属性将重试次数调整为高于默认值。此外,你可以指定另一个属性 minutes_between_retries,该属性可使调度器在重试之间的等待时间为给定的分钟数。

建议   当你在云中运行流时,例如在使用 AWS 批处理时,最好运行--with retry,从而自动处理瞬态错误。如果不重试代码,请用@retry(times=0)对其进行注释。

4.4.2　使用@timeout 杀死僵尸

并非所有错误都表现为异常或崩溃。一类难以处理的错误会导致任务卡顿,阻碍工作流的执行。在机器学习中,这种情况可能发生在数值优化算法中,这些算法对特定数据集的汇聚速度非常慢。或者,你可以调用从不返回正确响应的外部服务,从而导致函数调用永远被阻塞。

可使用@timeout 装饰器来限制任务的总执行时间。代码清单 4.6 模拟了一项任务,该任务有时需要很长时间才能完成。当这种情况发生时,任务会被中断并重试。

代码清单 4.6　超时装饰器

```
from metaflow import FlowSpec, timeout, step, retry
import time

class TimeoutFlow(FlowSpec):

    @retry
    @timeout(seconds=5)     ◀── 任务将在 5 秒后超时
    @step
    def start(self):
```

```
    for i in range(int(time.time() % 10)):      ◄──    执行这段代码
        print(i) #B                                     需要 0~9 秒
        time.sleep(1) #B
    self.next(self.end)

@step
def end(self):
    print('success!')

if __name__ == '__main__':
    TimeoutFlow()
```

将代码保存到 timeoutflow.py 文件中，并按如下方式运行该文件：

```
# python timeoutflow.py run
```

如果你运气好，第一次运行就可能会成功。你可以再次尝试查看@timeout 和@retry 的操作。start 任务在 5 秒后会中断。发生这种情况时，@retry 负责重试该步骤。如果没有@retry，超时后运行将崩溃。除了 seconds，还可以将超时值设置为 minutes 或 hours 或两者的组合。

4.4.3　最后一种装饰器：@catch

机器学习工作流可以为数百万人使用的关键业务系统和产品提供动力。在这样的关键生产环境中，基础设施应确保工作流在出现错误时顺利降级。换句话说，即使发生错误，也不应该导致整个工作流失败。

假设你在工作流中有一个步骤，该步骤连接到数据库以检索用于更新模型的新数据。有一天，数据库关闭了，导致连接失败。你希望你的步骤具有@retry 装饰器，这样该任务就会重试几次。如果在所有重试过程中数据库都持续中断，该怎么办？当达到最大重试次数时，工作流就会崩溃。

或者考虑另一个现实生活场景：一个工作流使用一个 200-way 的 foreach 为世界上的每个国家都训练一个单独的模型。输入数据集包含按国家划分的一批每日事件。有一天，Andorra 的模型训练步骤失败了，因为没有为这个小国生成新的事件。当然，数据科学家应该在数据被输入模型之前对其进行质量检查，但这个问题在测试期间从未发生过，因此这是可以理解的人为错误。同样在这种情况下，整个工作流都失败了，导致花费几个小时进行故障排除。

Metaflow 提供了装饰器@catch 作为最后手段，其在所有重试完成后执行。@catch 装饰器会处理任务产生的所有错误，允许任务继续执行，即使任务没有生成任何有用的内容依然如此。至关重要的是，@catch 允许创建指示器工件，使得后续步骤可以顺利处理失败的任务。

我们将@catch 装饰器应用于前面代码清单 4.4 中的示例 DivideByZeroFlow，此处该示例的新版本名为 CatchDivideByZeroFlow，如代码清单 4.7 所示。从结构上讲，这个示例类似于 Andorra 示例：它有一个 foreach，并包含错误任务，其不应该导致整个工作流失败。

代码清单 4.7   演示@catch 装饰器

```
from metaflow import FlowSpec, step, retry, catch

class CatchDivideByZeroFlow(FlowSpec):

    @step
    def start(self):
        self.divisors = [0, 1, 2]
        self.next(self.divide, foreach='divisors')

    @catch(var='divide_failed')
    @retry(times=2)
    @step
    def divide(self):
        self.res = 10 / self.input
        self.next(self.join)

    @step
    def join(self, inputs):
        self.results = [inp.res for inp in inputs if not inp.divide_failed]
        print('results', self.results)
        self.next(self.end)

    @step
    def end(self):
        print('done!')

if __name__ == '__main__':
    CatchDivideByZeroFlow()
```

创建一个指示器工件 divide_failed，如果任务失败，将其设置为 True

在这种情况下，重试是徒劳的

将流保存在 catchflow.py 文件中，并按如下方式运行该文件：

```
# python catchflow.py run
```

请注意，有一个 divide 任务失败并重试，最后@catch 接管并打印了关于 ZeroDivisionError 的错误消息。至关重要的是，@catch 允许任务继续执行。它为失败的任务创建了一个工件，即 divide_failed=True，你可以自由命名该工件。随后的 join 步骤使用此工件包括仅来自成功任务的结果。如果你感兴趣，可使用 AWS 批处理运行以下流：

```
# python catchflow.py run --with batch
```

可以看到，无论计算层如何，装饰器都将以相同的方式工作。

可使用@catch 对复杂的步骤进行注释，如模型训练或数据库访问，这些步骤可能会以不可预见的方式失败，但其失败不应影响整个工作流。我们只需要确保在后续步骤中能够顺利地处理丢失的结果。

小结：逐步强化工作流

本节介绍了主动处理故障的 4 种机制：Python 的标准 try-except 构造、@retry、@timeout 和@catch。这些装饰器是可选的，且在开发新项目原型时，处理失败并不是首要任务。然而，随着项目不断成熟，可使用装饰器来强化你的工作流，使其更易于生产。你可以按以下顺序逐步强化工作流：

(1) 在代码中使用 try-except 块处理明显的异常。例如，可以在 try-except 中封装任何数据处理，因为数据的演化可能在意料之外。此外，最好封装对外部服务(如数据库)的任何调用，包括特定于用例的重试逻辑。

(2) 使用@retry 处理任何瞬时的平台错误，即云中发生的任何随机问题。使用@retry 对于启动许多任务的工作流(如使用 foreach)尤其重要。只需要使用 run --with batch --with retry，就可以在云中稳健地执行任何流。为了更安全，可以让@retry 的等待时间更长，例如，@retry(times=4, minutes_between_retries=20)可使任务成功的时间为一小时以上。

(3) 使用@timeout 对可能卡顿或执行时间长的步骤进行注释。

(4) 使用@catch 防止复杂步骤(如模型训练或数据处理)破坏整个工作流。请记住要在后续步骤中检查由@catch 创建的指示器工件，以说明缺少的结果。

4.5　本章小结

- 高效的基础设施在多个层面有助于数据科学伸缩，有助你处理更多的人、更多的项目、更多的工作流、更多的计算和更多的数据。
- 版本控制和隔离可以减少协调需求，有助于伸缩人员和项目数量。基于云的计算层使数据科学家能伸缩计算资源，从而处理更高要求的模型和更多数据。
- 在任务数量(水平可伸缩性)和任务大小(垂直可伸缩性)超出单个工作站的处理能力范围时，可使用基于云的计算层进行处理。
- 利用现有的容器管理系统，可在云中执行独立的批量计算单元。
- 基础设施可以支持一系列计算层，每一层都针对特定的工作负载进行了优化。
- 一种简单的基于云的计算方法是使用 AWS 批处理和 Metaflow。
- 可使用@resources 装饰器对每个步骤的资源需求进行注释。
- Metaflow 提供了 3 个装饰器：@retry、@catch 和@timeout，允许你针对失败逐步强化工作流。

第 **5** 章

实践可伸缩性和性能

本章内容

- 迭代开发一个真实、高效的数据科学项目
- 使用计算层支持要求苛刻的操作，如并行化模型训练
- 优化数值 Python 代码的性能
- 使用各种技术优化工作流的可伸缩性和性能

在上一章中，我们讨论了具有可伸缩性不仅仅意味着能够处理要求更高的算法或更多数据。在组织层面，基础设施应伸缩到由大量人员开发的大量项目。我们认识到，可伸缩性和性能是两个独立的问题，两者不必共存。事实上，可伸缩性和性能的不同维度可能相互矛盾。

假设有一位经验丰富的工程师用 C++语言实现了高度优化、高性能的解决方案。尽管该解决方案在技术层面上是可伸缩的，但如果团队中其他人不了解 C++语言，那么它在组织上就不具有可伸缩性。相反，你可以想象一个非常高级的 ML 解决方案，只需单击一个按钮即可构建模型。每个人都知道如何单击按钮，但该解决方案不太灵活，无法伸缩到各种项目，并且无法处理大量数据。本章提倡一种处理可伸缩性和性能的实用方法，其特点如下：

(1) 高效的基础设施需要处理各种项目，因此可以提供一个易用的工具箱，其中包含的鲁棒方法能够实现足够好的可伸缩性和性能，而非一劳永逸的解决方案。

(2) 为了解决组织的可伸缩性，我们希望项目能够被尽可能多的人理解——这一问题主要靠简单性来解决。人的认知范围有限，因此过度设计和过度优化会带来大量的人力成本。

我们可以用一个简单的助记符概括这两点，如图 5.1 所示。

图 5.1 处理可伸缩性的实用方法

　　这里，简单是指任何参与项目的新人都可以查看源代码并快速理解其工作原理。复杂与此相反：理解代码的工作原理需要付出大量的努力。缓慢意味着解决方案可能会达到可伸缩性的极限，会使等待结果的时间长于最佳情况，但尽管如此，缓慢仍然有效。快速意味着解决方案完全适用于当前的问题：它的伸缩性越好，提供结果的速度也就越快。

　　为了简单化，我们还优化了结果的有效性。正如著名计算机科学家 Tony Hoare 所说：“有两种方法可以编写代码：编写代码简单到明显没有错误，或者编写代码复杂到没有明显错误。”因为数据科学应用程序本质上倾向于统计，错误和偏差可能潜伏在模型中，而不会产生明确的错误消息，所以你应该更喜欢简单的代码，而不是不明显的错误。只有在明确应用程序需要更高的可伸缩性或性能时，才应按比例增加其复杂性。

　　在本章中，我们将开发一个实际的 ML 应用程序，该程序对可伸缩性和性能有着非同寻常的要求。我们以增量方式开发这个数据科学应用程序，始终努力采用最简单且正确的方法来交付预期的结果。换言之，我们希望停留在图 5.1 的第一行。在此我们将演示一些方法，帮助实现足够好的可伸缩性和性能。

　　我们将使用上一章介绍的工具：使用计算层的垂直和水平可伸缩性。尽管可以在计算机上运行这些示例，但如果你按照前面的说明设置了基于云的计算层(如 AWS 批处理)，那么这些示例会更加有趣和真实。如前所述，我们将使用 Metaflow 来说明概念并进行实际操作，但你可以将这些示例应用于其他框架，因为一般原则与框架无关。你可以通过链接[1]找到本章的所有代码清单。

5.1　从简单开始：垂直可伸缩性

　　我们将开始构建一个实际的 ML 应用程序，该程序使用自然语言处理(Natural Language Processing，NLP)对 Yelp 评论进行建模和分析。我们将遵循第 3 章介绍的螺旋式方法来开发该应用程序，如图 5.2 所示。

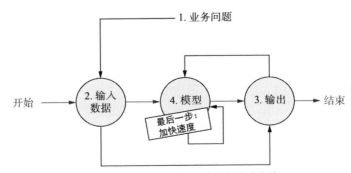

图 5.2　将优化作为最后一步的螺旋式方法

　　尽管本章的主题是实践可伸缩性，但以下步骤优先于任何可伸缩性问题，如图 5.2 所示：
(1) 彻底了解业务问题。也许业务环境允许我们使用更简单、可伸缩性不强但明显更正确的解决方案。

(2) 获取相关输入数据，并确保数据正确且将保持正确。同时，估计数据的规模和增长率。

(3) 确保应用程序的结果可正常使用，并能产生所需的操作。

(4) 开发一个小规模但功能强大的原型，允许你使用真实数据测试应用程序，以确保其端到端的正确性。

为了实现这些步骤，可以选择最简单的可伸缩性方法，帮助我们构建功能强大的原型。第一个版本的可伸缩性不必太强。我们可以在确认其他一切正常后再修复这一版本。软件架构师 Kent Beck 成就颇丰，用他的话来说，我们的优先顺序应该是："先确保工作，再确保正确，最后确保快速。"

5.1.1　示例：聚类 Yelp 评论

我们从一个假设的业务问题开始：一家初创公司想要构建一个更高版本的评论网站 Yelp。为了解 Yelp 产品的优点和缺点，该公司想分析人们对 Yelp 的不同类型的评论。

由于没有任何现有的评论分类法，因此我们将依赖于无监督学习，而不是将评论分类到已知的存储桶中。在本例中，无监督学习将 Yelp 评论分组到一组外观相似的评论中。你可以在 Scikit-Learn 的文档中阅读有关无监督学习和文档聚类的更多信息，网址见链接[2]。

为了完成这项任务，我们可以访问公开语料库，获取 65 万篇 Yelp 评论。该数据集由 Fast.AI (见链接[3])公开提供，由 AWS 上的开放数据注册处方便地托管在 AWS S3 中，网址见链接[4]。数据集未压缩时约为 500 MB，因此它足够大，可以实践可伸缩性，但它也足够小，可以在任何中型云实例或工作站上被处理。我们最好先看看数据的样子。如图 5.3 所示，Jupyter 笔记可以很好地实现这一目的。

```
In [1]:  import tarfile
         from metaflow import S3

In [2]:  with S3() as s3:
             res = s3.get('s3://fast-ai-nlp/yelp_review_full_csv.tgz')
             with tarfile.open(res.path) as tar:
                 datafile = tar.extractfile('yelp_review_full_csv/train.csv')
                 reviews = [line.decode('utf-8') for line in datafile]

In [3]:  print('\n'.join(reviews[:2]))

         "5","dr. goldberg offers everything i look for in a general practitioner.  he's nice and easy
         to talk to without being patronizing; he's always on time in seeing his patients; he's affili
         ated with a top-notch hospital (nyu) which my parents have explained to me is very important
         in case something happens and you need surgery; and you can get referrals to see specialists
         without having to see him first.  really, what more do you need?  i'm sitting here trying to
         think of any complaints i have about him, but i'm really drawing a blank."

         "2","Unfortunately, the frustration of being Dr. Goldberg's patient is a repeat of the experi
         ence I've had with so many other doctors in NYC -- good doctor, terrible staff.  It seems tha
         t his staff simply never answers the phone.  It usually takes 2 hours of repeated calling to
         get an answer.  Who has time for that or wants to deal with it?  I have run into this problem
         with many other doctors and I just don't get it.  You have office workers, you have patients
         with medical needs, why isn't anyone answering the phone?  It's incomprehensible and not work
         the aggravation.  It's with regret that I feel that I have to give Dr. Goldberg 2 stars."
```

图 5.3　检查笔记中的 Yelp 数据集

代码清单 5.1 显示了图 5.3 中使用的代码。

代码清单 5.1　检查 Yelp 评论数据集

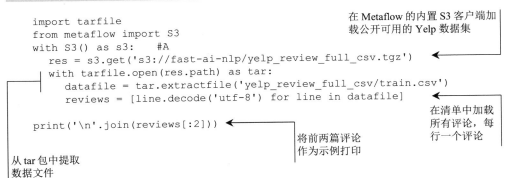

```
import tarfile
from metaflow import S3
with S3() as s3:    #A
  res = s3.get('s3://fast-ai-nlp/yelp_review_full_csv.tgz')
  with tarfile.open(res.path) as tar:
    datafile = tar.extractfile('yelp_review_full_csv/train.csv')
    reviews = [line.decode('utf-8') for line in datafile]

print('\n'.join(reviews[:2]))
```

在 Metaflow 的内置 S3 客户端加载公开可用的 Yelp 数据集

在清单中加载所有评论，每行一个评论

将前两篇评论作为示例打印

从 tar 包中提取数据文件

此处我们使用 Metaflow 的内置 S3 客户端从 Amazon S3 加载数据。你将在第 7 章中了解更多相关信息。数据集存储在压缩的 tar 存档中，我们解压缩该存档以提取评论。每行有一条评论，并以星级为前缀。该应用程序不需要关注评级列。

> **建议**　本章中使用的数据集 yelp_review_full_csv.tgz 约为 200 MB。通过缓慢的互联网连接下载该数据集可能需要几分钟的时间。如果这些示例在计算机上运行太慢，请考虑使用云工作站(如 AWS Cloud9 IDE)来执行本章中的所有示例。

你可以在图 5.3 中看到一些评论数据的示例。正如预期的那样，评论是任意段落的书面英语。在对数据执行任何聚类之前，我们必须将字符串转换为数字表示。这种向量化步骤是涉及自然语言的机器学习任务中常见的预处理步骤。如果你以前从未进行过 NLP(自然语言处理)，请不要担心：我们将在下一小节介绍你需要了解的所有内容。

自然语言处理快速入门

以数字形式编码自然语言的一种经典方法被称为单词袋表示法。使用单词袋模型，我们可以将一组文档表示为一个矩阵，其中每行是一个文档，每列对应于所有文档中的所有唯一单词。列和行的顺序是任意的。矩阵的值表示文档中每个单词出现的次数。图 5.4 说明了这一概念。

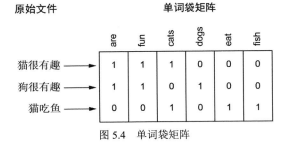

图 5.4　单词袋矩阵

注意，图 5.4 矩阵中的大多数值都是零。这在意料之中，因为实际上所有文档都只包含所有可能单词的一小部分。因此，我们通常将矩阵编码为稀疏矩阵，这意味着我们使用的数据结构允许我们仅存储矩阵的非零元素。在以下示例中，我们将使用 Scikit-Learn 的 scipy.sparse 模块，将文档存储为单词袋稀疏矩阵。我们将在 5.3.1 节中深入探讨这些矩阵是如何在内部实现的。

在许多 NLP 任务(如分类和聚类)中，尽管使用一个简单的单词袋表示会导致单词顺序丢失，但可以获得出乎意料的好结果。在下面的几个示例中，我们将执行文档聚类。我们希望将文档分组为 K 个不重叠的组或簇，以便使分配给同一簇的文档在最大程度上彼此相似。至关重要的是，你必须事先选择聚类 K 的数量。在数据科学界，不存在普遍认可的自动选择方法。

在本例中，文档相似度指的是文档中常用词的数量。例如，图 5.4 中的前两个文档有两个共同的单词(are，fun)，而第三个文档与其最多有一个共同的词。因此，我们应该在一个聚类中分配前两个文档，而在另一个聚类中分配第三个文档。

为了执行聚类，我们将使用最著名的聚类技术，即在 Scikit-Learn 中实现的 K-means 聚类算法。如果你感兴趣，可通过链接[5]了解 K-means 的相关内容。算法的细节在此并不重要，但算法的计算要求较严格——执行时间按矩阵大小的平方增长。这使得 K-means 成为对于可伸缩性和性能的一个有趣而现实的测试用例。

5.1.2　实践垂直可伸缩性

在上一章介绍@batch 和@resources 装饰器时，我们提到了垂直可伸缩性的概念。这是迄今为止最简单的伸缩形式：垂直可伸缩性是指通过使用更大的实例来处理更多计算和更大的数据集。当然，因为你不能以编程方式向其添加更多 CPU 内核或内存，所以不能依赖计算机上的垂直伸缩。相比之下，使用 AWS 批处理等基于云的计算层很容易实现垂直伸缩，AWS 批处理可以提供云中可用的任何实例。

我们首先加载 Yelp 评论数据集，并构建相应的单词袋表示。我们将在许多流中使用相同的数据集，因此将开发效用函数来处理数据，以避免在多个流中重复相同的代码。像在 Python 中一样，我们将函数存储在一个单独的文件(模块)中，将流导入该模块。

模块包含两个效用函数：load_yelp_reviews 和 make_matrix，前者下载数据集并从中提取文档清单，后者将文档清单转换为单词袋矩阵。load_yelp_reviews 函数看起来非常类似于我们用来检查笔记中数据的代码(代码清单 5.1)。事实上，创建一个单独的模块能够让我们在 Metaflow 流和笔记中使用同一个模块。

建议　将相关函数放在具有逻辑性结构的模块中是一种好方法。你可以在多个流中共享模块，也可以在笔记中使用模块。此外，还可以独立测试模块。

创建名为 scale_data.py 的文件，并将代码清单 5.2 中的代码存储在该文件中。

代码清单 5.2　处理 Yelp 评论数据集的函数

```
import tarfile
from itertools import islice
from metaflow import S3
                                          加载数据集并从            使用 Metaflow 的内置
                                          中提取文档清单            S3 客户端加载公开可
def load_yelp_reviews(num_docs):                               用的 Yelp 数据集
    with S3() as s3: #B
        res = s3.get('s3://fast-ai-nlp/yelp_review_full_csv.tgz')
        with tarfile.open(res.path) as tar:
            datafile = tar.extractfile('yelp_review_full_csv/train.csv')
            return list(islice(datafile, num_docs))
                                          返回文件中的前            从 tar 包中提
                                          num_docs 行            取数据文件
def make_matrix(docs, binary=False):
    from sklearn.feature_extraction.text import CountVectorizer
    vec = CountVectorizer(min_df=10, max_df=0.1, binary=binary)
    mtx = vec.fit_transform(docs)
    cols = [None] * len(vec.vocabulary_)                              CountVectorizer
    for word, idx in vec.vocabulary_.items():      创建列标签清单       创建矩阵
        cols[idx] = word
    return mtx, cols
将文档清单转换
为单词袋矩阵
```

与笔记示例一样，该函数在 Metaflow 内置的 S3 客户端(第 7 章将详细介绍)，从 S3 加载公开可用的 Yelp 数据集。load_Yelp_reviews 函数只有一个实参 num_docs，指示从数据集中读取多少文档(评论，每行一个)。我们将使用 num_docs 来控制数据集的大小。

make_matrix 函数以文档形式获取文档清单，并使用 Scikit-Learn 的 CountVectorizer 从文档创建矩阵。我们为其提供以下参数：

- min_df 指定包含的单词需要出现在至少 10 个文档中，从而消除许多拼写错误和其他虚假单词。

- max_df 排除在所有文档中出现频率超过 10%的单词。这些单词是常见的英语单词，在本例中用处不大。

- binary 可用来表示只有文档中出现某一单词时才重要。无论单词在文档中出现多少次，结果都为 0 或 1。最后，我们创建一个列标签清单，以便知道哪个单词对应于哪个列。

利用 scale_data.py 等模块化组件构建工作流有许多益处：你可以独立测试工作流，在原型开发期间在笔记中使用工作流，并在多个项目中打包和共享工作流。Metaflow 将当前工作目录中的所有模块与流一起打包，因此它们在计算层执行的容器中自动可用。我们将在第 6 章讨论这一点以及与软件库管理相关的其他主题。

建议　将复杂的业务逻辑(如建模代码)实现为可由工作流调用的独立模块。这使得在笔记和自动化测试套件中测试逻辑更容易，而且模块可以跨多个工作流共享。

接下来，我们构建一个可用来测试函数的简单流。我们遵循螺旋式方法：从一个几乎什么

都不做的简单流开始,并不断地向其添加功能。在存储 scale_data.py 的目录中,使用代码清单 5.3 创建一个新文件 kmeans_flow_v1.py。

```
from metaflow import FlowSpec, step, Parameter

class KmeansFlow(FlowSpec):
    num_docs = Parameter('num-docs', help='Number of documents', default=1000)

    @step
    def start(self):
        import scale_data
        scale_data.load_yelp_reviews(self.num_docs)      导入之前创建的
        self.next(self.end)                               模块,并使用它加
                                                          载数据集
    @step
    def end(self):
        pass

if __name__ == '__main__':
    KmeansFlow()
```

start 步骤导入我们在代码清单 5.2 中创建的模块,并用其加载数据集。使用参数 num_docs 控制数据集的大小。默认情况是仅加载前 1000 个文档。未压缩的数据集约为 500 MB,因此执行此示例需要超过 0.5 GB 的内存。目录结构需要如下所示,以确保 Metaflow 正确打包所有模块:

```
my_dir/
my_dir/scale_data.py
my_dir/kmeans_flow_v1.py
```

你可以自由选择目录 my_dir 的名称。确保你的工作目录是 my_dir,并照常执行流:

```
# python kmeans_flow_v1.py run
```

流的执行可能需要花几分钟,尤其是在本地计算机上更是如此。如果一切顺利,应该可以在没有任何错误的情况下完成。在我们开始向流添加更多功能之前,这是一次很好的完整性检查。

使用@conda 定义依赖项

接下来,我们扩展 KmeansFlow,以使用 K-means 算法执行聚类。我们可以使用 Scikit-Learn 提供的 K-means 现有实现。在第 3 章中,我们通过在本地工作站上运行 pip install 来安装 Scikit-Learn。然而,本地安装的库并非在计算层执行的所有容器中都自动可用。

我们可以选择一个预先安装了所有需要的库的容器镜像,但是管理符合每个项目需求的多个镜像会很困难。还有另一种选择,Metaflow 提供了一种更灵活的方法,即使用@conda 装饰器,这种方法不需要你手动创建或查找合适的镜像。

一般来说,依赖管理是一个非常重要的主题,我们将在下一章详细介绍。在本节中,你只

需要确保安装了 Conda 包管理器，请参见附录中的相关说明。之后，你只需要在代码中包含 @conda_base 行，如代码清单 5.4 所示：

```
@conda_base(python='3.8.3', libraries={'scikit-learn': '0.24.1'})
```

此行指示 Metaflow 在执行代码的所有计算层(包括本地运行)中安装 Python 3.8.3 版和 Scikit-Learn 0.24.1 版。

提示　当第一次使用@conda 运行流时，Metaflow 会处理所有需要的依赖项，并将它们上载到 S3。这可能需要几分钟的时间，尤其是当你在计算机上执行代码时更是如此。耐心点，这只在第一次执行时发生！

代码清单 5.4 扩展了代码清单 5.3 中的 KMeansFlow 的第一个版本。该版本使用 scale_data 模块从 Yelp 数据集创建一个单词袋矩阵。该矩阵在新的步骤 train_kmeans 中进行聚类。

代码清单 5.4　KMeansFlow 的最终版本

```
from metaflow import FlowSpec, step, Parameter, resources, conda_base, profile

@conda_base(python='3.8.3', libraries={'scikit-learn': '0.24.1'})    ← 声明任务中
class KmeansFlow(FlowSpec):                                             需要的库
    num_docs = Parameter('num-docs', help='Number of documents', default=1000000)
    @resources(memory=4000)    ← 需要 4 GB 的内存
    @step                        来预处理数据
    def start(self):
        import scale_data                                      导入之前创建的模
        docs = scale_data.load_yelp_reviews(self.num_docs)     块，并使用它加载
        self.mtx, self.cols = scale_data.make_matrix(docs)     数据集
        print("matrix size: %dx%d" % self.mtx.shape)
        self.next(self.train_kmeans)

    @resources(cpu=16, memory=4000)    ← 运行 K-means 需要 4 GB 的
    @step                                内存和 16 个 CPU 内核
    def train_kmeans(self):
        from sklearn.cluster import KMeans
        with profile('k-means'):    ← 使用配置文件测量并打印运
            kmeans = KMeans(n_clusters=10,    行 K-means 所需的时间
                            verbose=1,
                            n_init=1)
            kmeans.fit(self.mtx)    运行 K-Means 并将
        self.clusters = kmeans.labels_    结果存储在集群中
        self.next(self.end)

    @step
    def end(self):
        pass

if __name__ == '__main__':
    KmeansFlow()
```

将代码保存到kmeans_flow_v2.py 文件中。可以看到，我们使用@resources 装饰器来声明
start 和 train_kmeans 步骤需要 4 GB 内存。我们额外需要千兆字节将单词袋矩阵存储在内存
中，并考虑所有相关开销。train_kmeans 步骤使用 Metaflow 提供的一个小效用函数 profile，
该函数测量并打印执行代码段所需的时间，其单个实参是输出中包含的前缀，所以你可以通
过该实参了解测量与哪个代码段相关。

提示　　在 Metaflow 中使用 profile 上下文管理器可以快速计算步骤中的某些操作需要多长时间。

KMeans 对象用于运行算法。它以簇(K-means 中的 K)的数量(称为 n_clusters)为实参，我们
将其设置为一个任意的数字，10。在下一节中，我们将探讨 K 的其他值。下一个实参 verbose
提供了有关算法进度的信息，n_init=1 意味着我们只需要运行算法一次。数字越高，结果越好。
算法的结果是一个数组，存储在 self.clusters 中，self.clusters 将每个文档分配给一个集群。我们
将在下一节深入研究结果。

使用 AWS 批处理运行流，如下所示：

```
# python kmeans_flow_v2.py --environment=conda run --with batch
```

需要使用--environment=conda 标志来表示我们希望使用 Conda 处理依赖项。如果你想在本
地运行代码，或者你的计算环境没有 4 GB 的内存和 16 个 CPU 核的实例，可以通过为 num-docs
参数指定一个较小的值(如 run-num-docs 10000)来处理更少的文档。我希望流运行成功，这是我
们现在要完成的全部工作。我们将在下一节深入研究结果。

下面介绍这个流的独特之处：数据集包含 650 000 个文档，对应的矩阵包含大约 48 000 个
独特的单词。因此，矩阵大小为 650 000*48 000，如果其存储为密集型矩阵，则需要超过 100 GB
的内存。因为它被存储为稀疏矩阵，所以它将小于 4 GB。对这种大小的矩阵运行 K-means 的
计算成本很高。幸运的是，Scikit-Learn 中的实现可以在使用@resources(CPU=16)请求的多个
CPU 内核上自动并行算法。因此，只需要增加 CPU 内核的数量，就可以更快地完成 K-means
的计算，如图 5.5 所示。

对于这个数据集，通过使用多个 CPU 内核，可以获得高达 40%的性能改进。作为练习，
你可以尝试另一个更快版本的 K-means，称为 Mini-BatchKMeans。@resources 的最佳位置取决
于数据集的大小、算法及其实现。在本示例中，超过 4 个内核似乎没有什么作用。此外，额外
内核执行的工作量不足以证明通信和协调开销的合理性。一般来说，对于大多数现代 ML 算法
的实现，运行的 CPU 内核或 GPU 越多，运行速度就越快。

提示　　与内存限制相反，CPU 限制是对 AWS 批处理的软限制。如果没有其他任务在该实例
　　　　上同时执行，则该任务可以使用该实例上的所有可用 CPU 内核。当多个任务需要共享
　　　　实例时，此限制就很适用。在大多数情况下，这种行为是可取的，但会使基准测试变
　　　　得困难。例如，如果一个任务有 4 个 CPU，则最终有机会使用更多的 CPU 内核。

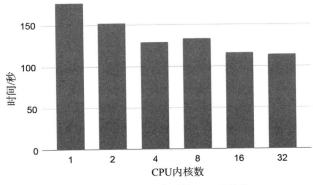

图 5.5   执行时间与使用的 CPU 内核数

垂直伸缩最吸引人的特点在于其便捷性，数据科学家只需要修改一行代码@resources，就可以更快地处理更大的数据集，如前所述。尽管这种方法不能提供无限的可伸缩性，但通常足以完成任务，如下一小节所述。

5.1.3　为什么选择垂直可伸缩性

从工程的角度来看，对垂直可伸缩性的普遍看法是：它不是"真正的"可伸缩性，它在最大可用实例大小时达到了硬上限。在撰写本书时，AWS 上最大的常用 EC2 实例提供了 48 个 CPU 内核和 768 GB 内存。显然，如果你需要更多的内核或更多的内存，垂直可伸缩性将无济于事。

与其依赖可能具有误导性的直觉，不如仔细评估垂直可伸缩性是否足够以及可以持续多长时间。得益于垂直可伸缩性的简单性，你可以快速构建应用程序的第一个版本，并在使实现复杂化之前验证其正确性和价值。出人意料的是，垂直可伸缩性足够满足我们的需求。

简单性提高了性能和生产率

在简单性方面，垂直可伸缩性很难被替代。你可以编写最惯用、可读、简单的 Python 代码，只需要调整@resources 中的数字就可以满足代码的要求，而不必学习新的范式。如果出现故障，任何隐藏的抽象层都不会导致意外，也不会带来复杂的错误消息。这对于数据科学家的生产效率和自主性非常重要，可以使数据科学家专注于建模，而不必过于担心可伸缩性或性能。

用 Python 实现机器学习和数据科学工作负载时，面向用户的 API 并不具有简单性。在后端，最好的库都使用 C++等低级语言进行了高度优化，因此可以非常有效地利用单个实例上的可用资源。

下面介绍一个建模框架的示例。在 21 世纪 10 年代早期，在 Hadoop 和 Spark 等可伸缩框架之上，人们投入大量精力提供了传统 ML 算法的可伸缩实现。这些框架是固有可伸缩系统的很好示例，固有可伸缩系统具有有限的单台计算机性能。

在 21 世纪 10 年代后半期，人们明显感觉到，单台计算机、垂直伸缩的训练算法(如 XGBoost 或 Tensorflow 提供的算法)，可以轻松地胜过号称更具可伸缩性的同类算法，尤其是在使用 GPU

加速时更是如此。这些实现没有可伸缩的分布式系统的固有复杂性，因此不仅速度更快，还更易于操作和开发。

这突出了可伸缩性和性能的差异：由多个低性能但并行的单元组成的系统可以很好地伸缩，但这样的分布式系统往往会产生固有的通信和协调开销，可能会导致在中小型工作负载中，其速度比非分布式系统慢。值得注意的是，有时不可伸缩的方法可能优于可伸缩的同类方法，即使工作负载特别大也是如此。

> **可伸缩性提示**　不要高估号称可伸缩系统的性能，也不要低估单实例解决方案的性能。当有疑问时，可进行基准测试。即使分布式解决方案可以更好地伸缩，但也要仔细考虑其运营成本和数据科学家的生产效率成本。有关这种影响的具体例子，请参见 Frank McSherry 等人 2015 年发表的一篇题为 "Scalability! But at What COST?" 的论文(见链接[6])。

考虑问题的本质

在思考问题的本质时，应考虑以下两个容易被低估的因素。首先，实际的可伸缩性总是有上限。在物理世界中，没有什么事物是真正无限的。在本章给出的示例中，我们使用了一个包含 65 万条 Yelp 评论的静态数据集。对于这样的静态数据集，我们很容易看出可伸缩性不太可能是一个问题。

即使数据集不是静态的，其大小也可能会自然受限。例如，考虑一个为美国的每个邮政编码提供统计数据的数据集。美国大约有 40 000 个邮政编码，这个数字基本上可以保持稳定。如果你可以让你的工作流轻松处理大约 40 000 个邮政编码，就不会有任何可伸缩性问题。

其次，一台现代计算机可以拥有惊人的资源量。几十亿量级的事物可能超出了人类的处理能力范围，但请记住，一台现代计算机每秒可以进行大约 20 亿次算术运算，同时可以在内存中保存大约 270 亿个英语单词。计算机以不同于我们有限认知的数量级运行。

这种效果在 GPU 等专用硬件上更为明显，GPU 被广泛用于训练深度神经网络和其他现代模型架构。在撰写本书时，AWS 为实例提供了 8 个高性能的 GPU。你可以用这样的机器训练大模型。因为 GPU 和 CPU 内核之间的通信开销在一台机器内是最小的，所以从原始数据来看，单个实例的性能可以优于一组实例的性能(其理应具有更多计算能力)。

最后，计算机并没有停止发展。尽管在过去的 10 年中，单内核性能没有太大的改进，但单个实例中的内核数量以及内存量和本地存储速度都有所增长。例如，假设要将有关每个 Netflix 用户的数据存储在单个实例的内存数据帧中。这似乎无法实现，因为 Netflix 的用户数量每年都在快速增长！

与其依靠直觉反应，不如进行数学计算。2011 年，Netflix 拥有 2600 万用户，最大的 AWS 实例提供了 60 GB 的内存，这意味着每个用户可以存储大约 2.3 KB 的数据。2021 年，Netflix 拥有 2.07 亿用户，最大的 AWS 实例提供了 768 GB 的内存，因此，出人意料的是，如今每个用户的数据空间更大，为 3.7 KB。换言之，如果你的用例在界限之内，那么可以通过更新并计算十几年来@resources 中的数字来处理可伸缩性！

可伸缩 性提示	在担心可伸缩性之前，应先估计增长的上限。如果随着时间的推移，与可用计算资源相比，上限足够低，那么你可能根本不需要担心可伸缩性。

5.2   实践水平可伸缩性

正如前一节所建议的，在开始一个项目时，最好先考虑问题、数据的规模和增长率，以及相关计算。如果没有其他建议，垂直可伸缩性是一个很好的起点。还有什么建议？换句话说，你应该在什么情况下考虑使用多个并行实例而不是单个实例？

5.2.1   为什么选择水平可伸缩性

根据经验，如果你对以下 3 个问题中的任何一个回答"是"，就应该考虑水平可伸缩性，换言之，就是使用多个实例：

- 你的工作流中是否有大量的并行计算，这意味着它们可以在不共享输入之外的任何数据的情况下执行操作？
- 数据集是否太大，无法在最大的可用实例类型上方便地处理？
- 是否存在计算密集型算法(如模型训练)，其要求太高，无法在单个实例上执行？

若将这 3 个问题按频率降序排列，则前两个问题比后一个问题更典型。下面逐一分析这些问题。

高度并行任务

在分布式计算中，如果"只需要很少或根本不需要努力就可以将问题分成多个并行任务"，那么称该问题是高度并行的。在类似 Metaflow 的工作流中，该定义与动态 foreach 任务相一致，除了共享公共输入数据，这些任务不需要彼此共享任何数据。

这样的情况在数据科学应用中很常见：训练一些独立的模型，获取多个数据集，根据数据集对一些算法进行基准测试等。你可能使用垂直可伸缩性来处理所有这些情况，可能在单个实例上使用多个内核，但这样做通常没有什么好处。

请记住，垂直可伸缩性的主要动机是简单性和性能。典型的高度并行任务的实现不管是在单个实例上执行还是在多个实例上执行，看起来几乎是一样的——只是一个函数或一个 Metaflow 步骤。因为任务是完全独立的，所以在单独的实例上执行不会造成性能损失。因此，在这种情况下，你可以通过在 Metaflow 中使用 foreach 来获得巨大的可伸缩性，而不会影响简单性或性能。我们将在下一节练习一种常见的高度并行情况，即超参数搜索，其涉及构建许多独立的模型。

大型数据集

本书撰写之时，最大的通用 EC2 实例拥有 768 GB 的内存。这意味着，你仅依靠垂直可伸缩性，就能在一个内存开销相当大的 pandas DataFrame 中加载大约 100 GB 的数据。如果你需要处理更多的数据(这在当今并不少见)，仅仅依靠垂直可伸缩性是不可行的。

在许多情况下，处理大型数据集的最简单方法是使用专门针对此类用例优化的计算层，如 Apache Spark。另一种方法是将数据划分为较小的独立块或分片，以便每个分片可以在一个大型实例上处理。我们将在第 7 章讨论这些方法。

分布式算法

除了输入数据，要执行的算法(如模型训练)对于单个实例来说可能要求太高。例如，大规模计算机视觉模型可能如此。尽管拥有比单个实例更大的数据集很常见，但这种规模的模型则不太常见。一个具有 8 个 GPU 和超过 1 TB 内存的 P4 型 AWS 实例可适用于大型模型。

操作分布式模型训练和其他分布式算法非常重要。网络必须针对低延迟通信进行优化，必须相应地放置实例以最小化延迟，必须仔细协调并同步紧密耦合的实例池，同时要记住实例可能随时发生故障。

幸运的是，许多现代机器学习库(如 PyTorch Lightning)提供了抽象，使分布式训练变得更加容易。此外，Amazon Sagemaker 和谷歌的云 TPU 等专门计算层可以为你管理复杂性。

许多实际的数据科学应用程序混合采用了多种方法：使用 Spark 对数据进行预处理，并将其作为分片并行加载，以生成一个矩阵或张量，该矩阵或张量在一个垂直伸缩实例上进行训练。将应用程序组织为工作流的好处在于，你可以选择最合适的方式来伸缩工作流的每个步骤，而不必将所有任务集成到一个范式中。下一节说明了一种简单但常见的高度并行情况：并行构建多个 K-means 模型，以找到性能最佳的模型。

5.2.2　示例：超参数搜索

在本节中，我们将介绍如何使用水平可伸缩性解决机器学习项目中的一个常见任务：超参数搜索和优化，从而扩展前面的 K-means 示例。在上一节中，我们只是简单地将聚类数(K-means 中的 K 参数)固定为 10 个。聚类数是 K-means 算法的一个超参数，我们需要在算法运行之前定义这个参数。

通常，对于超参数值没有明确正确的选择。因为我们无法预先定义正确的值，所以以通常需要使用多个不同的超参数值运行算法，并选择性能最佳的一个。复杂的超参数优化器可以实时生成新值，并在结果似乎没有改善时停止。此处将演示一种更简单的方法：定义一个超参数清单，以便提前尝试并最终评估结果。这种简单方法的一个好处在于，可以独立地为每个参数化评估算法——这是一个水平可伸缩性的完美用例。

如何定义聚类算法的"最佳结果"本身就是一个非常重要的问题。有许多方式都可以很好地对文档进行分组。在本例中，你可以选择自己想用的方式，可以通过列出聚类中最常用的单词来描述每个聚类。如下所示，你可以查看聚类，并确定哪些超参数值能产生最有研究价值的结果。代码清单 5.5 显示了函数 top_words，该函数为每个聚类计算出现频率最高的单词。将其保存到单独的模块 analyze_kmeans.py 中。

代码清单 5.5　计算每个聚类中出现频率最高的单词

从单词袋矩阵中选择与当前聚类相对应的行

```
from itertools import islice

def top_words(num_clusters, clusters, mtx, columns):
    import numpy as np
    top = []
    for i in range(num_clusters):
        rows_in_cluster = np.where(clusters == i)[0]
        word_freqs = mtx[rows_in_cluster].sum(axis=0).A[0]
        ordered_freqs = np.argsort(word_freqs)
        top_words = [(columns[idx], int(word_freqs[idx]))
                     for idx in islice(reversed(ordered_freqs), 20)]
        top.append(top_words)
    return top
```

处理 K 个聚类中
的每个聚类

计算列式的和，即
聚类中每个单词出
现的频率之和

按频率对列进行排序，并生成频
率排名前 20 的单词的清单

　　此函数使用了 NumPy 包中的许多技巧：使用 where 从矩阵中选择行的子集，使用 sum(axis=0)
生成列式的和，并使用 argsort 按排序生成列索引。如果你感兴趣，可以查看 NumPy 文档了解
有关这些函数的更多信息。了解 NumPy 对于这个示例并不重要。

　　我们将使用 3.2.3 节中介绍的 Metaflow 的 foreach 构造，并行运行多个 K-means 算法，将
AWS 批处理用作自动伸缩计算层。相应的流程如图 5.6 所示。

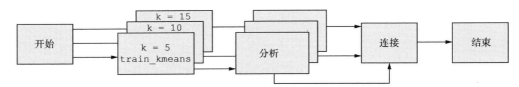

图 5.6　对应于 ManyKmeansFlow 的 DAG

　　图 5.6 展示了实际的水平可伸缩性。该流程针对参数 K 的各种值(聚类数)同时训练多个
K-means 聚类，并生成结果以供分析。代码清单 5.6 显示了流 ManyKmeansFlow(基于早期的
KMeansFlow)的代码。

代码清单 5.6　搜索 K-means 的超参数

```
from metaflow import FlowSpec, step, Parameter, resources, conda_base, profile

@conda_base(python='3.8.3', libraries={'scikit-learn': '0.24.1'})
class ManyKmeansFlow(FlowSpec):

    num_docs = Parameter('num-docs', help='Number of documents', default=1000000)

    @resources(memory=4000)
    @step
    def start(self):
        import scale_data
        docs = scale_data.load_yelp_reviews(self.num_docs)
        self.mtx, self.cols = scale_data.make_matrix(docs)
```

使用 scale_data
模块生成一个
单词袋矩阵

定义 foreach 的超参数清单

```
        self.k_params = list(range(5, 55, 5))

    self.next(self.train_kmeans, foreach='k_params')
    @resources(cpu=4, memory=4000)      在 foreach 内训练
    @step                               K-means 聚类
      def train_kmeans(self):  ◄──
      from sklearn.cluster import KMeans
      self.k = self.input
      with profile('k-means'):
          kmeans = KMeans(n_clusters=self.k, verbose=1, n_init=1)
          kmeans.fit(self.mtx)
      self.clusters = kmeans.labels_
      self.next(self.analyze)

    @step
    def analyze(self):                        为每个聚类生成一个
      from analyze_kmeans import top_words  ◄──  最常出现单词的清单
      self.top = top_words(self.k, self.clusters, self.mtx, self.cols)
      self.next(self.join)

    @step
    def join(self, inputs):                     按超参数值对所
      self.top = {inp.k: inp.top for inp in inputs}  ◄── 有清单进行分组
      self.next(self.end)

    @step
    def end(self):
      pass

if __name__ == '__main__':
    ManyKmeansFlow()
```

该流的亮点是在 k_params 中定义的超参数清单。我们生成 10 个独立的聚类,即 10 个独立的 train_kmeans 任务,聚类的数量范围为 5~50。根据计算环境的配置,这 10 个任务都可以并行运行。系统几乎可以完美地伸缩:如果生成一个聚类大约需要两分钟,那么也可在大约两分钟内并行生成 10 个聚类! 可使用以下代码运行流:

```
# python many_kmeans_flow.py --environment=conda run --with batch --with retry
```

默认情况下,Metaflow 将并行运行最多 16 个任务,因此,它将同时向 AWS 批处理提交最多 16 个(在本例中为 10 个)任务。根据你的计算环境,AWS 批处理可能决定在单个实例上同时运行多个容器,也可能决定启动更多实例来处理排队的任务。可使用--max-workers 选项控制并行级别,如 3.2.4 节中所述。

这个示例说明了基于云的计算层(如 AWS 批处理)的好处在于:不仅可以启动更大的实例(如上一节所述),还可以并行启动任意数量的实例。如果没有可伸缩的计算层,你将不得不按顺序执行 K-means 算法,这大约需要 20 分钟,而得益于水平可伸缩性,得出结果只需要 2 分钟。如前一章所述,我们使用--with retry 来处理任何瞬态故障,当并行运行数百个批处理作业时,这些故障必然会发生。

目前，Metaflow 可以处理数千个并发任务，而不会出现问题。考虑到每个任务都可以请求高的@resources，因此你可以在一个工作流中使用数以万计的 CPU 内核和近 1 PB 的 RAM！

检查结果

运行完成后，你将有 10 个不同的聚类可供检查。如 3.3.2 节所述，可使用交互式 Python shell 上的 Metaflow Client API 或笔记检查结果。首先，按如下方式访问最新运行的结果：

```
>>> from metaflow import Flow
>>> run = Flow('ManyKmeansFlow').latest_run
```

由于 Metaflow 持久化了所有运行的结果，因此也可以检查并比较运行之间的结果。

我们在 join 步骤中生成了工件 top，它包含每个聚类的一组方便聚合的 top 词，由超参数值(即聚类的数量)作为关键字。在这里，我们查看了 40 个聚类的 K-means 结果，如下所示：

```
>>> k40 = run.data.top[40]
```

有 40 个聚类可供检查。我们抽查其中几个单词，查看前 5 个单词及其在聚类中出现的频率，如下所示：

```
>>> k40[3][:5]
[('pizza', 696), ('cheese', 134), ('crust', 102), ('sauce', 91), ('slice', 52)]
```

这似乎是关于比萨的评论。下面这条评论似乎是关于酒店的：

```
>>> k40[4][:5]
[('her', 227), ('room', 164), ('hotel', 56), ('told', 45), ('manager', 41)
```

以下这条评论似乎是关于租车的：

```
>>> k40[30][:5]
[('car', 20), ('hertz', 19), ('gold', 14), ('says', 8), ('explain', 7)]
```

默认情况下，K-means 并不能保证结果总是相同。例如，随机初始化会导致每次运行的结果略有不同，因此不要期望看到与此处所示完全相同的结果。作为练习，你可以想出一种具有创造性的方法，在笔记上列出并可视化聚类。

5.3　实施性能优化

到目前为止，我们已了解了可伸缩性的两个主要方面：垂直可伸缩性(使用更大的实例)和水平可伸缩性(使用更多的实例)。值得注意的是，这两种技术都允许我们处理更大的数据集和要求更高的算法，而只需对代码进行最小的更改。从生产力的角度来看，这样的可伸缩性很有吸引力：云让我们可通过更多硬件来解决问题，这样就可以留出人力资源来完成更需要探索的任务。

我们应该在什么情况下使数据科学家手工优化代码？假设你有一个计算成本很高的算法，如模型训练，它被实现为 Python 函数。执行该函数需要 5 个小时。根据算法的实现方式，如果算法不能有效地利用多个 CPU 内核、更多内存或 GPU，则垂直可伸缩性可能没有多大帮助，水平可伸缩性也无济于事。你可以在 100 个并行任务中执行该函数，但执行每个任务仍需 5 个小时，因此此总执行时间仍为 5 个小时。

一个关键问题是，花费 5 个小时执行任务是否重要。也许工作流安排在晚上运行，所以无论运行是 5 个小时还是 2 个小时，都不会有太大的区别——不管怎样，结果都会在早上准备好。然而，如果函数需要每小时运行一次，就会出现问题。用一个需要 5 个小时才能执行的函数来生成每小时的结果是不可能的。

在这种情况下，数据科学家需要花时间重新思考算法，使其性能更高。下一节的一个重点是，性能优化也是一个频谱。数据科学家不必抛弃 Python 实现并用 C++重写算法。他们可以使用许多工具和技术来逐步优化算法，使其达到足够好的性能。

下一节将介绍一个实例，该实例展示了如何逐步优化一个用 Python 实现的简单数字密集型算法，使其性能与复杂的多内核 C++实现相当。正如你所见，一个易于实现的简单优化可以产生 80%的效益。实现最后 20%的性能需要 80%的时间。

**性能
提示**　过早优化是问题的根源所在。在用尽所有其他更简单的选项之前，不要担心性能。如果必须优化性能，要知道何时停止优化。

5.3.1　示例：计算共现矩阵

前面几节使用了一个单词袋矩阵，记录了文档和单词之间的关系。从这个矩阵中，我们可以派生另一个有趣的矩阵：单词共现矩阵。共现矩阵记录了一个单词与任何其他单词出现在同一文档中的频率，这有助于理解单词之间的语义相似性，并且可以快速计算各种单词级别的指标。图 5.7 扩展了前面的单词袋示例，以显示相应的共现矩阵。

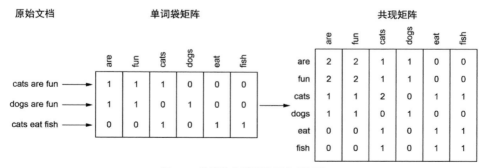

图 5.7　从原始文档到单词共现矩阵

如果一个单词袋矩阵的维数是 N*M，其中 N 是文档的数量，M 是唯一单词的数量，那么相应的共现矩阵的维数为 M*M。至关重要的是，单词袋矩阵包含了构建相应的共现矩阵所需的所有信息。构造共现矩阵的一种简单方法是遍历单词袋矩阵的所有行,针对每一行生成所有单词对,并增加它们在共现矩阵中的计数。

我们可以利用单词袋矩阵是稀疏矩阵这一事实,也就是说,单词袋矩阵不存储任何零条目,这无论如何都不会影响共现矩阵。为了能够设计一个有效的算法来处理数据,我们需在后端查看 scipy.sparse.csr_matrix,其实现了稀疏矩阵。SciPy 中的压缩稀疏行(Compressed Sparse Row, CSR)矩阵由三个密集数组组成,如图 5.8 所示。

(1) indptr 表示 indices 数组中每行的开始和结束位置。这个数组是必不可少的,因为每个文档可以包含不同数量的唯一单词。indptr 数组在末尾包含一个额外的元素,以指示最后一个文档的长度。

(2) indices 表示此行中哪些列(单词)具有非零值。

(3) data 包含每个文档中每个单词出现的频率,与 indices 数组一致。

为了构建共现矩阵,一个单词在文档中出现的次数并不重要。因此,我们的单词袋矩阵可以是二进制矩阵。这样,data 数组就变得多余,因为都是 1。

掌握了这个问题的定义和稀疏矩阵蕴含的数据结构知识后,就可以实现算法的第一个变体,为 Yelp 数据集计算共现矩阵。

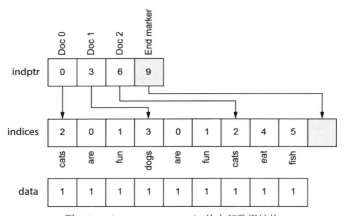

图 5.8   scipy.sparse.csr_matrix 的内部数据结构

变体 1:一个简单的 Python 实现

假设某位数据科学家需要计算共现矩阵,将其作为另一种算法的预处理步骤。也许最简单的方法是直接在文本数据上计算共现,逐个字符串地迭代文档,但这种方法的速度非常慢。我们假设这位数据科学家已使用 scale_data 模块生成了一个单词袋矩阵。这位数据科学家编写了一种算法,通过迭代稀疏矩阵来构造共现矩阵。解决方案可能如下所示。

代码清单 5.7   第一个变体:纯 Python 中的共现

```
def simple_cooc(indptr, indices, cooc):
    for row_idx in range(len(indptr) - 1):          遍历单词袋矩阵
        row = indices[indptr[row_idx]:indptr[row_idx+1]]   的所有行
        row_len = len(row)
```

```
          for i in range(row_len):
              x = row[i]
              cooc[x][x] += 1
              for j in range(i + 1, row_len):
                  y = row[j]
                  cooc[x][y] += 1
                  cooc[y][x] += 1
```
增加矩阵的对角线，其表示单词出现的频率

遍历行中所有非零列(单词)

增加单词对计数，矩阵是对称的

```
  def new_cooc(mtx):
      import numpy as np
      num_words = mtx.shape[1]
      return np.zeros((num_words, num_words), dtype=np.int32)
```
创建新共现矩阵的效用函数

```
  def compute_cooc(mtx, num_cpu):
      cooc = new_cooc(mtx)
      simple_cooc(mtx.indptr, mtx.indices, cooc)
      return cooc
```
创建并填充新共现矩阵的接口函数

将代码清单 5.7 中的代码保存在名为 cooc_plain.py 的单独模块中。我们很快就会了解到，在本例中，确切的文件名很重要。实现很简单，只需要遍历所有行上的所有单词对，并在执行过程中增加目标矩阵中的单词数。除了核心算法 simple_cooc，还包括一个 helper 函数 new_cooc(用于分配正确形态的新共现矩阵)，以及一个 compute_cooc 函数(用于创建和填充矩阵)，我们将使用 compute_cooc 作为模块的入口点。这些函数很快就会发挥作用。

下面创建一个流来测试算法。代码清单 5.8 显示了一个支持可插拔算法的流。我们也可以使用该流来测试除 cooc_plain.py 之外的其他变体。将流保存到 cooc_flow.py。

代码清单 5.8 生成共现矩阵的流

```
from metaflow import FlowSpec, conda_base, step, profile, resources, Parameter
from importlib import import_module

@conda_base(python='3.8.3',
            libraries={'scikit-learn': '0.24.1',
                       'numba': '0.53.1'})
class CoocFlow(FlowSpec):

    algo = Parameter('algo', help='Co-oc Algorithm', default='plain')
    num_cpu = Parameter('num-cpu', help='Number of CPU cores', default=32)
    num_docs = Parameter('num-docs', help='Number of documents', default=1000)

    @resources(memory=4000)
    @step
    def start(self):
        import scale_data
        docs = scale_data.load_yelp_reviews(self.num_docs)
        self.mtx, self.cols = scale_data.make_matrix(docs, binary=True)
        print("matrix size: %dx%d" % self.mtx.shape)
        self.next(self.compute_cooc)

    @resources(cpu=32, memory=64000)
    @step
```
稍后将需要 Numba，因此我们将其作为依赖项

指定要使用的算法变体

start 步骤使用 scale_data，类似于前面的示例

指定 binary=True，这表示我们只需要一个二进制矩阵

生成的结果可能会占用大量内存

```
    def compute_cooc(self):
        module = import_module('cooc_%s' % self.algo)
        with profile('Computing co-occurrences with the %s
         algorithm' % self.algo):
            self.cooc = module.compute_cooc(self.mtx, self.num_cpu)
        self.next(self.end)

    @step
    def end(self):
        pass

if __name__ == '__main__':
    CoocFlow()
```

加载由 algo
参数定义的
可插拔变量

计算共现矩阵

我们已通过前面的示例熟悉了 start 步骤。唯一的区别是我们指定了 binary=True，因为对于共现矩阵，我们不关注文档中单词出现的频率。compute_cooc 支持可插拔算法。我们不硬编码 import 语句，而是根据参数 algo 选择要导入的变量。我们使用 Python 的内置 importlib.import_module，从前缀为字符串 cooc_ 的文件中导入模块。

提示   使用 importlib.import_module 动态加载模块是实现流插件的好方法。通常，DAG 的总
       体结构不会在插件之间发生更改，因此你可以使 DAG 保持静态，但可以随时选择所需
       的功能。

我们先用一小部分数据(1000 个文档)在本地测试流，如下所示：

```
# python cooc_flow.py --environment=conda run --num-docs 1000
```

这会用到我们之前定义的 cooc_plain 模块。执行有 1000 行(文档)和 1148 列(单词)的算法大约需要 5 秒钟，从表面上看这似乎并不太糟糕。

尝试将--num docs 增加到 10 000。现在，执行算法需要 74 秒！你甚至可以尝试用完整的数据集执行它，不过这需要很长时间才能完成。你可以尝试执行--with batch 从而改变@resources，但时间不会影响该算法的性能和可伸缩性。如果所执行的任务是为含有 65 万个文档的完整数据集生成一个共现矩阵，那么这个算法显然行不通。

变体 2：利用高性能库

当基本的 Python 实现变得太慢时，建议尝试使用一个现有的库，因为库中包含相同算法的优化实现。考虑到 Python 数据科学生态系统的广泛性，通常你会发现已有人实现了合适的解决方案。或者，即使不存在完全匹配的解决方案，也可能已有人实现了一个高效的构建块，可以使用它来优化我们的解决方案。

但在我们的例子中，Scikit-Learn 似乎没有提供用于计算共现矩阵的函数，我们忽略了其他地方可能存在合适的实现这一事实。

针对存在的问题，这位数据科学家求助了一位有高性能数值计算经验的同事。这位同事告诉他，cooc_plain 实现的算法是一种有效的矩阵乘法算法。事实证明，基于二进制单词袋矩阵

B 计算共现矩阵 *C* 正好对应于以下矩阵方程：

$$C = B^T B$$

其中 B^T 表示 *B* 的矩阵转置(旋转)。如果将 *M*N* 矩阵与 *N*M* 矩阵相乘，则结果是 *M*M* 矩阵，这正是我们的共现矩阵。实现算法的这个变体非常简单，如代码清单 5.9 所示。

代码清单 5.9　第二个变体：利用线性代数

```
def compute_cooc(mtx, num_cpu):
    return (mtx.T * mtx).todense()
```

将代码清单 5.9 中的代码保存在 cooc_linalg.py 中，用于基于线性代数的变体。由于受到 CoocFlow 中可插拔算法的支持，因此可通过运行以下代码测试此变体：

```
# python cooc_flow.py --environment=conda run --num-docs 10000 --algo linalg
```

测试这个变体在 1.5 秒内完成，而不是 74 秒——加速了 50 倍！该代码比原始 Python 版本更简单、更快，这非常完美。

因为代码执行良好，所以你可以指定--num docs 1000000，继续使用完整的数据集。但由于内存不足，运行可能会失败。可使用垂直伸缩并尝试--with batch，但即使使用 64 GB 的内存，运行也会失败。

这个变体存在的一个问题是，要获取原始矩阵的转置 mtx.T，就要获取完整数据集的副本，这使得必须在内存中存储共现矩阵，内存需求也会被加倍。尽管 cooc_plain 变体的性能不够好，但至少它更节省空间，避免了不必要的副本。

在这种情况下，你可以不断增加内存需求，直到算法成功完成。考虑到该算法的简单性，依赖垂直可伸缩性将是一个很好的解决方案。然而，为了便于讨论，我们假设数据科学家不能依赖最高内存的实例，因而必须继续寻找更优化的变体。

变体 3：使用 Numba 编译 Python

这位数据科学家的同事指出，变体 1 的主要问题在于，它是用 Python 编写的。如果它是用 C++编写的，可能会表现得更好，同时不会像变体 2 那样浪费空间。从技术角度来看，这一观点很合理，但在 Python 项目中包含一段自定义的 C++代码似乎很麻烦，而且我们的数据科学家并不熟悉 C++。

幸运的是，一些库可以将数值 Python 代码编译为机器代码，从而帮助加快编写数值代码，这与 C++编译器的做法类似。Python 最著名的编译器是 Cython(cython.org)和 Numba(numba.pydata.org)。

这些编译器无法使 Python 的任何部分像 C++代码运行得一样快，但它们可用于优化执行数值计算的函数，通常使用 NumPy 数组。换句话说，像 simple_cooc 这样在几个 NumPy 数组上执行循环的函数应该完全属于这些编译器的领域。

代码清单 5.10 展示了如何使用 Numba 实时编译 simple_cooc 函数。将此变体保存到 cooc_numba.py。

```
def compute_cooc(mtx, num_cpu):
    from cooc_plain import simple_cooc, new_cooc
    cooc = new_cooc(mtx)
    from numba import jit
    fast_cooc = jit(nopython=True)(simple_cooc)   使用 Numba 实时编
    fast_cooc(mtx.indptr, mtx.indices, cooc)       译 simple_cooc 函数
    return cooc
```

使用 Numba 的难点在于需要编写一个函数，使得避免使用任何惯用的 Python 结构(如对象和字典)，并避免分配内存。你必须像 simple_cooc 那样关注数组上的简单算术。一旦你成功实现了这一点，使用 Numba 就很容易。如代码清单 5.10 所示，你所要做的就是调用 jit 函数，并将要调用的函数作为实参传递。

结果是给定函数的一个新版本(此处是 fast_cooc)，其通常比原始版本快得多。Numba 将该函数编译为机器代码，这与用 C++编写的版本几乎没有区别。nopython=True 标志表示该函数不使用任何 Python 构造，因此可以避免与 Python 的缓慢兼容层。

按如下方式测试此变体：

```
# python cooc_flow.py --environment=conda run --num-docs 10000 --algo numba
```

这个版本的算法需要 2.7 秒，比运行 1.5 秒的 cooc_linalg 稍慢。该差异是可以理解的，因为 Numba 计时也包括编译时间。值得注意的是，这个版本不占用任何额外空间，能够在 50 秒内处理整个数据集，且性能不会太差！

变体 4：在多个 CPU 内核上并行化算法

尽管变体 3 能够很快地处理整个数据集，但其本质上是一种不可伸缩的算法：添加更多的内存或 CPU 资源不会使其更快或能够拥有更大的矩阵。可以推测，如果算法能够利用可使用 @resources 轻松请求的多个 CPU 内核，就可以更快地得到结果。

注意，这种优化是有代价的：实现比变体 2 和变体 3 更复杂。在确认其正确工作时需要更加小心。对于性能优化，前 20%的工作可以带来 80%的效益。对于大多数用例来说，花时间获取最后的性能并不值得。请基于这个警示的角度来考虑这个变体。

查看 simple_cooc 中的算法，我们可以看到外部循环在输入矩阵的行上进行迭代。我们是否可以划分输入矩阵，以便每个 CPU 内核只处理行的子集(即分片)？一个挑战是，行可能会更新结果矩阵的任何位置，这些位置需要在所有 CPU 内核之间共享。我们希望能避免跨多个工作进程或线程共享可写数据这一难题。

为此，我们可以让每个线程写入共现矩阵的专用副本，最后只需要将其相加。这样做的缺点在于内存开销会再次增加，但与变体 2 相比，我们需要的共现矩阵副本比完整数据集要小。将变体保存在 cooc_multicore.py 中，如代码清单 5.11 所示。

代码清单 5.11　第 4 个变体：使用 Numba 和多个 CPU 内核

```
from concurrent import futures
import math

def compute_cooc_multicore(row_indices, columns, cooc, num_cpu, fast_cooc):
    num_rows = len(row_indices) - 1
    batch_size = math.ceil(num_rows / num_cpu)
    batches = [(cooc.copy(),
                row_indices[i * batch_size:(i+1) * batch_size + 1])
               for i in range(num_cpu)]

    with futures.ThreadPoolExecutor(max_workers=num_cpu) as exe:
        threads = [exe.submit(fast_cooc, row_batch, columns, tmp_cooc)
                   for tmp_cooc, row_batch in batches]
    futures.wait(threads)

    for tmp_cooc, row_batch in batches:
        cooc += tmp_cooc

def compute_cooc(mtx, num_cpu):
    from numba import jit
    from cooc_plain import simple_cooc, new_cooc
    cooc = new_cooc(mtx)
    fast_cooc = jit(nopython=True, nogil=True)(simple_cooc)
    fast_cooc(mtx.indptr, mtx.indices, cooc)
    compute_cooc_multicore(mtx.indptr, mtx.indices, cooc, num_cpu, fast_cooc)
    return cooc
```

将输入矩阵分为 num_cpu 大小相等的分片或批处理，每个分片或批处理都有一个专用输出矩阵

使用线程池，在多个 CPU 内核的 num_cpu 线程上并行处理批处理

等待线程完成

将专用输出矩阵聚合为单个输出矩阵

注意 nogil=True 标志，它允许 Python 以真正并行的方式执行线程

该算法通过将输入矩阵的行划分为 num_cpu 大小相等的分片或批处理来工作。每个批处理都有自己的专用输出矩阵，由 cooc.copy() 创建，所以线程不需要通过锁定或其他方式来协调更新。批处理会被提交给具有 num_cpu 工作线程的线程池。在线程填充共现矩阵的专用子集之后，将结果合并到最终的输出矩阵中。可使用以下代码将此版本与早期版本进行基准测试：

```
# python cooc_flow.py --environment=conda run --num-docs 10000 --algo multicore
```

如果你以前遇到过 Python 中的多线程，可能听说过 Python 中的全局解释器锁(Global Interpreter Lock，GIL)(如果你感兴趣，可以通过链接[7]了解更多信息)。总之，GIL 可以有效地防止执行 Python 代码的多个线程并行运行。然而，GIL 限制不适用于此算法，因为我们使用 Numba 将 Python 代码编译为机器代码，类似于变体 3。因此，从 Python 解释器的角度看，我们执行的不是 Python 代码，而是本地代码，其不受 GIL 的限制。记住，我们只需要在 jit 调用中添加 nogil=True，以提醒 Numba 这一细节。

这个变体是一个很好的例子，说明多内核不是万能的。虽然读取矩阵的行是一个高度并行的问题，不需要线程之间的协调，但写入输出却不是。在本例中，我们的开销是输出矩阵的重复。另一种方法是对输出矩阵应用锁。无论采用哪种方法，每个新线程都会稍微增加成本。因此，添加内核虽然有帮助，但仅限于此，这类似于我们在 4.3.1 节中介绍的 K-means 并行化。图 5.9 说明了这种效果。

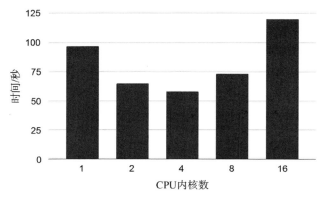

图 5.9　多线程情况下的执行时间与 CPU 内核数

图 5.9 显示，对于完整矩阵的版本，使用 num_cpu=1 运行算法大约需要 100 秒。对于这个数据集，最佳点似乎是 num_cpu=4，这将性能提高约 40%。此外，创建和聚合每个线程输出矩阵的开销超过了在每个线程中处理越来越小的输入分片的好处。

总结变体

本节说明了优化数值密集型算法性能的实际过程，如下所示：

(1) 首先，我们从算法的简单版本开始介绍。

(2) 事实证明，考虑到用例的要求，该算法的性能确实不够好，因此我们评估了是否有一个简单的方法可以通过垂直或水平伸缩性来解决问题。结果表明，这两种方法都无法用简单的算法充分加快执行速度。

(3) 我们评估了现有的优化实现是否可用。我们基于简单的线性代数找到了一种顺利而高效的解决方案。然而，该解决方案的副作用是增加了内存开销，不过这可以通过垂直可伸缩性来解决。如果这是一个真实的用例，那么基于有效性、性能和可维护性的角度，具有垂直可伸缩性(高内存实例)的变体 2 似乎是一个不错的选择。

(4) 为了说明更高级的优化，我们引入了 Numba，Numba 在这个用例中的运行效果良好。然而，默认实现并没有利用多个 CPU 内核。

(5) 最后，我们实现了一个已编译的多内核变体，它的性能应该与优化良好的并行 C++算法类似。不过，我们设法用不到 100 行的 Python 代码完成了操作。

图 5.10 显示了 4 种变体的性能基准。

当数据集足够小(此处为 100 个文档)时，实现没有任何区别。对于 1000 个文档，普通的 Python 实现开始明显变慢，但是严格来说，执行时间可能还可以忍受。在超过 10 000 个文档的情况下，普通版几乎无法使用，因此被排除在大规模基准测试之外。这 3 种高性能变体的性能几乎相同，只有 linalg 变体的内存耗尽，最高规模为 64 GB。多内核变体的复杂性只在完整的数据集中才能有效。图 5.10 概括了本节如下的主要内容。

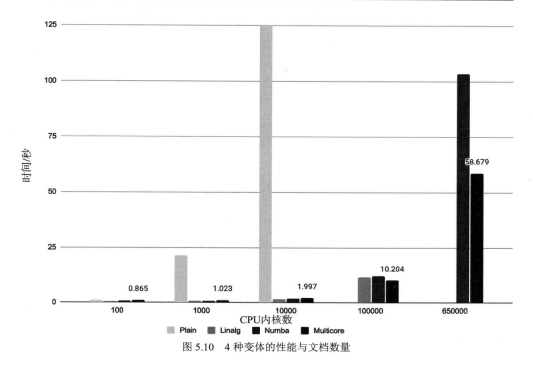

图 5.10   4 种变体的性能与文档数量

- 最初的 plain 实现效率太低，并不实用，需要改进。
- 简要介绍了如何利用现有的高性能库来实现 linalg 解决方案，从而以最小的努力实现巨大的加速。
- 可以实现一个定制的解决方案 multicore。其性能甚至比 linalg 更好，但实现要复杂得多。
- 我们能够用 Python 实现所有解决方案，而不必切换到像 C++这样的高性能但低级的语言。

这些内容适用于许多其他数字密集型 Python 任务。现代 Python 数据科学生态系统为实现高性能算法提供了一个功能强大且多样的工具包。

5.3.2   加快工作流的方法

我们已在多个场景中实践了可伸缩性和性能，下面用一个简单的方法总结本章的主要内容，便于你将其应用到自己的用例中，如下所示：

(1) 从最简单的方法开始。一个简单、明显正确的解决方案为逐步优化奠定了坚实的基础。

(2) 如果你担心该方法不可伸缩，请考虑何时以及如何在实践中达到极限。如果答案是永远不会，或者至少不会很快实现，那么只在必要时增加复杂性。

(3) 使用垂直可伸缩性，使简单版本能够处理真实的输入数据。

(4) 如果初始实现无法利用垂直可伸缩性提供的硬件资源，请使用能做到这一点的现有优化库。

(5) 如果工作流包含高度并行部分且/或数据可以很容易地分片，那么请利用水平可伸缩性实现并行。

(6) 如果工作流仍然太慢，请仔细分析瓶颈所在。思考简单的性能优化是否可以消除瓶颈，也许可以使用 Python 数据科学工具包中的工具。

(7) 如果工作流仍然太慢(这很少见)，请使用可利用分布式算法和专用硬件的专用计算层。

5.4 本章小结

- 建议从一个简单的方法开始，首先优化正确性，而不是性能或可伸缩性。
- 垂直可伸缩性有助于提高数据科学家的生产力：数据科学家可以使用简单易懂的 Python 代码，通过从云端请求更多硬件资源，从而使工作流处理更多数据和要求更高的计算。
- 水平可伸缩性在处理 3 种场景时很有用：高度并行任务、大型数据集和分布式算法。
- 建议将性能优化推迟到绝对必要的时候。在优化性能时，仔细分析瓶颈，寻找可以产生巨大效益的简单优化。
- Python 数据科学生态系统包括大量工具，可以帮助逐步优化性能。特别是可以使用 Scikit-Learn、NumPy 和 Numba 等基础软件包来解决许多问题。
- 可以在单个工作流中轻松地将水平和垂直可伸缩性以及高性能代码耦合起来，以满足自己任务的可伸缩性需求。

第 *6* 章

投入生产

本章内容
- 将工作流部署到高度可伸缩且高度可用的生产调度器
- 建立一个中心化元数据服务来跟踪公司范围内的实验
- 定义具有各种软件依赖性的稳定执行环境
- 利用版本控制，允许多人安全地开发项目的多个版本

到目前为止，我们一直在个人工作站(或计算机)上启动所有工作流。然而，不应在原型开发环境中运行关键业务应用程序。原因有很多：计算机可能会丢失；应用程序难以集中控制和管理；更根本的原因在于，快速的、人类参与的原型开发的需求与生产部署的需求差别较大。

"部署到生产"到底意味着什么？"生产"这个词使用广泛，但很少被精确定义。尽管特定用例可能有自己的定义，但我们发现以下两个特征常见于大多数生产部署：

- **自动化**——生产工作流应在没有任何人员参与的情况下运行。
- **高可用性**——生产工作流不应失败。

生产工作流的主要特点是，应该在无人操作的情况下运行：应该自动启动、执行和输出结果。注意，自动化并不意味着生产工作流孤立工作。生产工作流可以来自某些外部事件的结果，例如新数据变得可用。

生产工作流不应该失败，至少不应该经常失败，因为失败会使其他系统更难依赖应用程序，而修复故障需要缓慢而乏味的人工干预。从技术上讲，不失败和可靠意味着应用程序高度可用。

自动化和高可用性几乎总是生产部署的必要要求，但它们并不是生产部署的所有要求。特定用例可能有额外的要求，例如，低延迟预测、可以处理海量数据集或与特定生产系统的集成。本章讨论如何满足生产部署的通用和特定要求。

如第 2 章所述，原型开发与生产部署的交互是独立但相互交织的活动。原型开发不可能是

自动化的，而且原型显然不是高度可用的，其典型特征是人类的参与。生产部署则相反。

　　我们应该使这两种模式易于转换，因为数据科学项目不总是从原型到最终部署的线性过程。相反，数据科学应用程序应该不断迭代。部署到生产环境应该是一个简单、频繁、不引人注意的事件——软件工程师称之为持续部署。使所有项目都能持续部署很有价值，我们将在本章开始探索这一主题，并在第 8 章继续探索。为了消除常见的误解，我们需要认识到"生产"并不意味着以下内容：

- 并非所有的生产应用程序都处理大量的计算或数据。你的应用程序可以规模很小但对业务至关重要，且不会失败。此外，并非所有生产应用程序都需要表现出高性能。
- 一个应用程序不一定只有一个生产部署。特别是在数据科学中，应用程序通常会并排多个生产部署，例如用于 A/B 测试。
- 生产并不意味着任何特定的技术方法：生产应用程序可以是夜间运行的工作流、提供实时请求的微服务、更新 Excel 表的工作流或用例所需的任何其他方法。
- 投入生产并不一定是一个乏味而引人焦虑的过程。事实上，高效的数据科学基础设施应该使早期版本易于部署到生产环境中，以便在现实环境中观察它们的行为。

　　然而，生产应始终意味着一定程度的稳定性。在本章中，我们将介绍一些久经考验的防御技术，其用于保护生产部署。这些技术建立在前面章节介绍的技术基础之上。鲁棒、可伸缩的计算层是生产准备的关键要素。

　　从基本原理开始，6.1 节介绍了如何在个人工作站之外以鲁棒的方式执行工作流，而不需要任何人工干预。这是基础设施堆栈中作业调度器层的主要关注点，如图 6.1 所示。

　　之后，我们的重点是保持工作流的执行环境尽可能稳定，这将由堆栈中的版本控制层来完成。许多生产故障的发生不是因为应用程序本身失败，而是因为其环境发生了更改。第 4 章介绍的@retry 等技术可处理源于用户代码的故障，而 6.2 节展示了如何防止因用户代码周围的软件环境发生更改而导致的故障。

　　6.3 节的重点是预防人为错误和事故。我们需要在被隔离且版本控制的环境中执行生产工作流，这样数据科学家就可以不断尝试新版本，

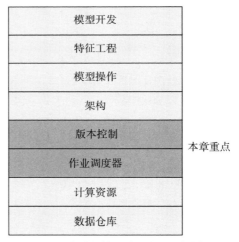

图 6.1　高效的数据科学基础设施堆栈

而不必担心会干扰生产部署。最理想的情况是，你可以让一个实习生创建一个生产应用程序的版本，并将其与主版本并行部署，因为你知道实习生不能做任何事情来破坏现有版本，即使是偶然的也不行。

　　你不需要将本章中介绍的所有技术应用于每个项目。防御性功能会使应用程序更加鲁棒，因此会降低原型开发速度，并且会使部署和测试新的生产版本变得更困难，从而影响整体生产

效率。

你可以在本地工作站上快速创建项目原型，将早期版本部署到生产环境中(如 6.1 节所述)，并在风险增加时应用 6.2 节和 6.3 节中介绍的技术。换句话说，随着项目不断成熟，你可以逐步强化项目以防失败。

难免要在原型开发和生产的需求之间进行权衡。高效的数据科学基础设施的中心目标是在两种模式之间达成平衡。图 6.2 说明了项目成熟过程中的典型权衡。

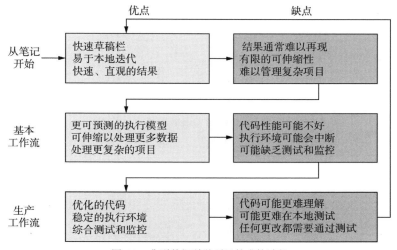

图 6.2 典型数据科学项目的成熟过程

在项目成熟过程的每个阶段，你都需要解决一系列新的问题。随着时间的推移，项目会变得更加鲁棒，灵活性也随之丧失。项目的新版本可以从头开始，逐步改进生产版本。

本书的前几章已介绍了"基本工作流"阶段。本章将介绍下一级的生产准备。到本章结束时，你掌握的知识将足以应付 Netflix 和其他大型公司的一些最关键业务 ML 应用程序。你可以通过链接[1]找到本章的所有代码清单。

6.1 稳定的工作流调度

Harper 带 Alex 参观了公司新的纸杯蛋糕生产设施。受到 Alex 的原型前景大好的鼓舞，Harper 想开始使用机器学习来优化设施的操作。Harper 提醒 Alex，纸杯蛋糕生产线的任何意外中断都会直接影响公司的收入，因此，希望 Alex 的模型能够完美运行。听到这些后，Bowie 建议他们应该在比 Alex 的计算机更鲁棒的环境中开始安排训练和优化工作流。

本节回答了一个简单的问题：如何在没有人为干预的情况下可靠地执行工作流？到目前为止，我们一直是在命令行上执行工作流，命令如下：

```
# python kmeans_flow.py run
```

键入命令需要人工干预，因此对于应该自动运行的生产部署来说，这不是一个好方法。此外，如果在执行命令时关闭终端，工作流就会崩溃，并不是高度可用的。注意，开发用例原型时，run 命令提供了非常快速的迭代，堪称完美。

在第 2 章中，我们讨论了生产级工作流调度器或编排器，它们用于完成任务。图 6.3 提醒我们作业调度层的作用：作业调度器只需要遍历工作流的各个步骤，即决定如何编排 DAG 并将每个任务发送到计算层，由计算层决定在哪里执行。重要的是，无论是作业调度器还是计算层，都不需要关注执行的是什么，这一点将在后文介绍。

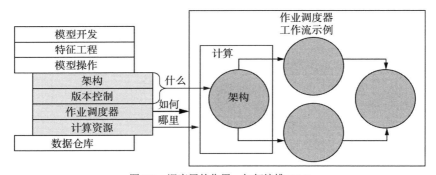

图 6.3　调度层的作用：如何编排 DAG

尽管遍历 DAG 听起来并不难，但请记住，我们谈论的是生产用例：编排器可能需要处理具有成千上万个任务的大型工作流，可能有数千个这样的工作流同时执行，编排器应该能够顺利处理过多的失败场景，包括编排器本身执行的数据中心。此外，编排器必须能够在各种情况下(例如当新数据到达时)触发工作流执行，并且应该提供人机工程学界面以进行监视和警报。总而言之，构建这样一个系统是一个非常重要的工程挑战，因此，明智的做法是依靠现有的最可用系统和服务来完成这项工作。我们已在第 2 章列出了一些合适的选项。

这也是 Metaflow 采用的方法。Metaflow 包括一个本地调度器，其支持 run 命令，足够用于原型开发。对于生产用例，你可以将 Metaflow 工作流部署到几个不同的生产调度器上，而不必更改代码中的任何内容。我们将使用一个这样的调度器 AWS Step Functions 来说明本节中的想法。注意，一般来说，本节的讨论并非专门针对 AWS Step Functions，也可将该模式应用于其他作业调度器。

　　但在开始生产调度之前，我们必须注意另一个细节：在云中编排工作流时，不能依赖本地存储的元数据，因此我们需要一个中心化服务来跟踪所有运行的执行元数据。

6.1.1　中心化元数据

　　在第 3 章中，我们讨论了跟踪实验这一概念，即跟踪执行及其结果。这个术语不太准确。我们要跟踪的不仅有实验，还有生产执行情况。因此，我们倾向于使用通用术语元数据(metadata)来指代所有记账活动。图 6.4 显示了元数据跟踪在任务执行中的作用。

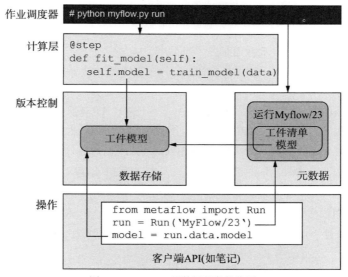

图 6.4　Metaflow 元数据服务的作用

　　在顶部，我们有一个遍历 DAG 的作业调度器。该图以 Metaflow 本地调度器为例，但作业调度器也可以是生产调度器，如 AWS Step Functions。调度器将任务发送到执行用户代码的计算层。用户代码生成存储在数据存储中的结果或工件(如图中的 self.model)，如第 3 章所述。

　　另一方面，元数据服务跟踪所有已启动的运行和任务。此外，当工件被写入数据存储时，元数据服务会记录工件在数据存储中的位置。至关重要的是，元数据不会记录数据本身，因为它已在数据存储中。这允许我们保持元数据服务相对轻量级，它只用于记账，而不用于大规模数据或计算。

　　存储数据和元数据后，可以从外部系统进行查询。例如，如前几章所述，我们可以使用 Metaflow Client API 在笔记中查询运行及其结果。Client API 与元数据服务进行对话以确定哪些运行可用，并与数据存储对话以访问其结果。

　　大多数现代数据科学框架和 ML 基础设施都为中心化元数据跟踪提供了服务。例如，MLflow(见链接[2])提供跟踪服务器，Kubeflow(见链接[3])附带一个内置的中心化仪表板，用于存储和显示已执行的所有执行。

默认情况下，Metaflow 跟踪本地文件中的元数据。这对于小规模的个人原型开发已经足够，但对于更重要的用例，则应该建立一个基于云的中心化元数据服务。中心化元数据跟踪具有以下优点：

- 需要元数据服务才能使用生产调度器，因为基于云的调度器没有"本地文件"的概念。
- 可以在任何位置执行运行，无论是在原型开发还是在生产中，并且可以确保元数据始终在一个地方被跟踪。
- 中心化元数据支持协作，因为所有用户都可以发现和访问任何人发起的过去运行的结果。有关这一点的更多信息，请参见 6.3 节。
- 基于云的服务更稳定：所有元数据都可存储在一个能复制和定期备份的数据库中。

为 Metaflow 设置中心化元数据服务

在撰写本书时，Metaflow 提供的元数据服务是一个典型的容器化微服务，它使用 Amazon 关系数据库服务(Relational Database Service，RDS)来存储元数据。例如，可以在 AWS Elastic Container Service(ECS)或 Elastic Kubernetes Service(EKS)上部署该服务。

部署服务的最简单方法是使用 Metaflow 提供的 CloudFormation 模板，相关内容可参照 Metaflow 的安装说明(见链接[4])。使用 CloudFormation 模板的另一个好处是，CloudFormation 还可以设置 AWS Step Functions，我们将在下一节中使用这一函数。

设置并配置 Metaflow 元数据服务后，可以像往常一样使用 Client API 访问结果——面向用户的 API 中没有任何更改。你可以通过运行以下代码来确保 Metaflow 正在使用的是元数据服务而不是本地文件：

```
# metaflow status
```

如果服务配置正确，应该可以看到如下输出：

```
# Using Metadata provider at:
➥ https://x3kbc0qyc2.execute-api.us-east-1.amazonaws.com/api/
```

可以通过使用 run 命令执行任何流来测试服务是否正常工作。注意，在使用服务时，运行和任务 ID 要短得多(例如，HelloFlow/2 与 HelloFlow/1624840556112887)。本地模式使用时间戳作为 ID，而服务生成全局唯一的短 ID。

如果你不确定 Client API 使用什么元数据服务，可使用 get_metadata 函数找到它。你可以在笔记中执行如下命令：

```
from metaflow import get_metadata
print(get_metadata())
```

如果服务使用正确，应该会看到如下输出：

```
service@https://x3kbc0qyc2.execute-api.us-east-1.amazonaws.com/api/
```

Metaflow 将其配置存储在用户主目录的~/.metaflowconfig/中。如果你的组织中有许多数据科学家，最好与他们共享同一组配置文件，这样他们就可以从一致的基础设施中受益，并通过共享的元数据服务和数据存储进行编排。另一方面，如果你需要维护组织之间的边界，例如，为了治理数据，则可设置多个独立的元数据服务。还可通过使用单独的 S3 存储桶来定义不同数据存储之间的硬安全边界。

将 Metaflow 配置为使用基于 S3 的数据存储和中心化元数据之后，为了排除故障等，有时可能需要使用本地数据存储和元数据来测试某些内容。你可以按如下方式执行此操作：

```
# python myflow.py --datastore=local --metadata=local run
```

这些选项指示 Metaflow 回滚到本地数据存储和元数据，而不管默认配置如何。

6.1.2　使用 AWS Step Functions 和 Metaflow

AWS 步骤函数(SFN)是一个高度可用、可伸缩的工作流编排器(作业调度器)，由 AWS 作为云服务提供。尽管有许多其他现有的工作流编排器可用，但与其他选择相比，SFN 具有许多吸引人的功能，如下所述：

- 与 AWS 批处理类似，SFN 是一个完全托管的服务。在操作者看来，该服务实际上是免维护的。
- AWS 可以有效使服务具有高可用性和可伸缩性。尽管许多其他方法声称也具有这些特征，但事实并非如此。
- 与内部运营类似服务的所有成本相比，运营的总成本可能非常具有竞争力，尤其是保持系统运行不需要员工来完成。
- SFN 与其他 AWS 服务无缝集成。

说到 SFN 的缺点，在撰写本书时，如果没有像 Metaflow 这样的库使用其基于 JSON 的原生语法，手动定义 SFN 的工作流则非常困难，而且 GUI 有点笨拙。此外，SFN 存在一些限制，限制了工作流的最大大小，这一限制可能会影响具有宽 foreach 的工作流。

下面介绍如何将 SFN 应用于实践。首先，确保已按照 Metaflow 文档中的说明将 Step Functions 集成部署到 Metaflow。最简单的方法是使用提供的 CloudFormation 模板(完成设置)和元数据服务。接下来，我们定义一个简单的流以测试 SFN，如代码清单 6.1 所示。

代码清单 6.1　测试 Step Functions 的简单流

```
from metaflow import FlowSpec, Parameter, step

class SFNTestFlow(FlowSpec):

    num = Parameter('num',
                    help="Give a number",
                    default=1)

    @step
    def start(self):
        print("The number defined as a parameter is", self.num)
```

```
        self.next(self.end)

    @step
    def end(self):
        print('done!')

if __name__ == '__main__':
    SFNTestFlow()
```

将代码保存到 sfntest.py，并确保该文件在本地运行：

```
# python sfntest.py run
```

接下来，将工作流部署到生产中！你只需要执行如下命令：

```
# python sfntest.py step-functions create
```

如果一切顺利，应该会看到如下输出：

```
Deploying SFNTestFlow to AWS Step Functions…
It seems this is the first time you are deploying SFNTestFlow to AWS Step
    Functions.

A new production token generated.
The namespace of this production flow is
    production:sfntestflow-0-xjke

To analyze results of this production flow add this line in your notebooks:
    namespace("production:sfntestflow-0-xjke")
If you want to authorize other people to deploy new versions of this flow to
    AWS Step Functions, they need to call
    step-functions create --authorize sfntestflow-0-xjke
when deploying this flow to AWS Step Functions for the first time.
See "Organizing Results" at https://docs.metaflow.org/ for more information
    about production tokens.

Workflow SFNTestFlow pushed to AWS Step Functions successfully.
What will trigger execution of the workflow:
    No triggers defined. You need to launch this workflow manually.
```

我们现在不必担心大部分的输出。我们将在 6.3 节深入研究生产令牌。不过，值得注意的是最后一行：在当前形式下，工作流不会自动启动，需要手动启动或触发。

运行 step-functions create 时究竟发生了什么？Metaflow 在后端做了大量工作，如图 6.5 所示。执行以下操作序列：

(1) Metaflow 将当前工作目录中的所有 Python 代码打包并上传到数据存储(S3)，以便远程执行。下一节将详细介绍这一点。

(2) Metaflow 解析了工作流 DAG，并将其转换为 SFN 能够理解的语法。换句话说，它将你的本地 Metaflow 工作流转换为真正的 SFN 工作流。

(3) Metaflow 多次调用 AWS API，将转换后的工作流部署到云端。

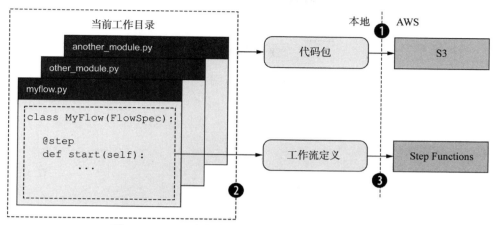

图 6.5　Metaflow 如何将工作流部署到 AWS Step Functions

　　值得注意的是,用户不需要更改代码中的任何内容,就可以将其部署到云上。这是 Metaflow 的一个重要功能:在将代码部署到生产环境之前,可使用自己选择的计算层(如 AWS 批处理)在本地测试代码。这与在生产中运行的代码完全相同,因此你可以确信,如果代码在本地测试期间能够工作,那么在生产中也能够工作。更重要的是,如果工作流在生产中失败,你可以在本地复制并修复问题,只需要运行 step-functions create 就可以将固定版本部署到生产中。6.3 节将详细介绍这一内容。

生产力 提示	当涉及与生产部署交互时(在第 2 章讨论过),需要使在本地创建原型的工作流在生产中工作,并且使所做的更改最小,反之亦然。在将代码部署到生产环境之前,这样做将易于在本地测试代码,并且当任务在生产环境中失败时,可以在本地重现这些问题。

　　在运行工作流之前,我们先登录 AWS 控制台,查看工作流在 SFN 端的外观。导航到 AWS 控制台上的 Step Functions 用户界面。你应该会看到一个工作流清单,如图 6.6 所示。

Step Functions > State machines											
State machines (25)						C	View details	Edit	Copy to new	Delete	Create state machine
Q Search for state machines				Any type ▼							< 1 > ⚙
Name	▼	Type	Creation date ▼	Status	Logs	Running	Succeeded	Failed	Timed out	Aborted
○ SFNTestFlow		Standard	Jun 27, 2021 09:43:06.771 PM	Active	-	0	0	0	0	0

图 6.6　AWS Step Functions 控制台上的工作流(状态机)清单

　　图 6.6 所示的视图为你提供了当前正在执行、成功和失败运行的概览。当单击运行的名称时,将看到图 6.7 所示的视图。

　　该图中并未显示有意义的结果,因为工作流还没有执行。尽管"Start execution"(开始执行)按钮听起来很方便,但实际上有更好的方法来开始工作流的运行。如果你单击该按钮,SFN 将要求你指定一个 JSON,该 JSON 应包含流的参数,对其手动操作有些复杂。但我们可以在命令行上触发执行，命令如下所示：

```
python sfntest.py step-functions trigger
```

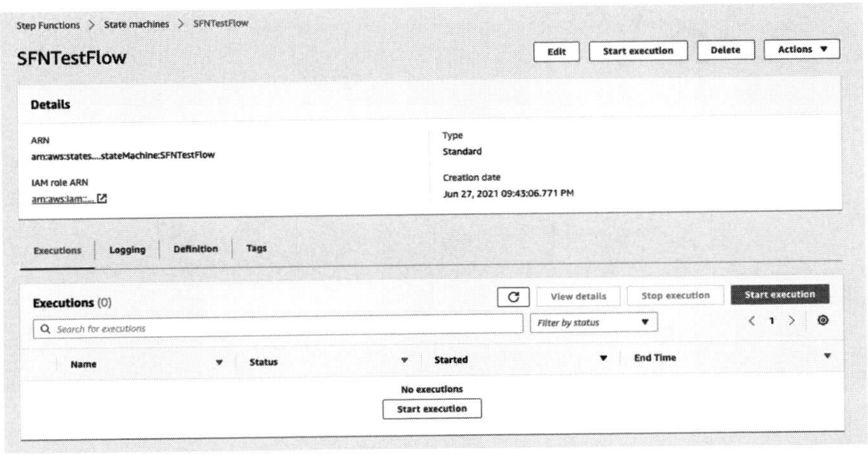

图 6.7　在 AWS Step Functions 控制台上的工作流

你应该会看到如下输出：

```
Workflow SFNTestFlow triggered on AWS Step Functions
➡ (run-id sfn-344c543e-e4d2-4d06-9d93-c673d6d9e167
```

在 SFN 上执行流时，Metaflow 运行 ID 与 SFN 运行 ID 相对应，而不是 Metaflove 添加的 sfn 前缀，因此很容易知道 Metaflow 运行映射到哪些 SFN 执行。

trigger 命令与 run 命令相似，因为它们都执行工作流。但 trigger 命令使工作流在 SFN 上执行，而不是在本地执行。你甚至可以关闭计算机，运行会在 SFN 上继续运行，而不在本地执行。事实上，SFN 支持执行长达一年的工作流！使你的计算机长时间不间断地运行很容易引起麻烦。

现在，如果刷新工作流清单，应该会看到一个新的执行。如果单击它，将进入图 6.8 所示的运行视图。

注意左上角的 ID 与 trigger 输出的 ID 匹配。运行视图可视化了工作流的 DAG，这非常方便。DAG 实时更新，显示正在执行的步骤。如果单击 DAG 中的一个步骤，右侧面板上会出现一个资源链接，该链接将你带到 AWS 批处理控制台，其中显示了与执行任务相对应的 AWS 批处理作业。在 AWS 批处理控制台上，你可以单击 Log Stream 链接查看任务的实时输出。你可以使用熟悉的 logs 命令(将 ID 替换为 trigger 输出的 ID)，更轻松地查看日志：

```
python sfntest.py logs sfn-344c543e-e4d2-4d06-9d93-c673d6d9e167/start
```

所有 Metaflow 命令和 Client API 都在本地运行中工作，并在 SFN 上运行执行，只是它们的 ID 格式不同。

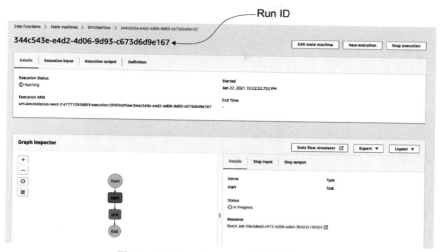

图 6.8　AWS Step Functions 控制台上的运行

如下所示，我们可以使用自定义参数值触发另一个执行

```
python sfntest.py step-functions trigger --num 2021
```

生成一个新的运行 ID，如

```
Workflow SFNTestFlow triggered on AWS Step Functions
➥ (run-id sfn-838650b2-4182-4802-9b1e-420bb726f7bd)
```

可使用以下命令检查触发运行的工件，以此来确认参数更改已生效：

```
python sfntest.py dump sfn-838650b2-4182-4802-9b1e-420bb726f7bd/start
```

或者通过检查 start 步骤的日志来确认。注意，可以通过执行以下命令在命令行上列出 SFN
运行：

```
python sfntest.py step-functions list-runs
```

因此，可以在不登录 SFN 控制台的情况下触发和发现运行并检查日志和工件。

总结一下刚刚学到的内容：

(1) 定义了一个正常的 Metaflow 工作流，可以像以前一样在本地进行测试。

(2) 使用了一个 step-functions create 命令，将工作流部署到云中高度可用、可伸缩的生产
调度器 AWS Step Functions 中。

(3) 使用 step-functions trigger(或者使用自定义参数)触发了生产运行。即使你关闭计算机，
工作流也会继续运行。

(4) 在 SFN 提供的 GUI 上实时监控工作流的执行。

(5) 使用熟悉的 CLI 命令检查了生产运行的日志和结果。

整个过程的简单性可能会让该过程看起来微不足道。然而，能够轻松地将工作流部署到生
产调度器中，对于数据科学家来说是一种超能力！得益于 SFN，使用这种方法可以产生高度可

用的工作流。不过，由于我们是使用 trigger 手动启动工作流，因此设置尚未完全自动化。在下一节中，我们将解决这个问题。

6.1.3 使用@schedule 调度运行

生产流应在没有任何人为干预的情况下执行。如果你有一个具有许多相互依赖的工作流的复杂环境，建议你基于事件以编程方式触发工作流，例如，当输入数据更新时，就重新训练模型。本节重点介绍一种更简单、更常见的方法：部署工作流以按预定计划运行。

Metaflow 提供了一个流级别的装饰器@schedule，允许你为工作流定义执行计划。请参见代码清单 6.2 中的示例。

代码清单 6.2　带有@schedule 的流

```
from metaflow import FlowSpec, Parameter, step, schedule

@schedule(daily=True)          ←  使得每到午夜自
class DailySFNTestFlow(FlowSpec):    动触发工作流

    num = Parameter('num',
                    help="Give a number",
                    default=1)

    @step
    def start(self):
        print("The number defined as a parameter is", self.num)
        self.next(self.end)

    @step
    def end(self):
        print('done!')

if __name__ == '__main__':
    DailySFNTestFlow()
```

将代码保存在 dailysfntest.py 中。此处，我们使用@schedule(daily=True)注释流来定义一个简单的日程表。这将使工作流在 UTC 时区的午夜时开始运行。在本地运行流时，@schedule 没有任何作用。当你执行以下操作时，它将发挥作用：

```
python dailysfntest.py step-functions create
```

就是这样！工作流现在将每天自动运行一次。你可以在 SFN 用户界面上观察过去执行的运行 ID，或者使用前面描述的 step-functions list-runs。

注意，你不能更改计划运行的参数值，所有参数都被指定了 default 值。如果需要动态地参数化工作流，可使用任意的 Python 代码来完成，如在 start 步骤中所示。

除了每天运行工作流，还要提供以下速记装饰器：

- @schedule(weekly=True)——在周日午夜运行工作流
- @schedule(hourly=True) ——每小时运行工作流

或者，可使用 cron 属性自定义计划。例如，下面这个表达式每天上午 10 点运行工作流：
@schedule(cron='0 10**? *')。你可以访问链接[5]，了解 cron 计划的相关信息及语法。

现在，我们已学习了如何在没有人工监督的情况下计划流的执行，这涵盖了生产部署的自动化要求。接下来，我们将关注高可用性，即如何在不断更改的环境中保持部署的鲁棒性。

6.2　鲁棒的执行环境

Alex 对与 Bowie 一起建立的现代基础设施堆栈很满意。这一堆栈使公司的所有数据科学家能在本地开发工作流，并将其轻松部署到云中强大的生产调度器中。Alex 选择度假犒劳自己。期间，Alex 收到一个通知，警告说一个已经完美运行了几周的生产工作流昨晚因不明原因崩溃了。当 Alex 调查此事时，发现工作流总是会安装最新版本的 TensorFlow。而就在昨天，TensorFlow 发布了一个与生产工作流不兼容的新版本。为什么这些事情似乎总是在假期发生？

实际上，所有数据科学和机器学习工作流使用的都是第三方库。事实上，几乎可以肯定的是，工作流中的绝大多数代码行都在这些库中。在开发过程中，可使用不同的数据集和参数化来测试库，以确信库的特定版本能够正确运行，但是当发布新版本时会发生什么情况呢？大多数现代机器学习和数据科学库的发展都很迅速。

这个问题不只是针对于数据科学。几十年来，软件工程师一直在努力解决依赖管理问题。用于开发和发布软件库的最佳实践有很多。例如，大多数行为良好的库在更改其公共 API 时都很小心，这会破坏使用该库的应用程序。

库的公共 API 应该提供一个明确的关联。假设你的库提供函数 requests.get(url)，该函数通过 HTTP 获取给定的 URL，并以字节字符串的形式返回内容。只要阅读该函数的简短描述，就可以清楚地知道该函数应该如何运行。与此相比，机器学习库为 K-means 聚类提供了以下 API：KMeans(k).fit(data)。关联要宽松得多：库可以在不改变 API 的情况下更改聚类的初始化方式、使用的优化算法、数据的处理方式以及将实现分布在多个 CPU 或 GPU 内核上的方式。所有这些更改可能会微妙地改变库的行为，并无意间导致副作用。

宽松的API关联和数据科学的统计性质使数据科学工作流的依赖管理问题比软件工程师所面临的问题更为棘手。例如，假设机器学习库包含一个名为 train() 的方法。该方法可以在内部以多种不同的方式实现随机梯度下降等技术，每种方式都有其优缺点。如果实现因库版本的不同而不同，那么尽管从技术上讲，train() API 保持不变，但仍可能会对生成的模型产生重大影响。软件工程中的故障通常很明显，可能是返回类型已更改，也可能是函数引发了新的异常，导致程序崩溃并显示详细的错误消息。然而，在数据科学中，你可能只会得到一个稍微偏离的结果分布，而不会出现任何失败，甚至很难注意到某些内容已更改。

当你对一个新应用程序进行原型开发时，可以灵活地使用任何库的最新版本，这很方便。在原型开发过程中，没有人依赖于工作流的输出，因此快速的更改是可以接受的，也是可以预测的。然而，当你在生产中部署工作流时，需要更加注意依赖项。你不想在休假期间收到有关生产流意外故障的通知(如可怜的 Alex)，也不想面对难以调试的问题，比如为什么结果看起来与以前有细微的区别。为了避免出现任何意外，你希望生产部署尽可能在鲁棒的环境中执行，这样没有你的明确行动和批准，就不会发生任何更改。

执行环境

我们所说的执行环境是指什么？考虑我们之前执行的 Metaflow 工作流，例如我们在上一章开发的 KMeansFlow。当通过执行 python kmeans_flow.py run 来运行工作流时，执行的入口点是 kmeans_flow.py，但需要存在许多其他模块和库才能成功执行流，这共同构成了 kmeans_flow.py 的执行环境，如图 6.9 所示。

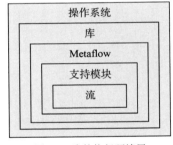

图 6.9   流的执行环境层

图的中间是流 kmeans_flow.py。流可以使用用户定义的支持模块，如 scale_data.py，其中包含用于加载数据的函数。要执行流，你需要 Metaflow，它本身就是一个库。此外，你还有所有其他第三方库，如我们在 K-means 示例中使用的 Scikit-Learn。最终，整个包在操作系统上执行。

要为生产部署提供稳定的执行环境，我们可以冻结图 6.9 所示所有层的不可变快照。注意，这包括所有可传递的依赖项，即其他库本身使用的所有库。通过这样做，可以确保新的库版本不会对部署产生意外影响。你可以控制升级库的方式和时间。

建议   为了尽量减少意外，最好冻结生产部署中的所有代码，包括工作流本身及其所有依赖项。

从技术上讲，有很多方法可以实现此类快照。一种常见的方法是使用 Docker 等工具将图 6.9 所示的所有层打包到容器镜像中。我们在 6.2.3 节中讨论了这种方法。Metaflow 提供了内置功能，负责捕捉层，我们将在下一节中讨论相关内容。为了使讨论更加有趣和具体，我们借助于一个实际的数据科学应用程序：时间序列预测。

示例：时间序列预测

无数应用程序都涉及时间序列预测，即在给定历史数据的情况下预测未来的数据点。许多预测技术和许多现有的软件包都包括这些技术的有效实现。这样的软件包是我们希望在数据科学工作流中包含的软件库的典型示例,因此我们使用预测应用程序来说明与依赖管理和稳定执行环境相关的概念。在下面的示例中,我们将使用一个名为 Sktime(sktime.org)的库。

因为我们刚刚学会如何安排工作流自动运行,所以我们选择了一个需要频繁更新的应用程序:天气预报。但我们并非深入研究气象学,只是在给定位置的一系列过去温度的情况下,提供未来几天的每小时温度预报。当然,这是一种不太明智的预测天气的方法,但温度数据很容易获得,我们可以很容易地实现该应用程序。

我们将使用名为 OpenWeatherMap(openweathermap.org)的服务来获取天气数据。要使用该服务,需要在该网站上注册一个免费账号。注册后,你将收到一个专用应用程序 ID 令牌,你可以在以下示例中输入该令牌。我们需要的令牌是如下所示的字符串:6e5db45abe65e3110be635abf9bdac5。

完成天气预报示例后,作为练习,可以将天气数据集替换为另一个实时时间序列(如股票价格)。

6.2.1　Metaflow 包如何流动

在第 4 章中,我们学习了如何通过执行 run-with batch 在云中执行工作流。Metaflow 以某种方式将你在本地工作站(可能是计算机)上编写的代码带到数百英里或数千英里外的云数据中心执行。值得注意的是,因为 Metaflow 将用户代码及其支持模块自动打包在一个代码包中,所以你不必做任何事情或以任何特定的方式保存或打包代码。

默认情况下,代码包包括流模块、当前工作目录及其子目录中的任何其他 Python(.py)文件以及 Metaflow 库本身。这对应于图 6.10 中突出显示的层。

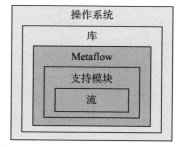

图 6.10　Metaflow 代码包中包含的内容

为了了解实践效果,我们首先为天气预报应用程序创建一个支持模块。代码清单 6.3 所示的模块从 OpenWeatherMap 获取给定位置过去五天的温度时间序列。

代码清单 6.3　获取温度时间序列的效用模块

返回历史天气数据的
API 端点

```
from datetime import datetime, timedelta

HISTORY_API = 'https://api.openweathermap.org/data/2.5/onecall/timemachine'

def get_historical_weather_data(appid, lat, lon):    ← 返回过去五天的温度
    import pandas as pd                                 时间序列
    import requests          ┐ 在函数内部
                             │ 导入以避免
    now = datetime.utcnow()  ┘ 模块级依赖
    data = []
    index = []
```

```
for ago in range(5, 0, -1):
    tstamp = int((now - timedelta(days=ago)).timestamp())
    params = {'lat': lat, 'lon': lon, 'dt': tstamp,
              'appid': appid, 'units': 'imperial'}
    reply = requests.get(HISTORY_API, params=params).json()
    for hour in reply['hourly']:
        data.append(hour['temp'])
        index.append(datetime.utcfromtimestamp(hour['dt']))
return pd.Series(data=data,
                 index=pd.DatetimeIndex(index, freq='infer'))

def series_to_list(series):
    index = map(lambda x: x.isoformat(), series.index)
    return list(zip(index, series))
```

按时间顺序请求过去五天的数据

准备并向 OpenWeatherMap 发送请求

构建每小时温度的时间序列

将 pandas 时间序列转换为元组清单

将代码保存到 openweatherdata.py。该模块包含两个函数：一个 get_historical_weather_data 函数(返回过去五天的温度时间序列)和一个效用函数 series_to_list(将 pandas 时间序列转换为元组清单)。

get_historical_weather_data 函数带有 3 个参数：你的专用 appid(可以通过在 OpenWeatherMap 上注册获得)，以及你想要用于获取天气数据的位置的纬度(lat)和经度(lon)。

该函数展示了一个重要的约定：与在模块顶部执行所有导入语句的典型 Python 约定相反，我们在函数体内导入了所有第三方模块，即不在 Python 标准库中的模块，如函数体中的 pandas 和 Requests。这使得任何人即使是没有安装这两个库，也可以导入模块。另外，也可以使用该模块的某些函数，而不必安装每个依赖项。

> **约定** 如果你认为支持模块可以在许多不同的环境中使用，那么最好在使用库的函数体中导入任何第三方库，而不是在文件的顶部导入。这样，不必安装模块所有函数所需的所有依赖项，就可以导入模块。

OpenWeatherMap API 在请求中返回一天的每小时数据，因此我们需要一个循环来检索过去五天的数据。对于每一天，服务都返回一个 JSON 对象，其中包含一个以华氏度为单位的每小时温度数组。如果你喜欢摄氏度，请将 units 从 imperial 更改为 metric。我们将每日数组转换为单个 pandas 时间序列，该时间序列由每小时的 datetime 对象进行键值。这种格式便于绘制和使用数据进行预测。

series_to_list 函数只获取由 get_historical_weather_data 生成的 pandas 时间序列，并将其转换为 Python 元组清单。稍后我们将再次讨论该函数的动机。

有一个单独模块的好处在于，你可以轻松进行测试，而不依赖于任何流。打开笔记或 Python shell 并尝试以下操作：

```
from openweatherdata import get_historical_weather_data
APPID = 'my-private-token'
LAT = 37.7749
```

```
LON = 122.4194
get_historical_weather_data(APPID, LAT, LON)
```

你可以将 LAT 和 LON 替换为旧金山以外的位置。用私有令牌替换 APPID。如果一切顺利，
应该会看到一个温度清单。注意，需要安装 pandas 才能实现这一点。如果没有安装，也不要担
心，很快就能看到结果！

接下来，我们可以开始开发用于预测的实际流。按照我们为流开发的螺旋式方法，我们不
用担心预测模型，只需要插入 openweatherdata.py 提供的输入和一些输出。与前两章相同，我
们将使用@conda 来包含外部库，下一节将对此展开详细介绍。代码清单 6.4 包含 ForecastFlow
的第一次迭代。

代码清单 6.4 ForecastFlow 的第一个版本

使用 openweatherdata 模块在
start 步骤中加载输入数据

```
from metaflow import FlowSpec, step, Parameter, conda

class ForecastFlow(FlowSpec):

    appid = Parameter('appid', required=True)
    location = Parameter('location', default='36.1699,115.1398')

    @conda(python='3.8.10', libraries={'sktime': '0.6.1'})
    @step
    def start(self):
        from openweatherdata import get_historical_weather_data,
        ➥ series_to_list
        lat, lon = map(float, self.location.split(','))
        self.pd_past5days = get_historical_weather_data(self.appid, lat, lon)
        self.past5days = series_to_list(self.pd_past5days)
        self.next(self.plot)

    @conda(python='3.8.10', libraries={'sktime': '0.6.1',
                                        'seaborn': '0.11.1'})
    @step
    def plot(self):
        from sktime.utils.plotting import plot_series
        from io import BytesIO
        buf = BytesIO()
        fig, _ = plot_series(self.pd_past5days, labels=['past5days'])
        fig.savefig(buf)
        self.plot = buf.getvalue()
        self.next(self.end)

    @conda(python='3.8.10')
    @step
    def end(self):
        pass

if __name__ == '__main__':
    ForecastFlow()
```

将 pandas 数据
序列保存在一
个工件中

将数据序列的
Python 版本保
存在另一个工
件中

这是我们的
输出步骤，
绘制了时间
序列

将绘图存储在
一个工件中

绘制时间序
列并将其保
存在内存缓
冲区中

将代码清单保存到 forecast1.py 中。要运行该代码清单，需要按照附录中的说明安装 Conda。

start 步骤负责获取输入数据，并将其托管给我们在代码清单 6.3 中创建的支持模块 openweatherdata.py。值得注意的是，start 步骤创建了两个工件：一个是 pd_past5days，它包含过去五天的 pandas 温度时间序列；另一个是 past5days，它包含转换为 Python 清单的相同数据。注意，pandas 依赖项是 Seaborn 包的传递依赖项，因此不必显式指定。

你可能想知道，以两种不同的格式将相同的数据存储两次有什么意义。同样是因为依赖项：例如，要使用 Client API 读取 pd_past5days，在笔记中，需要安装 pandas—— 一个特定版本的 pandas。相比之下，除了 Python，你可以在没有任何依赖项的情况下读取 past5days。我们只能存储 past5day，但流的其他步骤需要 pandas 版本。@conda 装饰器确保有正确的 pandas 版本可用。

> **建议**　你应该更喜欢将工件存储为内置的 Python 类型，而不是依赖于第三方库的对象，因为本机 Python 类型在没有外部依赖项的不同环境中都可读。如果需要在流中使用复杂对象，请将可共享的 Python 版本和对象版本存储为单独的工件。

尝试执行以下流：

```
python forecast1.py --environment=conda run --appid my-private-token
```

用你的个人 OpenWeatherMap 令牌替换 my-private-token。第一次运行流需要几分钟的时间，因为需要初始化 Conda 环境。后续的运行速度应该会更快。

运行完成后，你可以打开笔记并实例化与刚刚完成的运行相对应的 run 对象。通过执行以下命令可以看到温度图：

```
From metaflow import Run
from IPython.display import Image
run = Run('ForecastFlow/16242950734051543')
Image(data=run.data.plot)
```

将运行 ID 替换为运行中的实际 ID。图 6.11 显示了结果。如果五天内你没有改变--location，结果就为拉斯维加斯每小时的温度图。在本示例中，可以看到昼夜之间温度变化的清晰模式。你的时间序列看起来可能会有所不同，因为天气不是恒定的。

你可以用一条语句来显示图表，这突出了关于依赖管理的另一个重要细节：有时，在 Metaflow 中生成图像比在笔记中更有效。尽管也可以在笔记中使用 pd_past5days 调用 plot_series，但这需要在笔记内核中安装并提供 pandas、Sktime 和 Seaborn 软件包。即使你安装了它们，但你的同事也可能没有安装。

plot 步骤演示了如何在 Metaflow 中生成和存储图像。许多可视化库(如 Matplotlib)允许渲染绘图并将其保存在内存缓冲区(buf)中。然后，你可以将缓冲区(即图像文件)中的字节保存在 Metaflow 工件(此处为 self.plot)中，以便 Client API 能够轻松检索到它。

```
In [59]:   from metaflow import Run
           from IPython.display import Image

In [60]:   r = Run('ForecastFlow/1624950734051543')

In [61]:   Image(data=r.data.plot)

Out[61]:
```

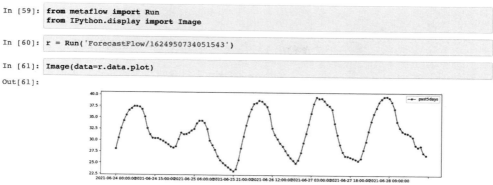

图 6.11　拉斯维加斯每小时温度的时间序列

建议　如果多个利益相关者可轻松访问的绘图能够为你的流带来好处，请考虑将其生成并保存在 Metaflow 步骤中，而不是保存在笔记中。这样，利益相关者就不需要安装任何额外的依赖项就可以查看图像。

这种在 Metaflow 中生成绘图的模式对于生产部署特别有用，因为你已确定了哪些绘图有助于监控流，并且能够广泛共享这些绘图非常有用。相比之下，在原型开发过程中，在笔记中快速设计和迭代可视化可能更容易。

Metaflow 代码包

现在我们有了一个工作流，可以回到本节的原始问题：Metaflow 代码包中包含了什么，它是如何构建的？

可以通过执行 package list 命令来查看代码包的内容：

```
python forecast1.py --environment=conda package list
```

注意，需要使用 @conda 装饰器为应用于流的所有命令(包括 package list)指定 --environment=conda。还可以设置环境变量 METAFLOW_environment=conda，以避免显式设置该选项。

你应该会看到一个长的文件列表。请注意有关该列表的以下两点：

(1) 默认情况下，Metaflow 包括以.py 后缀结尾的所有文件，即当前工作目录及其作业包子目录中的 Python 源文件。这使你能轻松地在项目中使用自定义模块和 Python 包，只需要将它们包含在同一工作目录中。

(2) Metaflow 在作业包中包含 Metaflow 本身，这允许你在云中使用通用容器镜像，因为它们不需要预先安装 Metaflow。此外，它还保证你在本地看到的结果与在云中得到的结果相匹配。

有时，你可能希望在代码包中包含 Python 以外的文件。例如，数据处理步骤可以执行存储在单独.sql 文件中的 SQL 语句，你的代码也可能会调用自定义二进制文件。通过使用-package-suffixes 选项，可以在作业包中包含任何文件。考虑一个具有以下目录结构的假想项目：

```
mylibrary/__init__.py
mylibrary/database.py
mylibrary/preprocess.py
sql/input_data.sql
myflow.py
```

此处的 mylibrary 是一个 Python 包(如果不熟悉 Python 包，请参见链接[6])，它包含两个模块：database 和 preprocess。包允许你将多个相互关联的模块分组为一个库。只需要编写以下命令，就可以在步骤代码中使用自定义包：

```
from mylibrary import preprocess
```

即使在 myflow.py 中执行一个假想流

```
python myflow.py run --batch
```

或者将其部署到 Step Functions，这样做也非常有用。因为 Metaflow 会递归地将所有 Python 文件打包到作业包中。但是，要在代码包中包括 input_data.sql，则需要执行

```
python myflow.py --package-suffixes .sql run --batch
```

该命令指示 Metaflow 在代码包中除了包括.py 文件还包括所有.sql 文件。要访问代码中的 SQL 文件，可以像平常一样打开该文件，如下所示：

```
open('sql/input_data.sql')
```

注意，应该始终使用相对路径而不是绝对路径(任何以斜杠开头的路径)，如 /Users/ville/arc/sql/input_data.sql，因为绝对路径在你的个人工作站之外不起作用。

从技术上讲，也可以在代码包中包含任意数据文件。但顾名思义，代码包应该只用于可执行代码。最好将数据作为受益于重复数据消除和延迟加载的数据工件来处理。可使用第 3 章介绍的 IncludeFile 构造在运行中耦合任意数据文件，这对于小数据集而言是一个很好的解决方案。下一章将进一步介绍如何管理大型数据集。

6.2.2　为什么依赖管理很重要

在上一节中，我们了解了 Metaflow 如何将本地 Python 文件自动打包到一个代码包中，该代码包可以发送到不同的计算层(如 AWS 批处理)以便执行。就稳定的执行环境而言，我们介绍了"洋葱"的 3 个最内层，如图 6.12 所示，但代码包没有解决第三方库的问题。

为什么不能在代码包中也包含库？最重要的是，现代 ML 库往往非常复杂，大部分是用 C++等编译语言实现的。与简单的 Python 包相比，它们有更复杂的需求。特别是，实际上

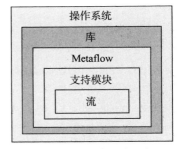

图 6.12　关注执行环境的库层

所有的库都依赖于许多其他库，因此"库"层不仅包括直接导入的库，如 TensorFlow，还包括 TensorFlow 内部使用的所有库(数十个)。

我们将库使用的这些库称为传递依赖项。要确定需要包含在任务执行环境中的全套库，必须标识所有库及其传递依赖项。确定这种依赖项图的操作通常被称为依赖项解析，这是一个非常重要的问题。

你可能会想，这不是一个已解决的问题吗？毕竟，你可以 pip install tensorflow，而且通常都会起作用。请考虑你可能面临的以下两个问题：

(1) **冲突**——安装的库越多，要安装的库的依赖项图越有可能与现有库冲突，并且越有可能安装失败。例如，许多 ML 库(如 Scikit Learn 和 TensorFlow)需要特定版本的 NumPy 库，因此与错误版本的 NumPy 相关的冲突很常见。

这样的问题可能很难调试和解决。一种常见的解决方案是，公司中有人仔细维护一组相互兼容的包，这是一项乏味的工作。更糟糕的是，它限制了迭代的速度。每个人都必须使用一组共同的库，所以不同的项目不能独立做出选择。

另一种限制依赖项图的大小从而最小化冲突可能性的常见解决方案是使用虚拟环境(请访问链接[7])。可使用虚拟环境创建和管理独立的库集。这是一个很好的概念，但手动管理许多虚拟环境也可能很乏味。

(2) **再现性**——pip install(或 conda install)默认从零开始执行依赖项解析。这意味着每次运行时，你可能会得到一组不同的库，如 pip install tensorflow。即使你需要特定版本的 TensorFlow，它的传递依赖项也可能随着时间的推移而演变。如果你想重现过去执行的结果，例如一个月前发生的运行，那么实际上可能无法确定用于生成结果的库的确切集合。

注意，默认情况下，虚拟环境不会帮助解决这个再现性问题，因为 pip install tensorflow 在虚拟环境中同样不可预测。为了获得稳定的执行环境，需要冻结整个虚拟环境。

第一个问题中，你无法轻松使用最新库，因此会影响原型开发。第二个问题中，生产部署可能会由于库中的意外更改而失败，因此会影响生产。这些问题对每一个基础设施都是普遍存在的，不是 Metaflow 或任何其他技术方法所特有的。

依赖管理容器

如今，对于依赖管理最常见的解决方案是使用容器镜像。正如第 4 章中简要讨论的那样，容器镜像可以封装图 6.12 中的所有层，包括操作系统，然而操作系统内核往往在许多容器之间共享。操作系统的内核通常是指与硬件交互的操作系统的内核。

从依赖管理的角度来看，容器镜像的原理类似虚拟环境，具有相似的优点和缺点：它们可以帮助划分依赖项图以避免冲突。缺点是，你需要一个系统，例如，带有容器注册表的持续集成和部署(Continuous Integration and Deployment，CI/CD)设置，来创建和管理多个镜像。大多数公司只管理可用于生产的少量镜像，以减少复杂性。

此外，尽管在同一镜像上执行相同的代码保证了高水平的再现性，但产生可再现镜像需要运用其他方法。如果你只是在镜像规范(如 Dockerfile)中使用 pip install tensorflow，那么只是将再现性问题推向了更深一层。

Metaflow 适用于基于容器的依赖管理。假设你有一种创建镜像的机制，可以创建一个包含需要的所有库的镜像，并使 Metaflow 的代码包在基本镜像上实时覆盖用户代码。这种解决方案非常可靠，特别是对于生产部署而言。

原型开发的一个挑战在于，在本地创建和使用容器有些困难。为了解决这一缺点，Metaflow 提供了对 Conda 包管理器的内置支持，将简单的原型开发经验与鲁棒的生产环境相耦合。

依赖管理的实用方法

可以采用分层方法进行依赖管理，以平衡快速原型开发周期和稳定生产的需求。做法如下：

- 在流模块中定义 DAG 和简单步骤。对于简单的流程和原型，这可能是你所需要的全部。你可以依赖本地安装的任何库。
- 为逻辑相关的函数集创建单独的支持模块。一个单独的模块可以在流之间共享，可以在 Metaflow 外部使用，例如在笔记中。单独的模块也可以进行测试，例如，使用 PyTest(pytest.org)等标准单元测试框架。
- 使用 Python 包创建由多个模块组成的自定义库。只要包与主流模块位于同一目录层次结构中，它就会自动包含在代码包中。
- 使用@conda 管理第三方库。
- 如果你有@conda 无法处理的复杂依赖管理需求且/或你的公司有创建容器镜像的有效设置，请将它们用作@conda 的替代或补充。

这些层可以很好地协同工作：一个复杂的项目可以由许多流组成，这些流可以共享许多模块和包。它们可以在特定于公司的基础映像上运行，并使用@conda 在其上渲染特定于项目的依赖项。

6.2.3　使用@conda 装饰器

Conda(见链接[8])是一个开源软件包管理器，广泛用于 Python 数据科学和机器学习生态系统。尽管 Conda 本身并不能解决所有的依赖管理问题，但它是一个有用的工具，可以解决前面描述的问题。Metaflow 提供了与 Conda 的内置集成，原因如下：

- Conda 生态系统包含大量 ML 和数据科学库。
- Conda 通过提供内置虚拟环境和鲁棒的依赖项解析器来帮助解决冲突问题。稍后将介绍 Conda 帮助我们通过冻结环境来解决再现性问题。
- Conda 不仅处理 Python 依赖项，还处理系统库。这是一个重要功能，尤其是对于数据科学库而言，因为它们包含许多已编译组件和非 Python 传递依赖项。另外，Conda 将 Python 解释器本身作为依赖项处理，因此可使用不同版本的 Python。

为了了解 Metaflow 如何在实践中使用 Conda 解决依赖管理问题，下面回到我们的预测示例。代码清单 6.5 包含一个框架流，获取并绘制了输入数据，即过去 5 天的温度数据。我们将添加执行实际预测的步骤"forecast"来扩展此代码中的流。

代码清单 6.5　带有预测步骤的 ForecastFlow

```
from metaflow import FlowSpec, step, Parameter, conda, schedule

@schedule(daily=True)          ◄─── 计划每天运行的预测        用实际的 OpenWeatherData
class ForecastFlow(FlowSpec):                                API 令牌替换默认值
    appid = Parameter('appid', default='your-private-token')  ◄───
    location = Parameter('location', default='36.1699,115.1398')

    @conda(python='3.8.10', libraries={'sktime': '0.6.1'})    start 步骤与之前
    @step                                                     完全相同
    def start(self):  ◄───
        from openweatherdata import get_historical_weather_data,
        ➥ series_to_list
        lat, lon = map(float, self.location.split(','))
        self.pd_past5days = get_historical_weather_data(self.appid, lat, lon)
        self.past5days = series_to_list(self.pd_past5days)
        self.next(self.forecast)

    @conda(python='3.8.10', libraries={'sktime': '0.6.1'})
    @step
    def forecast(self):
        from openweatherdata import series_to_list
        from sktime.forecasting.theta import ThetaForecaster
        import numpy
        forecaster = ThetaForecaster(sp=48)
        forecaster.fit(self.pd_past5days)
        self.pd_predictions = forecaster.predict(numpy.arange(1, 48))
        self.predictions = series_to_list(self.pd_predictions)
        self.next(self.plot)

    @conda(python='3.8.10', libraries={'sktime': '0.6.1',
                                        'seaborn': '0.11.1'})
    @step
    def plot(self):
        from sktime.utils.plotting import plot_series
        from io import BytesIO
        buf = BytesIO()
        fig, _ = plot_series(self.pd_past5days,
                            self.pd_predictions,
                            labels=['past5days', 'predictions'])
        fig.savefig(buf)
        self.plot = buf.getvalue()
        self.next(self.end)

    @step
    def end(self):
        pass

if __name__ == '__main__':
    ForecastFlow()
```

将预测保存在简单的 Python 清单中，以便于访问

创建一个预测器，通过查看过去 48 小时的历史数据，从而预测未来 48 小时的温度情况

绘制历史数据和预测

将代码保存到 forecast2.py 中。注意，我们添加了 @schedule 装饰器，以便流可以在生产调度器，即 Step Functions 上自动运行。这要求你在 appid 参数中包含个人 OpenWeatherMap API

令牌作为默认值,因为不能为计划运行指定自定义参数值。

在该流中,forecast 步骤是新内容,令人兴奋。forecast 步骤使用一种特殊的时间序列预测方法,称为 Theta 方法,其由 ThetaForecaster 类在 Sktime 中实现。你可以访问链接[9]了解有关该方法的更多细节。该方法涉及季节性,对我们的温度预测应用程序很有用。从图 6.13可以明显看出,至少在沙漠城市拉斯维加斯,气温遵循昼夜循环模式。我们使用过去 48 小时的历史数据来预测未来 48 小时的气温情况。注意,我们将预测数据存储在一个易于访问的纯Python 工件 predictions 中,以及本章前面讨论的 pandas 时间序列 pd_predictions 中。我们在 plot步骤中共同绘制预测与历史数据。现在你可以运行以下命令

```
python forecast2.py --environment=conda run
```

像以前一样,我们可以使用笔记绘制结果,如图 6.13 所示。

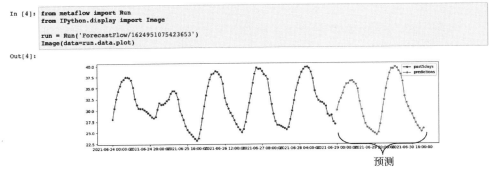

图 6.13   拉斯维加斯每小时温度预测

对于这个特定的时间序列,仅看图 6.13,预测似乎是可信的。作为练习,你可以测试不同位置的不同方法和参数化。为了使练习更加真实,可使用 OpenWeather Map API 来获取基于真实气象的真实预测,并通过编程将你的预测与他们的预测进行比较。此外,还可以基于较旧的历史数据,通过对历史数据的预测情况来反向测试预测。

Conda 软件包

在迄今为止的所有示例中,我们只为每个@conda 装饰器提供了一个预定义的 libraries 清单。首先,如何找到可用的库版本?

Conda 有清单的概念,对应于不同的包供应商。Conda 背后的原始公司 Anaconda 为 Conda维护默认清单。另一个常见的清单是 Conda Forge,这是一个社区维护的 Conda 包仓库。也可以建立一个自定义的私人 Conda 清单。

要查找包和可用版本,可以在命令行上使用 conda search 命令,也可以访问链接[10]来查找包(注意,.org 是社区网站,而.com 是指公司)。

本书讨论的主题不是关于时间序列预测,而是关于基础设施,所以将重点讨论@conda 装

饰器的工作原理。在开始运行之后、执行任何任务之前，@conda 会执行以下操作序列：

(1) 遍历流的每个步骤，并确定需要创建哪些虚拟环境。Python 版本和库的每一种独特组合都需要一个独立的环境。

(2) 如果在本地找到具有正确 Python 版本和库的现有环境，则可以直接使用该环境而不必进行任何更改。这就是后续执行比第一次执行更快的原因。

(3) 如果找不到现有环境，则使用 Conda 执行依赖项解析，以解析需要安装的所有库，包括传递依赖项。

(4) 将安装的库上传到数据存储(如 S3)中，以确保所有任务都可快速可靠地访问它们。快速的互联网连接或使用基于云的工作站有助于加快这一步。

这个序列确保每个步骤都有一个稳定的执行环境，其中包括所有请求的库。考虑到依赖管理的问题，注意我们在此做了以下工作：

- 通过使用最小的小环境(每个步骤都有一个单独的虚拟环境)来最小化依赖冲突的可能性。手动维护这种粒度的环境是非常不可行的，但 Metaflow 会自动为我们处理。
- 依赖项解析只执行一次，以减少开发过程中出现意外的可能性。
- 依赖项清单由代码本身声明，因此如果使用 Git 存储工作流，则版本信息由 Metaflow 和 Git 存储在版本控制系统中。这确保了良好的再现性，因为你和你的同事显式声明了再现结果所需的依赖项。

不安全的步骤

注意，当使用-environment=conda 时，所有步骤都在独立的 conda 环境中执行，即使它们没有指定显式的@conda 装饰器也是如此。例如，代码清单 6.5 中的 end 步骤是在没有额外库的基本环境中执行的，因为它没有指定任何库要求。不能导入@conda 中未显式列出的任何库(在 Metaflow 本身之外)。这是一个特性，而不是一个漏洞，它确保了步骤不会意外地依赖于代码中未声明的库，这是确保再现性的一个关键特性。

但在某些特殊情况下，可能需要混合使用隔离步骤与"不安全"步骤。例如，你的工作站或底层容器镜像可能包含无法与 Conda 一起安装的库。你可以通过添加装饰器@conda(disabled=True)来声明步骤不安全，这会使该步骤像未使用 conda 一样执行。注意，这样做会否定 Conda 的许多好处，尤其是在涉及后面讨论的生产部署时。

云中的@conda 装饰器

值得注意的是，你可以在云中运行完全相同的代码，如下所示：

```
python forecast2.py --environment=conda run --with batch
```

当使用基于云的计算层(如 AWS 批处理)运行时，执行序列与前面列出的操作序列相同。然而，Metaflow 需要执行一些额外的工作才能在容器中动态地重建虚拟环境。以下是任务执行前云中发生的情况：

(1) 计算层启动预配置的容器镜像。值得注意的是，容器镜像不需要包括 Metaflow、用户代码或其依赖项。Metaflow 将执行环境覆盖在镜像的顶部。

(2) 代码包包括需要安装的库的确切清单。注意，依赖项解析不会再次运行，因此所有任务都保证具有完全相同的环境。如果在步骤代码中运行 pip install some_package，则不会出现这种情况。任务可能会以稍微不同的执行环境结束，从而导致难以调试的故障。

(3) Metaflow 从其缓存的数据存储中提取所需的库。这一点至关重要，原因有两点。首先，假设运行一个宽的 foreach，并行运行数百个实例。如果所有这些文件都并行地到达上游包仓库，那么这将相当于分布式拒绝服务攻击，包仓库可以拒绝向如此多的并行客户端提供文件。其次，包仓库有时会删除或更改文件，可能导致任务再次以难以调试的方式失败。

这些步骤保证了可使用你喜欢的库快速并在本地进行原型开发，这些库可以特定于每个项目，并且你可以在云中大规模地执行相同的代码，而不必担心执行环境。

我们可以利用相同的机制实现鲁棒的生产部署。将预测流部署到生产中来测试这个想法，如下所示：

```
python forecast2.py --environment=conda step-functions create
```

与 run 命令类似，step-functions create 命令在生产部署之前执行依赖项解析的 4 个步骤。因此，可以保证生产部署与流代码中的任何更改(得益于代码包)、依赖项中的更改(归功于 @conda)以及包仓库中的临时错误(得益于数据存储中的包缓存)相隔离。总之，可以保证拥有稳定的执行环境。

恭喜你刚刚将一个真正的数据科学应用程序部署到生产中！可使用 Step Functions 用户界面来观察日常运行。作为练习，你可以创建一个笔记，在单个视图中绘制每日预测。

包含 @conda_base 的流级别依赖项

注意，代码清单 6.5 包含以下与 start 和 forecast 步骤相同的依赖项：

```
@conda(python='3.8.10', libraries={'sktime': '0.6.1'})
```

plot 步骤只有一个附加库。随着步骤数量的增加，在每个步骤中添加相同的依赖项可能显得多余。为此，Metaflow 提供了一个流级别的 @conda_base 装饰器，用于指定所有步骤共享的属性。可以使用步骤级别的 @conda 指定任何特定于步骤的添加。代码清单 6.6 显示了采用这种方法的 ForecastFlow 的替代版本。函数体与代码清单 6.5 中的相同，为了简洁起见，此处省略了该函数体。

代码清单 6.6　演示 @conda_base

```
@schedule(daily=True)
@conda_base(python='3.8.10', libraries={'sktime': '0.6.1'})   ◄──┐  使用 @conda_base
class ForecastFlow(FlowSpec):                                     定义通用的 Python
                                                                 版本和库
    @step
    def start(self):
        ...

    @step
    def forecast(self):
```

```
    ...

@conda(libraries={'seaborn': '0.11.1'})
@step
def plot(self):
    ...

@step
def end(self):
    ...
```

使用步骤级别的
@conda 将步骤级
别添加到公共库

我们对依赖管理的探讨到此结束。我们将在第 9 章使用并扩展这些知识，第 9 章介绍了一个使用可插拔依赖项的实际机器学习应用程序。接下来，我们将讨论生产部署的另一个重要元素——偶发故障的常见来源：人类。

6.3　稳定运行

实习生 Finley 今年夏天加入公司。Finley 在贝叶斯统计学方面有很深厚的理论背景。Alex 建议，他们可以组织一场有趣的内部竞赛，将 Finley 创建的贝叶斯模型与 Alex 想要构建的神经网络模型的性能进行比较。最初，Alex 非常高兴地看到神经网络模型在基准测试中表现更佳。然而，当验证最终结果时，他们注意到 Alex 的预测工作流意外地使用了 Finley 的模型，因此，事实上，Finley 是赢家。如果 Alex 在组织实验时更加小心，就可以花更多时间完善模型，而不会被错误的结果误导。

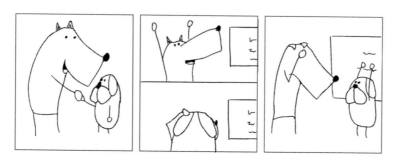

假设你是初次将工作流部署到生产调度器，如前几节所述。对于大多数项目来说，这只是开始，而不是结束。开发工作流的数据科学家越来越注重在生产中操作工作流。因此，数据科学家身负两种职责：第一，保持生产工作流不间断地运行；第二，继续开发工作流以改进结果。

一个挑战是，这两种职责的目标截然相反：生产工作流需要尽可能稳定，而原型开发可能需要项目发生巨大更改。解决这一困境的关键是要明确隔离生产工作流与原型开发，这样无论原型开发环境中发生了什么，都不会影响生产，反之亦然。

在一个更大的项目中，你可能不只有一个原型版本和一个生产版本。而数据科学家团队可以同时研究各种原型。为了测试实验版本，可将它们部署在类似生产的环境中与生产版本并行运行。总之，你可以在不同的成熟度级别同时运行任意数量的项目版本。项目的所有版本必须相互隔离，以确保结果不受任何干扰。

为了使这个想法更具体，假设有一个数据科学应用程序(如一个推荐系统)，数据科学家团队持续开发这一程序。该团队的任务是通过实验漏斗推动实验来改进系统，如图 6.14 所示。

图 6.14   实验漏斗

在漏斗的顶端，团队有几十乃至几百个如何改进系统的想法。团队成员可以在他们的本地工作站上进行原型开发并测试一些优先想法。原型的初步结果有助于确定哪些想法值得进一步开发，因为并非所有想法都能存留。

一旦你有了一个功能齐全的实验工作流(或一组工作流)，通常会希望在实时生产环境中进行 A/B 实验，将新版本与当前生产版本进行比较。这要求你有两个或多个并行运行的测试部署。一段时间后，你可以分析结果以确定是否应将新版本升级为新的生产版本。

版本控制层

版本控制层有助于组织、隔离和跟踪所有版本，从而可以管理在实验漏斗的不同级别上存在的数百个并发版本和项目。就我们的基础设施堆栈而言，版本控制层有助于确定执行的代码版本，如图 6.15 所示。

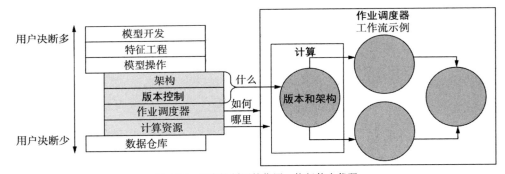

图 6.15   版本控制层的作用：执行什么代码

自然，数据科学家需要首先编写代码，即工作流的实际业务逻辑。这是(软件)架构层的一个问题，我们将在第 8 章讨论。业务逻辑难以抽象和概括，因为业务逻辑往往特定于每个项目和用例，所以我们希望数据科学家在开发时能够行使充分的自由和责任。因此，我们可以将架构层放在基础设施堆栈的顶部，其中对基础设施的约束应该较小。

相比之下，基础设施在版本控制方面可能会更加严格，保持事物组织有序以及版本的清晰解耦不是个人偏好的问题，而是组织的要求。对于每个人来说，使用相同的版本控制方法来促进协作、避免冲突(就像 Alex 和 Finley 之前的场景)是非常有益的，这也是基础设施提供内置版本控制层的另一个原因。

我们可以自上而下地总结图 6.15 中突出显示的层的作用，如下所示：

(1) 数据科学家设计并开发业务逻辑，即工作流的架构(架构层)。

(2) 基础设施有助于管理业务逻辑的多个并发原型和部署版本(版本控制层)，以促进实验漏斗。架构和版本控制层共同决定了执行什么代码。

(3) 一个鲁棒的生产调度器(作业调度器层)，如 AWS Step Functions，确定了如何以及何时执行特定的工作流 DAG。

(4) 最后，计算层负责找到可执行工作流的每个任务的服务器实例。

如前所述，解耦"什么、如何和在哪里"的主要好处是帮助我们独立设计每个子系统。本节展示了 Metaflow 提供的版本控制层的参考实现，但可使用另一个框架或方法来实现相同的目标：构建并运行一个实验漏斗，允许数据科学家团队无缝地迭代和测试各种版本的应用程序。

构建漏斗不存在正确的方法。我们为你提供了一套工具和知识，可帮助你设计和定制适合特定需求的版本控制和部署方法。例如，许多公司已开发了自己的定制封装脚本或 CI/CD(持续集成/持续部署)流程，稍后我们将介绍其中的机制。本节将首先介绍原型开发过程中的版本控制，然后介绍如何实现安全隔离的生产部署。

6.3.1　原型开发期间的命名空间

考虑一下 Alex 和 Finley 在本节开头所经历的场景：他们都在为同一个项目制作备选工作流的原型。意外的是，Alex 分析了 Finley 的结果，而不是自己的结果。这突出了在原型开发过程中保持组织有序的必要性：每个原型都应该与其他原型明显隔离。

Metaflow 拥有命名空间的概念，有助于保持运行和工件的有序性。我们用代码清单 6.7 显示的简单工作流来说明这一点。

代码清单 6.7　一个显示命名空间的流

```
from metaflow import FlowSpec, step, get_namespace

class NamespaceFlow(FlowSpec):

    @step
    def start(self):
        print('my namespace is', get_namespace())    ← 打印当前命名空间
        self.next(self.end)

    @step
    def end(self):
        pass
```

```
if __name__ == '__main__':
    NamespaceFlow()
```

将代码保存在 namespaceflow.py 中，并照常执行：

```
python namespaceflow.py run
```

你应该会看到一个提及你的用户名的输出，例如：

```
[1625945750782199/start/1 (pid 68133)] my namespace is user:ville
```

现在打开一个 Python 解释器或笔记，并执行以下代码行：

```
from metaflow import Flow
Flow('NamespaceFlow').latest_run
```

这将打印用户命名空间中最近一次运行的运行 ID。在前面的示例中，会显示以下内容：

```
Run('NamespaceFlow/1625945750782199')
```

注意，运行 ID 1625945750782199 与最近执行的运行相匹配。还可以执行 get_namespace()
以确认命名空间确实与流使用的命名空间相同。

为了显示 latest-run 如预期一样工作，我们再次运行流，如下所示：

```
python namespaceflow.py run
```

现在运行 ID 为 1625946102336634。如果你再次测试 latest_run，应该会看到此 ID。

接下来，我们测试多个用户一起工作时命名空间的工作方式。执行以下命令，模拟另一个
用户(otheruser)并发运行流：

```
USER=otheruser python namespaceflow.py run
```

注意，在现实生活中不应该显式设置 USER。该变量由工作站自动设置。在此显式地设置
它，只是为了演示 Metaflow 在多个用户面前的行为。

本次运行的 ID 为 1625947446325543，命名空间为 user:otheruser。图 6.16 总结了每个命名
空间中的执行。

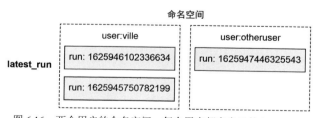

图 6.16   两个用户的命名空间，每个用户都有自己的 latest_run

现在，如果你再次检查 latest_run，将看到它仍然返回 1625946102336634，即 Ville 的最新
运行，而不是 otheruser 执行的绝对最新运行 ID。因为 Client API 会遵从当前默认的命名空间：
它不会返回所有用户的 latest_run，而是返回最近的运行。

内置命名空间避免了像 Alex 和 Finley 所面临的情况：如果你的笔记使用 latest_run，但因为你的同事执行了流，导致笔记显示不同的结果，这会混淆结果。对于这种情况，可以通过保持元数据和工件的命名空间避免这种意外。

除了 latest_run，还可以通过其 ID 引用任何特定的运行，例如：

```
from metaflow import Run
Run('NamespaceFlow/1625945750782199')
```

该特定运行位于当前命名空间中，因此上面的操作将起作用。但是，请尝试以下操作：

```
from metaflow import Run
Run('NamespaceFlow/1625947446325543')
```

这将产生以下异常

```
metaflow.exception.MetaflowNamespaceMismatch: Object not in namespace
➥ 'user:ville'
```

因为请求的流不在当前命名空间中，而是属于 otheruser。这种行为可以确保不会意外地(例如，输入了错误的运行 ID)引用他人的结果。

> 提示　默认情况下，Client API 允许你仅检查生成的运行和工件。其他用户所做的操作不会影响 Client API 返回的结果，除非显式切换命名空间。特别要注意，像 latest_run 这样的相对引用是安全的，因为它引用的是当前命名空间中的最新运行，因此其返回值不会被意外更改。

切换命名空间

命名空间并不是一个安全的特性。它们本质上不隐藏信息，只是帮助保持信息的有序性。你可以通过切换命名空间来检查任何其他用户的结果。例如，尝试以下操作：

```
from metaflow import Run, namespace
namespace('user:otheruser')
Run('NamespaceFlow/1625947446325543')
```

使用 namespace 函数切换到另一个命名空间。在调用 namespace 之后，Client API 会访问新命名空间下的对象。因此，可以访问其他用户 1625947446325543 的运行。相应地，

```
from metaflow import Flow
namespace('user:otheruser')
Flow('NamespaceFlow').latest_run
```

会返回 1625947446325543。正如你所料，在这个命名空间中，当访问 Ville 的运行时，会收到一个错误。

namespace 调用是一种在笔记等环境中切换命名空间的便捷方式。但是，Client API 也可用于在流内访问来自其他流的数据。例如，请记住第 3 章中的 ClassifierPredictFlow，它使用以下命令行访问最新的训练模型：

```
@step
def start(self):
    run = Flow('ClassifierTrainFlow').latest_run
```

Client API 也在流中使用命名空间。之前的 latest_run 仅返回由 ClassifierTrainFlow 训练的模型。现在，假设你想使用一个由同事 Alice 训练的模型。你可以在流代码中添加命令行namespace('user:alice')来切换命名空间。但如果第二天你想试试另一位同事 Bob 的模型怎么办？虽然你可以不断更改代码，但有更好的方法。不必更改代码中的任何内容，就可以在命令行上使用--namespace 选项切换命名空间，如下所示：

```
python classifier_predict.py run --namespace user:bob
```

通过这种方法很容易实现在不同的输入之间切换，而不必在代码中硬编码任何内容，如图 6.17 所示。

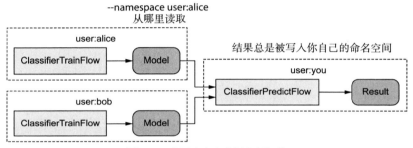

图 6.17   在两个命名空间之间切换

切换命名空间只会更改 Client API 读取数据的方式，不会改变结果的存储方式，结果总是被附加到你的用户名上。从任何命名空间读取数据都是安全的，因为你不会意外地覆盖或损坏现有数据。在默认情况下可以通过限制对自己的命名空间写入数据，来确保你的操作不会对其他用户产生意外的副作用。

提示   使用 namespace 函数或--namespace 选项切换命名空间只会更改 Client API 读取结果的方式，不会更改结果的编写方式。默认情况下，它们仍然属于当前用户的命名空间。

全局命名空间

如果你在日志文件中看到 NamespaceFlow/1625947446325543 这样的运行 ID，但不知道是谁启动了运行，该怎么办？你不知道要使用哪个命名空间。在这种情况下，可以通过调用以下代码来禁用命名空间保护：

```
namespace(None)
```

之后，可以无限制地访问任何对象(运行、工件等)。latest_run 将引用任何人执行的最新运行，因此其值可能随时更改。

建议   不要在流中使用 namespace(None)，因为会使流因他人(甚至你自己无意中)运行流所导致的意外副作用而受影响。对于在笔记等环境中探索数据而言，使用该命令非常便利。

6.3.2　生产命名空间

上一节讨论了原型开发过程中的命名空间。在这种情况下，命名空间自然由用户运行，因为实际上，总是有一个明确的用户执行命令 run。但是在生产部署中没有人执行运行，对于这种情况，我们应该使用哪个命名空间？

Metaflow 为每个未附加到任何用户的生产部署都创建了一个新的生产命名空间。我们将代码清单 6.7 中的 namespaceflow.py 部署到 AWS Step Functions，以应用于实践，如下所示：

```
python namespaceflow.py step-functions create
```

你应该会看到如下输出：

```
Deploying NamespaceFlow to AWS Step Functions...
It seems this is the first time you are deploying NamespaceFlow to AWS Step
    Functions.
A new production token generated.
The namespace of this production flow is
    production:namespaceflow-0-fyaw
To analyze results of this production flow add this line in your notebooks:
    namespace("production:namespaceflow-0-fyaw")
If you want to authorize other people to deploy new versions of this flow to
    AWS Step Functions, they need to call
    step-functions create --authorize namespaceflow-0-fyaw
```

正如输出所示，为部署创建了一个新的唯一命名空间 production:namespaceflow-0-fyaw。如你所见，命名空间没有耦合到 user:ville(原型开发过程中使用的用户)等用户。

如果再次运行 step-functions create，你会注意到生产命名空间并没有被更改。部署的命名空间与流名称相耦合。除非通过执行以下代码来显式请求一个新的命名空间，否则命名空间不会被更改。

```
python namespaceflow.py step-functions create --generate-new-token
```

要查看命名空间的作用，需要执行 Step Functions，如下所示：

```
python namespaceflow.py step-functions trigger
```

在执行前需要等待一两分钟。之后，打开笔记或 Python 解释器并执行以下命令行。将命名空间替换为 step-functions create 输出的实际唯一命名空间：

```
from metaflow import namespace, Flow
namespace('production:namespaceflow-0-fyaw')
Flow('NamespaceFlow').latest_run
```

你应该会看到一个带有前缀 sfn-的长 ID 的 Run 对象，如下所示：

```
Run('NamespaceFlow/sfn-72384eb6-2a1b-4c57-8905-df1aa544565c')
```

生产命名空间的一个关键好处是，你的工作流可以安全地使用 Client API，尤其是.latest_run

等相关引用,因为你知道生产部署与任何用户在自己的命名空间中本地执行的任何原型开发都是相互隔离的。

授权部署

生产命名空间包括一种重要的保护机制。假设新员工 Charles 正在学习 Metaflow 并探索各种命令。正如我们之前讨论的,本地原型开发总是安全的,因为结果与 Charles 的个人命名空间相耦合。Charles 还可以测试生产部署并执行以下操作:

```
python namespaceflow.py step-functions create
```

Charles 的本地 namespaceflow.py 版本可能还没有做好生产准备,因此这样做可能会意外地破坏生产部署。我们希望鼓励实验,所以应该确保新员工(或任何其他人)不必担心会意外破坏任何东西。

为了防止意外发生,Metaflow 阻止 Charles 默认运行 step-functions create。Charles 需要知道一个定义生产命名空间的唯一生产令牌,以便能够运行该命令。在这种情况下,如果 Charles 真的需要将流部署到生产环境中,他会联系以前部署过该流的人,获取令牌并执行以下操作:

```
python namespaceflow.py step-functions create --authorize namespaceflow-0-fyaw
```

--authorize 标志仅用于第一次部署。之后,Charles 可以像其他人一样继续部署流。注意,--authorize 并不是一个安全的特性。我们很快就会看到,Charles 也可以自己发现令牌。

6.3.3 使用@project 的并行部署

当运行 step-functions create 时,流将被部署到生产调度器。部署将自动以 FlowSpec 类的名称命名。换句话说,默认情况下,只有一个生产版本被附加到流名称。你或你的同事(授权后)可以通过再次运行 step-functions create 来更新部署,但较新版本将覆盖以前的版本。

正如本节开头讨论的,大型项目可能需要多个并行但独立的生产部署,以便对流的新实验版本进行 A/B 测试。此外,一个复杂的应用程序可能由多个流组成(如第 3 章中的 ClassifierTrainFlow 和 Classifier PredictFlow),它们应该存在于同一个命名空间中,因此可以安全地共享工件。默认情况下,当部署具有不同名称的两个流时,将为每个流生成唯一的命名空间。

为了满足这些需求,可以使用一个名为@project 的流级别装饰器。@project 装饰器本身不做任何事情,但它允许以一种特殊的方式在生产中部署一个或多个流。@project 装饰器是一个可选的特性,可以帮助组织更大的项目。在项目开始时你可以不使用它,只拥有一个单一的生产版本,但在后面可随需要进行添加。下面使用代码清单 6.8 中所示的一个简单示例来说明这个概念。

代码清单 6.8　带有@project 装饰器的流

```
from metaflow import FlowSpec, step, project
```

```
@project(name='demo_project')    ◄──── 使用具有唯一名称的项
class FirstFlow(FlowSpec):              目装饰器来注释流

    @step
    def start(self):
        self.model = 'this is a demo model'
        self.next(self.end)

    @step
    def end(self):
        pass

if __name__ == '__main__':
    FirstFlow()
```

将代码保存到 firstflow.py 中。我们用@project 对流进行了注释，需要给它一个唯一的名称。具有相同项目名称的所有流都将使用同一个共享的命名空间。

查看将其部署到 Step Functions 时会发生什么，如下所示：

```
python firstflow.py step-functions create
```

得益于@project 装饰器，流并没有像往常一样以 FirstFlow 名称部署，而是被命名为 demo_project.user.ville.FirstFlow。@project 可用于创建并行的、唯一命名的部署。默认情况下，部署以项目名称(demo_project)和部署流的用户(user.ville)为前缀。如果另一个团队成员使用此流运行 step-function create，他们将得到一个个性化的、独特的部署。所有人都可以在生产环境中轻松测试他们的原型，而不会干扰主生产版本。

有时，实验并没有明确地与单个用户耦合。在这种情况下，很自然地要将流部署为分支。尝试以下操作：

```
python firstflow.py --branch testbranch step-functions create
```

这将生成一个名为 demo_project.test.testbranch.FirstFlow 的部署。注意，名称中没有用户名。你可以创建任意数量的独立分支。注意，触发也支持--branch。尝试以下操作：

```
python firstflow.py --branch testbranch step-functions trigger
```

这将执行 demo_project.test.testbranch.FirstFlow。

按照约定，如果你的项目有一个良好的生产版本，则使用下列代码进行部署：

```
python firstflow.py --production step-functions create
```

这将生成一个名为 demo_project.prod.FirstFlow 的部署。--production 选项像其他任何选项一样部署分支部署，--production 中没有特殊的语义，但它有助于明确区分主要生产版本与其他实验分支。

@project 装饰器不但允许多个并行、独立的生产部署，还在多个流之间创建了一个统一的命名空间。为了测试这个想法，我们为同一个@project 创建另一个流，如代码清单 6.9 所示。

代码清单 6.9   同一个 @project 中的另一个流

```
from metaflow import FlowSpec, Flow, step, project

@project(name='demo_project')
class SecondFlow(FlowSpec):
                                          访问同一个命名空间中的工件
    @step
    def start(self):
        self.model = Flow('FirstFlow').latest_run.data.model  ←
        print('model:', self.model)
        self.next(self.end)

    @step
    def end(self):
        pass
if __name__ == '__main__':
    SecondFlow()
```

将代码保存在 secondflow.py 中。可以通过运行以下命令在本地测试流：

```
python firstflow.py run
python secondflow.py run
```

在本地，SecondFlow 中的 latest_run 指的是你个人命名空间中的 FirstFlow 的最新运行，在我的例子中是 user:ville。我们将 SecondFlow 部署到测试分支，如下所示：

```
python secondflow.py –branch testbranch step-functions create
```

这将部署名为 demo_project.test.testbranch.SecondFlow 的流。值得注意的是，FirstFlow 和 SecondFlow 共享同一个命名空间，在我的例子中为 mfprj-pbnipyjz2ydyqlmi-0-zphk。项目命名空间是基于分支名称、项目名称和唯一令牌的散列生成的，因此看起来有点神秘。

现在，触发 Step Functions 的执行，如下所示：

```
python secondflow.py --branch testbranch step-functions trigger
```

稍后，你可以在笔记或 Python 解释器中检查结果，如下所示：

```
from metaflow import namespace, Flow
namespace(None)
print(Flow('SecondFlow').latest_run['start'].task.stdout)
```

我们使用的是全局命名空间，所以不需要知道 testbranch 使用的确切命名空间。但如果其他人同时运行 SecondFlows，这种做法就有点危险。注意，流名称 SecondFlow 仍然相同：@project 前缀仅用于为生产调度器命名流。

要查看 @project 的作用，现在可以在 FirstFlow 中进行编辑，例如，将 model 字符串更改为其他内容。你可以像以前一样在本地测试更改，这不会影响生产部署。在对更改感到满意后，可将改进的 FirstFlow 和 SecondFlow 部署到新的分支，如 newbranch。该设置如图 6.18

所示。

　　当执行这些分支时，只有部署到 newbranch 的一对工作流会受到更改的影响。testbranch
的旧版本不受影响。如图 6.18 所示，在这个场景中，我们有 3 个独立的命名空间：原型开发期
间使用的默认用户命名空间和生产中的两个分支。

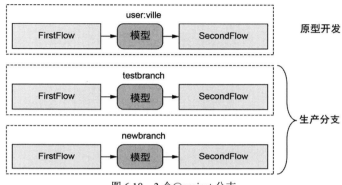

图 6.18　3 个@project 分支

　　下面在实际数据科学项目的背景下总结一下我们在本节中学到的内容。该项目由多名数据科
学家持续开发。他们可以产生数百个关于如何改进项目的想法。然而，如果不在实际的生产环境
中进行测试，就不知道哪些想法的效果良好。我们将该过程视为一个实验漏斗，如图 6.19 所示。

图 6.19　使用@project 促进实验漏斗

　　得益于用户命名空间，数据科学家能够创建新版本的原型并在本地运行，而不必担心相互干
扰。所有 Metaflow 运行都会自动启用命名空间。一旦他们确定了最有希望的想法，就可以
使用@project 将其作为定制--branch 部署到生产中。这些自定义分支可用于将预测提供给 A/B
实验。最后，当一个实验证明了自身价值时，就可以被提升为新的主生产版本，并使用
--production 进行部署。

6.4　本章小结

- 使用中心化元数据服务器有助于跟踪所有项目、用户和生产部署中的所有执行和工件。
- 利用高度可用、可伸缩的生产调度器(如 AWS Step Functions)，在无需人工监督的情况

下按计划执行工作流。

- 使用@schedule 装饰器使工作流按照预定义的计划自动运行。
- Metaflow 代码包封装了用户定义的代码和用于基于云的执行的支持模块。
- 使用容器和@conda 装饰器来管理生产部署中的第三方依赖项。
- 用户命名空间有助于隔离用户在其本地工作站上运行的原型，确保原型不会相互干扰。
- 生产部署有自己的命名空间，与原型相隔离。新用户必须获得生产令牌才能将新版本部署到生产中，这可以防止意外覆盖。
- @project 装饰器允许将多个并行、独立的工作流同时部署到生产环境中。
- 使用@project 在多个工作流之间创建统一的命名空间。

第7章

处理数据

前面的5章介绍了数据科学项目从原型开发到生产的历程。我们已学习了如何构建工作流，并使用工作流在云中运行计算需求高的任务，也学习了如何将工作流部署到生产调度器。现在，我们已充分掌握了原型开发与生产部署交互的概念，让我们回到基本问题：工作流应该如何使用和生成数据？

数据交互是所有数据科学应用程序的关键问题。每个应用程序都需要查找并读取存储在某处的输入数据。通常，应用程序需要将其输出(如新的预测)写入同一系统。尽管管理数据的系统之间存在着巨大的差异，但此处我们使用了一个通用的绰号"数据仓库"来指代所有这些系统。考虑到数据输入和输出的基本性质，我们认为将关注点放在堆栈的最底层更为合适，如图7.1所示。

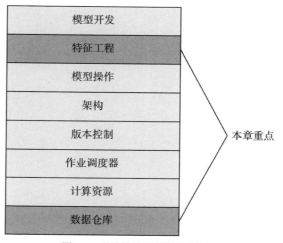

图 7.1　有效的数据科学基础设施

　　在堆栈的顶部存在着另一个与数据相关的问题：数据科学家应该如何探索、操作和准备要输入模型的数据？这个过程通常被称为特征工程。本章侧重于堆栈底部和顶部的数据，但是我们更倾向于关注底部的数据，因为底部数据明显属于通用基础设施领域。

　　值得注意的是，本章与建立或设置数据仓库无关，这本身就是一个非常复杂的主题，有许多其他书籍涵盖了这一主题。我们假设你已经有了某个数据仓库，即有某种方式来存储数据。根据公司的规模，数据仓库的性质可能会有很大的区别，如图 7.2 所示。

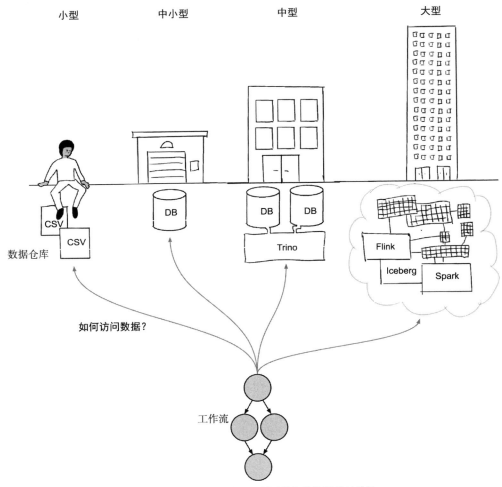

图 7.2　从小型到大型公司所用的各种数据基础设施

　　如果你只是做原型开发，可以以使用本地文件为起点，例如，使用 IncludeFile 加载的 CSV，这一内容在第 3 章有介绍。大多数公司都使用合适的数据库(如 Postgres)来存储宝贵的数据资产。一家中型公司可能会使用多个数据库服务于不同的目的，可能会附带一个联合查询引擎，如 Trino(又名 Presto)，Trino 提供了一种查询所有数据的统一方式。

　　一家大型公司可能有一个基于云的数据湖，并带有多个查询引擎，如用于实时数据的 Apache Flink、用于元数据管理的 Apache Iceberg 和用于一般数据处理的 Apache Spark。如果你不熟悉这些系统，请不要担心，我们将在 7.2.1 节中对现代数据架构进行宏观概述。在所有这些情况下，数据科学家都面临着同一个关键问题：如何在其工作流中访问数据。

　　除了必须与不同的技术解决方案集成，数据科学基础设施通常还需要支持不同的数据模式。本章中的例子主要关注结构化数据，即关系或表格数据源，这是业务应用中最常见的数据模式。此外，基础设施可能需要支持处理非结构化数据(如文本和图像)的应用程序。实际上，如今许多真实世界的数据集是半结构化的，介于两者之间。此类数据集包含一些结构，例如严格遵守模式的列，以及一些非结构化的字段，如 JSON 或自由格式文本。本章侧重于数据仓库和数据模式中常见的数据相关问题，即以下问题：

　　(1) 性能——考虑到数据科学应用程序往往是数据密集型的，即可能需要获取大量数据，因此加载数据很容易成为工作流中的瓶颈。我们可能需要花费几十分钟或更长时间等待数据，这可能会使原型开发非常困难，我们希望避免这种情况。7.1 节将重点讨论这个问题。

　　(2) 数据选择——如何查找和选择与任务相关的数据子集。SQL 是选择和过滤数据的通用语言，因此我们需要找到一些方法来与可执行 SQL 的查询引擎(如 Spark)交互。这些解决方案通常也可应用于半结构化的数据，或者应用于引用非结构化数据的元数据。这些是 7.2 节讨论的主题。

　　(3) 特征工程——如何将原始数据转换为适合建模的格式，也称为特征转换。在获取原始数据后，为将数据有效地输入模型中，我们需要解决许多问题。7.3 节将浅谈这个深奥的主题。

　　这些基本问题适用于所有环境。本章提供了一些具体的构建块，可使用这些构建块设计数据访问模式，也可设计适用于特定环境的辅助程序库。另外，还可以使用一些更高级别的库和产品(如用于特征工程的特征库)抽象化许多问题。学习基本知识后，你将能够更有效地评估和使用这些抽象概念，我们将在 7.3 节对其进行介绍。

　　数据访问的另一个正交维度是应用程序需要对数据更改做出反应的频率。与前面的章节类似，我们关注的是批处理，例如最多每 15 分钟就需要运行一次的应用程序。流数据的主题当然与许多需要更频繁更新的数据科学应用程序相关，但实现这一点所需的基础设施更为复杂。我们将在下一章简要讨论这个主题。令人惊讶的是，许多涉及实时数据的数据科学应用程序仍然可以建模为批处理工作流，7.2 节将对此进行讨论。

　　在所有这些维度之上，我们有组织层面上的关注点：谁应该负责数据科学应用程序所使用的数据，以及不同角色(尤其是数据工程师和数据科学家)之间如何划分职责。虽然确切的答案根据公司情况而异，但我们将在 7.2 节分享一些高层次的想法。

　　本章将从一个基本的技术问题开始讲解：如何在工作流中高效地加载数据。下一节介绍的工具为本章的其余部分奠定了坚实的基础。本章的所有代码清单请访问链接[1]。

7.1 快速数据的基础

    Alex 开发了一个工作流，用于评估纸杯蛋糕订单的交付时间。为了训练评估器，Alex 需要从公司的主要数据仓库中获取所有历史纸杯蛋糕订单。令人惊讶的是，从数据库加载数据比构建模型本身需要更长的时间！在研究了这个问题之后，Bowie 意识到过去主要通过仪表板访问数据，而现在机器学习工作流需要一种更快的方法。新的快速数据路径极大地提高了 Alex 的工作效率：现在每天可以训练和测试至少 10 个版本的模型，而不是 2 个。

    本书的作者对 Netflix 的数据科学家进行了一次非正式调查，当询问他们每天面临的最大痛点是什么时，大多数人的回答是：在他们的数据科学应用程序中找到合适的数据并进行访问。我们将在下一节讨论有关查找数据的问题。本节重点讨论一个看似简单的问题：如何将数据仓库中的数据集加载到工作流中？

    这个问题看似颇具战术性，但却具有深远的战略意义。为了便于讨论，假设你无法轻松快速地(或根本无法)将数据集从数据仓库加载到单独的工作流中。并且，你必须在数据仓库系统中构建模型和其他应用程序逻辑。

    事实上，关于数据仓库的传统思维方式是：批处理数据不应该被移出。相反，应用程序在使用 SQL 表达它们的数据处理需求时(数据仓库执行需求)，返回一小部分数据作为结果。尽管这种方法对于传统的商业智能来说是有意义的，但用 SQL 构建机器学习模型并不可行。例如，即使你的数据仓库支持使用 Python 查询数据，但基本问题是该方法会将计算层(在第 4 章讨论过)与数据层紧密耦合。当工作负载的计算非常密集时，就会出现问题。

    如果可以有效地从仓库中提取批处理数据，就可以解耦数据和计算。这对于数据科学应用程序来说非常有用，因为这些应用程序往往既需要数据，又需要计算。正如第 4 章所述，你可以为每项工作选择最佳的计算层，最重要的是，你可以让数据科学家自由迭代和实验，而不必担心会破坏共享数据库。缺点是，对数据使用方式的控制变得更加困难，我们将在下一节讨论这个问题。

    当考虑耦合与解耦方法的利弊时，最好记住数据科学应用程序(尤其是机器学习)，与传统分析和商业智能用例不同。差异如图 7.3 所示。

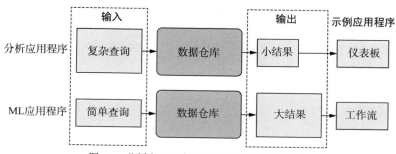

图 7.3　分析和 ML 应用程序之间的数据流对比

传统的业务分析应用程序，如 Tableau 仪表板，通常会生成一个非常复杂的 SQL 查询，其数据仓库会执行该查询并向仪表板返回一个经过仔细过滤的小结果。相比之下，ML 应用程序的做法相反：ML 应用程序提供一个简单的查询来获取结果，例如，使用查询语句 select * from table 获取一个完整的数据表，并将其输入 ML 模型中。

因此，ML 应用程序可能会遇到两个问题。首先，在执行提取大量数据的简单查询时，数据仓库的效率可能非常低，因为它们已经针对相反的查询模式进行了优化。其次，出于同样的原因，在加载批处理数据时，用于与数据仓库交互的客户端库通常效率很低。

尽管许多实际应用程序显示的查询模式介于两种极端情况之间，但在许多应用程序中，加载数据是主要的性能瓶颈。数据科学家加载数据时可能需要等待几十分钟，这严重降低了他们的工作效率。消除这样的效率瓶颈是高效的数据科学基础设施的一个关键目标，因此在接下来的章节中，我们将探索另一种极其高效的数据访问方式。该方法适用于许多现代数据仓库，允许你将数据与计算解耦，并定义数据科学家和数据工程师之间的明确分工。

7.1.1　从 S3 加载数据

如果你问一位数据科学家希望如何访问数据集，假设他们的个人效率是唯一的考虑因素，那么典型的答案是"从本地文件访问数据集"。本地文件有助于提高效率，原因如下：

- **加载速度很快**——从本地文件加载数据比执行 SQL 查询更快。
- **数据集不会突然改变**——这是有效原型开发设计的关键。如果下面的数据发生了意外变化，就不可能进行系统的实验和迭代。
- **易用性**——加载数据不需要特殊的客户端，不会出现随机故障，也不会在同事进行实验时毫无预兆地变慢，而且本地文件几乎可以被所有现有的库使用。

但本地文件的缺点也很多：它们不适用于在云中运行的生产部署或扩展实验，并且需要手动更新。此外，本地文件不受数据安全和治理策略的控制，数据仓库管理人员不敢使用。

使用 AWS S3 等基于云的对象存储可以两全其美：将数据保存在云中使其与基于云的计算、部署和数据治理策略兼容。我们可以通过一些努力使用户体验几乎与访问本地文件一样无缝，如下所示。尤其是，从 S3 等基于云的对象存储加载数据可能比从本地文件加载数据更快，这一事实令许多人感到惊讶。

为了展示基于 S3 的数据的实际应用，并查看前面的陈述是否正确，我们创建一个简单的工作流，如代码清单 7.1 所示，以对 S3 进行基准测试。该代码清单演示了一个基本操作：将数据从文件加载到 Python 进程的内存中，并比较从本地文件加载数据的性能与从 S3 中的文件加载数据的性能。

为了进行测试，我们使用了来自 Common Crawl(Common Crawl.org)的数据样本，Common Crawl 是由随机网页组成的公共数据集。数据集的细节并不重要。值得注意的是，本节的内容同样适用于非结构化数据(如图像或视频)或结构化表格数据。如果需要，可以将代码清单 7.1 中的数据集 URL 替换为可在 S3 中访问的任何其他数据集。

代码清单 7.1　S3 基准

S3 中提供的公共 Common Crawl 数据集

```
import os
from metaflow import FlowSpec, step, Parameter, S3, profile, parallel_map

URL =
's3://commoncrawl/crawl-data/CC-MAIN-2021-25/segments/1623488519735.70/wet/'

def load_s3(s3, num):          # 从 S3 加载数据的 helper 函数
    files = list(s3.list_recursive([URL]))[:num]   # 选取给定 S3 目录中的前 num 个文件
    total_size = sum(f.size for f in files) / 1024**3
    stats = {}
    with profile('downloading', stats_dict=stats):   # 在统计信息中收集有关加载操作的计时信息
        loaded = s3.get_many([f.url for f in files])  # 将文件从 S3 加载到临时本地文件

    s3_gbps = (total_size * 8) / (stats['downloading'] / 1000.)
    print("S3->EC2 throughput: %2.1f Gb/s" % s3_gbps)
    return [obj.path for obj in loaded]   # 返回临时文件的路径

class S3BenchmarkFlow(FlowSpec):
    local_dir = Parameter('local_dir',
                          help='Read local files from this directory')

    num = Parameter('num_files',
                    help='maximum number of files to read',
                    default=50)

    @step
    def start(self):
        with S3() as s3:          # S3 作用域管理临时文件的生命周期
            with profile('Loading and processing'):
                if self.local_dir:    # 如果指定了参数 local_dir，则从本地目录加载文件；否则，从 S3 加载文件
                    files = [os.path.join(self.local_dir, f)
                             for f in os.listdir(self.local_dir)][:self.num]
                else:
                    files = load_s3(s3, self.num)

                print("Reading %d objects" % len(files))
                stats = {}
```

```
                      with profile('reading', stats_dict=stats):
并行读取                   size = sum(parallel_map(lambda x: len(open(x, 'rb').read()),
本地文件                       ➥ files)) / 1024**3

                      read_gbps = (size * 8) / (stats['reading'] / 1000.)
                      print("Read %2.fGB. Throughput: %2.1f Gb/s" % (size, read_gbps))
                  self.next(self.end)

          @step
          def end(self):
              pass

  if __name__ == '__main__':
      S3BenchmarkFlow()
```

将代码保存到一个名为 s3benchmark.py 的文件中。如果你在笔记上运行代码，可以从下载
少量数据开始，如下所示：

```
# python s3benchmark.py run --num_files 10
```

这将下载大约 1GB 的数据，并打印有关 S3 吞吐量的统计数据。

该工作流分两部分操作：首先，如果未指定--local_dir，则工作流将调用 load_s3 helper 函
数以在给定 URL 处列出可用文件，并选择其中的第一个 num。创建文件清单后，工作流继续
使用 Metaflow 的内置 S3 客户端 metaflow.S3 的 get_many 函数并行下载文件，7.1.3 节将对此进
行详细介绍。该函数返回包含下载数据的本地临时文件的路径清单。with S3 上下文管理器负
责在上下文退出后清除临时文件。

其次，工作流读取内存中本地文件的内容。如果指定了--local_dir，则从给定的本地目录中
读取文件，该目录应包含 S3 中文件的本地副本。否则，将读取下载的数据。在任何情况下，
工作流都使用 parallel_map 并行处理文件，这是 Metaflow 提供的一个便利函数，用于在多个
CPU 内核上并行处理某个函数。在这种情况下，我们只需要计算读取的字节数，并在读取后丢
弃文件。这个基准测试只测量加载数据所花费的时间，我们不需要以任何方式处理数据。

如果你想使用--local_dir 选项对本地磁盘性能进行基准测试，可以按如下方式将文件从 S3
下载到本地目录：

```
# aws s3 cp --recursive
➥ s3://commoncrawl/crawl-data/CC-MAIN-2021-25/segments/1623488519735.70/wet/
➥ local_data
```

注意，这将需要 70 GB 的磁盘空间。下载文件后，可按如下方式运行工作流：

```
# python s3benchmark.py run --num_files 10 --local_dir local_data
```

如果在笔记上测试 S3 的下载速度，则主要是测试本地网络连接的性能。如第 2 章所述，
使用基于云的工作站是一个更好的选择，无论你的本地带宽如何，它都可以加速所有云操作。

为了更好地了解真实的 S3 性能，我们可以在云工作站上运行流，也可以使用第 4 章讨论
的基于云的计算层运行流。例如，可使用 AWS Batch 运行流，如下所示：

```
# python s3benchmark.py run --with batch:memory=16000
```

在大型 EC2 实例上运行时，应该会看到如下结果：

```
PROFILE: Loading and processing starting
S3->EC2 throughput: 21.3 Gb/s
Reading 100 objects
Read 11GB. Throughput: 228.2 Gb/s
PROFILE: Loading and processing completed in 5020ms
```

提示　S3 存储桶和其中的数据在物理上位于特定区域。建议在存储桶所在的同一区域执行计算，以获得最佳性能，并避免为数据传输付费。例如，本例中使用的 commoncrawl 存储桶位于 AWS 区域 us-east-1。

图 7.4 显示了 --num_files 选项函数的性能。

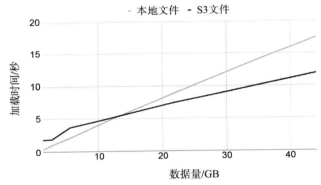

图 7.4　从本地文件加载数据的时间和从 S3 加载数据的时间(作为数据集大小的函数)

黑色线表示从 S3 加载数据时的总执行时间，而灰色线表示从本地文件加载数据时的总执行时间。当数据集足够小时(这里为 12 GB 左右)，使用本地文件会稍微快一些。对于更大的数据集，从 S3 加载数据则更快！

这个结果附带了一个重要的警告：S3 的性能在很大程度上取决于执行任务的实例的大小和类型。图 7.5 说明了效果。

非常大的实例(如 m5n.24xlarge 有 384 GB 的 RAM 和 48 个 CPU 内核)从 S3 加载数据时，拥有巨大的吞吐量：每秒 20~30 GB，如灰色条所示。这比最新的 Macbook 笔记本的本地磁盘带宽还要高，该笔记本的读取速度可达 20 Gbps。c4.4xlarge 等中型实例显示的带宽只有一小部分，为 1.5 Gbps，但仍远高于典型的办公室 Wi-Fi 所能实现的带宽。m4.large 等小实例的性能比笔记本慢得多。

建议　当处理大规模的数据时，使用大型实例是值得的。为了控制成本，可以将中型实例用作云工作站，并在 AWS Batch 等计算层上运行数据密集型步骤。

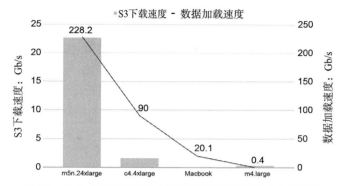

图 7.5　从 S3 加载数据和从内存加载数据(作为实例大小的函数)

文件大小很重要

如果你试图用自己的数据集重现 S3 吞吐量数据，但没有得到任何与之前数据接近的数据，那么问题可能出现在文件大小上。在 S3 中查找对象是一个相对缓慢的操作，大约需要 50~100 毫秒。如果你有许多小文件，则查找文件会花费大量时间，这会显著降低吞吐量。S3 的最佳文件大小至少为数十兆或更大，具体取决于数据量。

使用磁盘缓存将数据保存在内存中

为了解释图 7.5 中的黑色线，下面进一步研究这个例子。你可能对这个基准测试是否有意义感到好奇：load_s3 函数将数据下载到本地临时文件，然后我们在 start 步骤中读取这些文件。因此，我们似乎在比较从临时本地文件加载数据与从目录中的本地文件加载数据的速度，而两者应该同样快。

关键在于，当从 S3 加载数据时，只要数据集小到可以容纳在内存中，那么数据就应该留在内存中，由操作系统将其存储在内存中的磁盘缓存中，而不会存储在本地磁盘中。图 7.6 说明了这一逻辑。

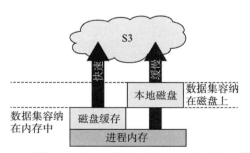

图 7.6　与用磁盘 IO 相比，通过磁盘缓存加载数据的速度更快

当数据集大小可以容纳在内存中时，通过左箭头所示的快速路径从 S3 加载。当数据集大于可用内存时，一些数据会溢出到本地磁盘上，使得加载数据的速度要慢得多。这就是 S3 可以比本地磁盘更快的原因：例如，当使用--with batch:memory＝16000 运行流时，实例上的全部 16 GB 内存将专用于该任务。相比之下，许多进程都在争夺笔记的内存，因此，将所有数据保

存在内存中通常是不可行的，至少当数据集大小如图 7.4 所示增长时是如此。

图 7.5 中的黑色线显示了从磁盘缓存或从本地磁盘读取数据到进程内存的速度。最大的实例 m5n.24xlarge 将所有数据保存在磁盘缓存中，因此读取数据非常快，为 228 Gb/s。数据只是在内存位置之间并行复制。相比之下，小型实例 m4.large 太小，无法将数据保存在内存中，因此数据溢出到磁盘上，读取变得相对缓慢，仅为 0.4 Gb/s。

建议　只要可行，就应选择可以将所有数据保存在内存中的@resources，这样可以使所有操作大大加快。

总结一下我们在本节中学到的内容：

- 用 S3 代替本地文件是有益的：数据更易于管理，S3 可用于云中运行的任务，并且性能损失可能很小，甚至会使性能提高。
- 只要使用足够大的实例，就可以很快地将数据从 S3 加载到进程的内存中。
- Metaflow 附带了一个高性能的 S3 客户端，即 metaflow.S3，使得数据直接被加载到内存，而不到达本地磁盘。

这些要点构成了基础，接下来的几节将基于此进行讨论。在下一节中，我们将更贴近数据科学家的日常生活，探索如何在任务中高效地加载大型数据帧和其他表格数据。

7.1.2　使用表格数据

在上一节中，我们只探究了移动原始字节，讨论内容适用于从视频到自然语言的任何数据模式。在本节中，将重点讨论一种特定类型的数据，即结构化或半结构化数据，这些数据通常作为数据帧进行操作。这类数据在业务数据科学中极为常见，例如，所有关系数据库都保存这类数据。

图 7.7 显示了包含员工信息的表格数据集示例。该数据集包含 3 列(姓名、年龄和职务)和 3 行(每个员工一行)。

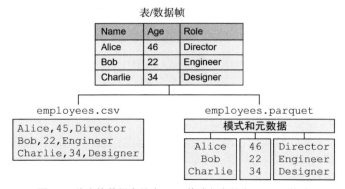

图 7.7　将表格数据存储为 CSV 格式与存储为 Parquet 格式

如图 7.7 所示，我们可以用不同的格式存储数据集。在第 3 章中，我们讨论了 CSV(逗号分隔值)格式。CSV 是一个简单的文本文件,每行包含一行数据,列用逗号分隔。或者,我们可以用流行的 Parquet 格式存储相同的数据,这是一种面向列的存储格式。

在 Parquet 和其他列格式中,每列数据都是独立存储的。这种方法有几点好处。首先,对于结构化数据,每列都有一个特定的类型。在本例中,Name 和 Role 是字符串,Age 是整数。每个数据类型都需要以特定的方式进行编码和压缩,因此按列(即按类型)对数据进行分组是有益的。Parquet 文件将显式的模式和其他元数据存储在数据文件中。而 CSV 文件通过完全忽略模式来解决这个问题,因此所有内容都变成字符串,这是 CSV 的一个主要缺点。

其次,因为每一列都是单独存储的,所以可以有效地只加载一个列的子集。想象一下 SELECT name、role FROM table 之类的查询。同理,任何需要处理 SELECT AVG(age)FROM table 等列的操作都可以快速处理,因为所有相关数据都是在内存中连续排列的。最后,Parquet 文件以压缩的二进制格式存储,因此比普通 CSV 文件占用更少的存储空间,传输速度更快。

用 Apache Arrow 读取内存中的 Parquet 数据

CSV 文件的一个主要优点在于,Python 附带了一个名为 csv 的内置模块,用于读取 CSV 文件。要读取 Parquet 文件,需要使用一个名为 Apache Arrow 的独立开源库。Arrow 不仅是一个 Parquet 文件解码器,它还提供了一种高效的数据内存表示,使我们能够高效地处理数据,后文将展示更多的例子。

下面将在实践中比较 CSV 和 Parquet。为了便于测试,我们将使用纽约市出租车委员会的公共行程数据(见链接[2]),这一数据可作为 S3 中的公共 Parquet 文件使用。我们使用了某月的数据作为基准,其中包含大约 1300 万行,每行代表一次出租车行程。数据集有 18 列,提供有关行程的信息。

代码清单 7.2 所示的基准测试比较了 CSV 和两种(使用 Arrow 或 pandas)加载 Parquet 的方式加载数据所花费的时间。代码的工作方式如下:

(1) start 步骤从公共 S3 存储桶加载包含出租车行程的 Parquet 文件,并将其作为本地文件 taxi.parquet 提供。使用 pandas 将 Parquet 文件转换为 CSV 文件,并将其保存到 tax.csv。在后续步骤中,我们将使用这两个文件对数据加载进行基准测试。

(2) 在 start 步骤之后,划分了 3 个独立的数据加载步骤,每个步骤都对一种加载数据集的不同方式进行基准测试。每个步骤都节省了在 stats 工件中加载数据所花费的时间,如下所示:

- load_csv 步骤使用 Python 的内置 csv 模块循环遍历所有行,从 CSV 文件读取数据集。
- load_parquet 步骤使用 PyArrow 在内存中加载数据集。
- load_pandas 步骤使用 pandas 在内存中加载数据集。

(3) 最后,join 步骤打印由前面步骤测量的计时。

代码清单 7.2 比较数据格式

```
import os
from metaflow import FlowSpec, step, conda_base, resources, S3, profile
```

```
URL = 's3://ursa-labs-taxi-data/2014/12/data.parquet'
```
← 一个月的出租车数据,存储为 Parquet 文件

```
@conda_base(python='3.8.10',
            libraries={'pyarrow': '5.0.0', 'pandas': '1.3.2'})
  class ParquetBenchmarkFlow(FlowSpec):

      @step
      def start(self):
          import pyarrow.parquet as pq
          with S3() as s3:
              res = s3.get(URL)
              table = pq.read_table(res.path)
              os.rename(res.path, 'taxi.parquet')
          table.to_pandas().to_csv('taxi.csv')
          self.stats = {}
          self.next(self.load_csv, self.load_parquet, self.load_pandas)

      @step
      def load_csv(self):
          with profile('load_csv', stats_dict=self.stats):
              import csv
              with open('taxi.csv') as csvfile:
                  for row in csv.reader(csvfile):
                      pass
          self.next(self.join)

      @step
      def load_parquet(self):
          with profile('load_parquet', stats_dict=self.stats):
              import pyarrow.parquet as pq
              table = pq.read_table('taxi.parquet')
          self.next(self.join)

      @step
      def load_pandas(self):
          with profile('load_pandas', stats_dict=self.stats):
              import pandas as pd
              df = pd.read_parquet('taxi.parquet')
          self.next(self.join)

      @step
      def join(self, inputs):
          for inp in inputs:
              print(list(inp.stats.items())[0])
          self.next(self.end)

      @step
      def end(self):
          pass

if __name__ == '__main__':
    ParquetBenchmarkFlow()
```

从 S3 下载 Parquet 文件 →

使用 Arrow 在内存中加载 Parquet 文件

将 Parquet 文件移到永久位置,以便稍后加载 ←

将数据集写入一个 CSV 文件,以便稍后加载 →

在此字典中存储分析统计信息

在字典中存储计时信息 ←

使用内置 csv 模块读取 CSV 文件 ←

丢弃行以避免过多的内存消耗

使用 Arrow 加载 Parquet 文件。这一次,我们对操作进行计时 ←

使用 pandas 加载 Parquet 文件 ←

打印每个分支的计时统计信息 ←

将代码保存在 parquet_benchmark.py 中。出于基准测试目的,该流将 Parquet 文件和 CSV 文件存储为本地文件,因此该流必须在笔记或云工作站上运行,以便所有步骤都可以访问这些

文件。按如下方式运行流:

```
# python parquet_benchmark.py --environment=conda run --max-workers 1
```

我们使用--max-workers 1 强制顺序执行分支而不是并行执行，以确保更公平的计时。start
步骤从 S3 下载了一个 319 MB 的压缩 Parquet 文件，并将其写入本地 CSV 文件，该文件扩展
到 1.6 GB。因此，执行 start 步骤需要一段时间。

> 提示　ParquetBenchmarkFlow 等流一开始就有一个成本较高的步骤(如本例中的 start)，在这种
> 流上迭代时，请记住 resume 命令: 不要使用 run(这需要花费一段时间)，可使用 resume
> load_csv，这样既可以跳过缓慢的开始，又可以同时继续迭代后面的步骤。

你应该会得到如下输出，其中以毫秒为单位显示计时:

```
('load_csv', 19560)
('load_pandas', 1853)
('load_parquet', 973)
```

结果如图 7.8 所示。

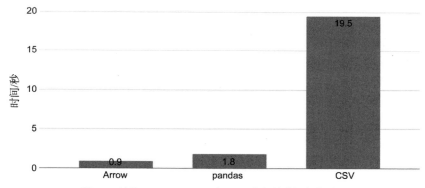

图 7.8　比较 Arrow、pandas 和 CSV 之间的数据加载时间

load_parquet 步骤是迄今为止最快的，该步骤在不到 1 秒的时间内能够加载 1300 万行数据!
load_pandas 步骤需要两倍的时间才能将 Parquet 文件读入 pandas DataFrame。我们对 load_csv
步骤进行了一些更改，load_csv 步骤需要近 20 秒，因为它不像其他步骤那样将数据保存在内存
中，它只需要在行上迭代一次。如果将数据保存在内存中(可使用 list(csv.reader(csvfile))尝试操
作)，这一步骤则需要 70 秒，且要消耗近 20 GB 的内存。

> 建议　在可行的情况下，应使用 Parquet 格式存储和传输表格数据，而不是使用 CSV 文件。

希望这些结果能让你相信: 使用 Parquet 几乎总是优于使用 CSV，只是在与其他系统和可能
无法处理 Parquet 的人共享少量数据时有些例外。此外，尽管有工具可以帮你将 Parquet 文件的内
容转储到文本文件，但使用标准命令行工具检查 Parquet 文件也没有使用简单的文本 CSV 文件容

易。现在我们知道了如何加载存储为 Parquet 文件的表格数据，下一步，我们需要考虑其上的组件。

7.1.3　内存数据堆栈

使用 Parquet 代替 CSV 是一件很容易的事，但是在 Arrow 和 pandas 之间应该如何选择呢？幸运的是，你不必进行选择：这些工具通常都相辅相成。图 7.9 阐明了构成内存数据堆栈的库如何相互耦合。

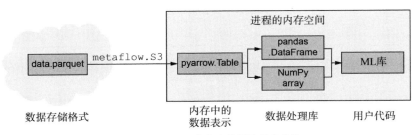

图 7.9　用于处理内存中数据的现代堆栈

Parquet 是一种数据存储格式，其存储和传输数据的方式比使用 CSV 文件更有效。例如，正如前文所见，你可以使用 Metaflow.S3 库快速地从 S3 将 Parquet 文件加载到工作流中。要使用数据，我们需要从 Parquet 文件中加载和解码数据，这是 Arrow 库的工作。Arrow 支持多种语言，其 Python 耦合称为 PyArrow。Arrow 将 Parquet 文件中的数据解码为有效的内存数据表示，可以直接使用，也可以通过其他库(如 pandas)使用。

Arrow 有一个显著优势：Arrow 的设计使得其内存表示可以被其他数据处理库(如 pandas 或 NumPy)利用，这样就不必再复制数据。这在处理大型数据集时优势明显。例如，这意味着你的用户代码(使用 ML 库的模型训练步骤)可能通过 pandas 读取 Arrow 管理的数据，这种方式非常节省内存和时间。值得注意的是，所有的数据管理都是由高效的低级代码执行，而不是直接由 Python 执行，从而可以用 Python 开发非常高性能的代码。

使用 pandas、NumPy 或是直接使用 PyArrow 库取决于具体的用例。pandas 的一个主要好处是提供了许多易于使用的数据操作基本元素，因此如果你的任务需要这样的功能，那么从 Arrow 转换为 pandas 或使用 pd.read_parquet 是一个不错的选择。

pandas 的一个主要缺点是可能非常耗费内存，下文将对其进行阐述，而且性能不如纯 Arrow 操作。因此，如果你使用可以直接接受 Arrow 数据或 NumPy 数组的 ML 库，那么避免转换为 pandas 可以节省大量时间和内存。我们将在 7.3 节中介绍一个实际的例子。

> **选择使用 metaflow.S3 的理由**
>
> 如果你以前使用过 Arrow 或 pandas，你可能知道它们支持直接从 s3://URL 加载数据。那么为什么图 7.9 提到了 metaflow.S3？目前，加载由多个文件组成的数据集时，使用 Metaflow.S3 比使用 Arrow 和 pandas 中内置的 S3 交互速度更快。原因很简单：metaflow.S3 会主动通过多个网络连接并行下载，这正是最大吞吐量所需的。

将来，库很可能会采用类似的方法。一旦发生这种情况，就可以将图中的 metaflow.S3 部分和代码示例替换为库本机方法。图中的其他内容都保持不变。

分析内存开销

当处理大量内存中的数据时，内存开销通常比执行时间更重要。在前面的例子中，我们使用了 with profile 上下文管理器对各种操作进行计时，但是如何以同样的方式测量内存开销呢？

测量内存开销随时间的变化情况并不像查看计时器一样简单。然而，我们可以利用名为 memory_profiler 的现有库，创建一个效用函数。该函数实际上是一个定制的装饰器，可使用它来测量任何 Metaflow 步骤的峰值内存开销，如代码清单 7.3 所示。

代码清单 7.3 内存配置文件装饰器

定义 Python 装饰器——
返回函数的函数
```
    from functools import wraps            @wraps 装饰器有
                                           助于创建行为良
                                           好的装饰器
    def profile_memory(mf_step):
        @wraps(mf_step)
        def func(self):                                    使用 memory_profile
            from memory_profiler import memory_usage        库测量内存开销
            self.mem_usage = memory_usage((mf_step, (self,), {}),
                                          max_iterations=1,
                                          max_usage=True,     将峰值内存使用率存储
                                          interval=0.2)       在工件 mem_usage 中

        return func
```

如果你以前没有在 Python 中创建过装饰器，那么这个例子可能看起来有点奇怪。本例定义了函数 profile_memory，该函数接受一个实参 mf_step，这是正在修饰的 Metaflow 步骤。它将步骤封装在新函数 func 中，func 函数调用库 memory_profiler 来执行该步骤，并在后端测量其 memory_usage。分析器返回分配给工件 self.mem_usage 的峰值内存使用率。

将代码保存到文件 metaflow_memory.py 中。现在，在任何流中，你都可以通过在文件顶部写入 from metaflow_memory import profile_memory 来导入新的装饰器。你还必须确保 memory_profiler 库可用，可以通过向@conda_base 中的库字典添加'memory_profiler':'0.58.0'来实现这一点。现在，你可以修饰要用@profile_memory 分析的任何步骤。例如，可编写以下内容来增强代码清单 7.3：

```
@profile_memory
@step
def load_csv(self):
    ...
```

将装饰器添加到每个分支。要打印内存开销，可使用以下 join 步骤：

```
@step
def join(self, inputs):
    for inp in inputs:
```

```
        print(list(inp.stats.items())[0], inp.mem_usage)
    self.next(self.end)
```

为了在 load_CSV 步骤中真实地读取 CSV 的内存开销，你应该保留内存中的所有行，这需要使用 list(CSV.reader(csvfile))，而不是 for 循环，for 循环会丢弃行。注意，这需要一个 RAM 超过 16 GB 的工作站。

你可以像往常一样运行 parquet_benchmark.py。除了计时，你还会得到打印的峰值内存开销，如图 7.10 所示。

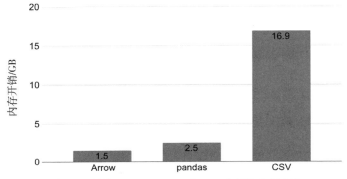

图 7.10   比较 Arrow、pandas 和 CSV 之间的内存开销

正如预期的那样，将所有 CSV 数据作为内存开销较多的 Python 对象保存在内存中的成本很高，load_CSV 步骤消耗了近 17 GB 的 RAM，这比 Arrow 对相同数据的高效内存表示多出了 10 倍。pandas 比 Arrow 多消耗 1 GB，因为它需要维护一些对象(尤其是字符串)的 Python 友好表示。

建议   如果担心内存开销，请避免将单独的行存储为 Python 对象。转换成 panda 也可能成本高昂。如果可能，最有效的选择是使用 Arrow 和 NumPy。

到目前为止，我们已经开发了从 S3 到高效的内存数据表示的构建块。耦合高内存实例(设想@resources(memory=256000))，就可以在单个任务中高效地处理大量数据集。但是，如果你的数据集大于任何合理实例上可以处理的数据集，该怎么办？或者，如果不存在一个合适的数据集，但必须通过过滤和连接多个表来创建，该怎么办？在这种情况下，最好依靠数据基础设施的其余部分，特别是要使用久经考验的查询引擎，从任意数量的原始数据中为数据科学工作流创建合适的数据集。

7.2   与数据基础设施的交互

结果证明，Alex 的交付时间评估器是成功的。因此，产品团队要求 Alex 为特定的产品类别构建更细粒度的模型。这需要更多的数据预处理：Alex 需要为每个类别和实验提取正确的数据子集，用各种列组合进行实验，以产生对每个类别的最佳估计。Bowie 建议 Alex 可以用 SQL 进行所有数据预处理，因为数据库应该善于处理数据。Alex 反驳了这个观点，他指出使用 Python 迭代模型及其输入数据要快得多。最后，Alex 实现了良好的权衡：使用 SQL 提取合适的数据集，并使用 Python 定义模型的输入。

数据科学工作流并不是凭空存在的。大多数公司都有现成的数据基础设施，用于支持从分析到产品功能的各种用例。最好让所有应用程序都依赖于由中心化数据基础架构管理的一组一致数据。数据科学和机器学习也不例外。

尽管数据科学工作流依赖于相同的输入数据，这与 7.3 节讨论的事实相同，但工作流访问和使用数据的方式通常与其他应用程序不同。首先，为完成训练模型等操作，工作流访问的数据往往大得多(数十或数百 GB)，而仪表板可能一次只显示几 KB 精心挑选的数据。其次，数据科学工作流往往比其他应用程序的计算更为密集，需要单独的计算层，如第 4 章所述。

本节展示了如何利用上一节介绍的技术将数据科学工作流集成到现有数据基础设施中。除了移动数据这一技术问题，我们还讨论了一个组织问题，即如何在数据工程师(主要从事数据基础设施工作)以及 ML 工程师和数据科学家(从事数据科学基础设施工作)之间进行分工。

7.2.1　现代数据基础设施

本书讨论的主题是数据科学基础设施，即原型开发和部署数据密集型应用程序所需的基础设施。这些应用程序利用各种优化或训练技术来构建模型，以服务于一组不同的用例。在许多公司中，数据科学基础设施有一个同级堆栈：数据基础设施堆栈。

因为两个堆栈都处理数据，并且通常都使用 DAG 来表示将输入数据转换为输出数据的工作流，所以人们可能会好奇这两个堆栈之间是否存在差异。我们不能把数据基础设施也用于数据科学吗？本书认为，与数据科学相关的活动和数据工程有着本质上的区别，这证明了并行堆栈的合理性。与数据工程相比，模型构建需要特殊的库，通常需要更多的代码，并且绝对需要更多的计算。然而，我们应该保持两个堆栈密切相关，以避免冗余的解决方案和不必要的操作开销。

为了更好地理解如何集成堆栈，首先考虑现代数据基础设施的组件，如图 7.11 所示。该图的结构是最基本的组件位于中心，更高级的可选组件位于外层。

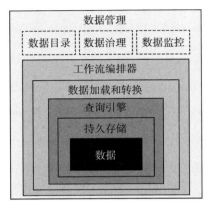

图 7.11 现代数据基础设施的组件

- **数据**——最核心的部分是数据资产本身。这个图没有说明如何获取数据，这本身就是一个复杂的主题，但我们假设你已有一些数据存储在数据库中，存储形式如 CSV 文件、Parquet 文件或表。
- **持久存储**——尽管可使用 USB 闪存驱动器进行存储，但最好使用更持久的存储系统，如 AWS S3 或复制数据库。我们可以选择现代数据湖，即将(Parquet)文件存储在通用存储系统(如 S3)上，并附带元数据层(如 Apache Hive 或 Iceberg)，以便通过查询引擎访问数据。
- **查询引擎**——查询引擎获取查询(如 SQL 语句)，通过选择、过滤和连接来表示查询子集。传统的数据库(如 Postgres)和数据仓库(如 Teradata)将前三层紧密耦合在一起，而对于 Trino(以前的 Presto)或 Apache Spark 等新的系统，这些查询引擎与底层存储系统的耦合相对松散。对于流数据，可以使用 Apache Druid 或 Pinot 等系统。
- **数据加载和转换**——提取、转换和加载(Extracting，Transforming, and Loading，ETL)数据是数据工程的核心活动。传统上，数据在加载到数据仓库之前进行了转换，但较新的系统(如 Snowflake 或 Spark)支持提取加载转换(extract-load-transform，ELT)范式，即先将原始数据加载到系统中，然后将其转换和细化为数据集。如今，可以使用 DBT(getdbt.com)等工具来更容易地表达和管理数据转换。使用 Great Expectations (greatexpectations.io)等工具可以确保数据质量。
- **工作流编排器**——ETL 工作流通常表示为 DAG，类似于我们在本书前面讨论的数据科学工作流。相应地，这些 DAG 需要由工作流编排器(如 AWS Step Functions 或 Apache Airflow)或用于流数据的 Apache Flink 执行。从工作流编排器的角度来看，数据科学工作流和数据工作流之间没有区别。事实上，使用一个中心化的编排器来编排所有工作流通常是有益的。

- **数据管理**——随着数据的数量、多样性和有效性需求的增加，通常还需要一层数据管理组件。数据目录(如 Lyft 的 Amundsen)使发现和组织数据集更容易。数据治理系统可用于实施安全性、数据生命周期、审核和血缘以及数据访问策略。数据监控系统有助于观察所有数据系统、数据质量和 ETL 工作流的总体状态。

从核心向外开始构建数据基础设施十分合理。例如，一名研究生可能只关心存储在其笔记上的 CSV 文件中的数据集。某初创企业可以从持久存储和基本查询引擎(如 Amazon Athena)中获益，相关内容将在下一节介绍。一家拥有专业数据工程师的老牌公司也需要为 ETL 工作流奠定坚实的基础。随着公司不断成长为一家大型跨国企业，他们将添加一套强大的数据管理工具。

相应地，数据和数据科学基础设施之间的集成也会随着时间的推移而增长。图 7.12 强调了这些关系。独立于数据基础设施运行的层用虚线表示。虚线框突出了数据科学的特殊之处：我们需要一个专用计算层来执行要求苛刻的数据科学应用程序和模型。

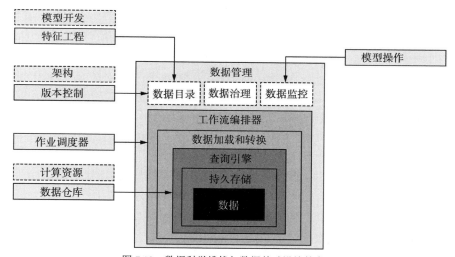

图 7.12　数据科学堆栈与数据基础设施的交互

相比之下，其他层通常受益于与数据基础设施的交互，如下所示：

- **数据仓库**——在上一节，我们学习了与原始数据(存储为 Parquet 文件)和持久存储系统 S3 交互的有效模式。在下一小节，我们将学习如何与查询引擎交互。

- **作业调度器**——我们在第 2 章介绍的工作流编排系统同样适用于数据工作流 DAG 和数据科学 DAG。这些 DAG 通常是连接的(例如，每当上游数据更新时，你可能都希望启动模型训练工作流)，所以最好在同一系统上执行。例如，可使用 AWS Step Funtions 来调度数据科学和数据工作流。

- **版本控制**——假设你的数据目录支持数据集的版本控制，那么维护从上游数据集到使用数据构建的模型的整个数据血缘可以带来巨大益处。例如，可通过将指向数据目录的数据版本标识符存储为 Metaflow 工件来实现这一点。

- **模型操作**——数据更改是数据科学工作流出现故障的常见原因。除了监控模型和工作流，能够监控源数据也是有益的。

- **特征工程**——正如我们将在 7.3 节讨论的那样，在为模型设计新特征时，可以方便地知道哪些数据可用，此时数据目录可以发挥作用。一些数据目录也可以兼作特征存储。

具体而言，集成可以采用 Python 库的形式，对数据的标准访问模式进行编码。为此，许多现代数据工具和服务都附带了 Python 客户端库，如 AWS Data Wrangler，下一节将对此进行介绍。与一般的数据基础设施同理，我们不需要在一开始就实现所有组件和集成。随着时间推移、需求增长，你可以添加集成。

数据科学家和数据工程师之间的分工

公司越大，从原始数据到模型的路径就越长。随着数据的数量、多样性和有效性要求的增长，我们无法要求一个人来处理所有问题。许多公司通过雇用专业数据工程师(专注于所有数据)和数据科学家(专注于建模)来解决这个问题。

然而，数据工程师和数据科学家之间的界限并不明确。例如，如果三个表包含一个模型所需的信息，那么谁负责创建一个连接表或一个可以输入数据科学工作流的视图？从技术角度看，数据工程师是开发复杂 SQL 语句和优化连接的专家，因此或许应该由他们负责。另一方面，数据科学家最准确地了解模型及其需求。此外，如果数据科学家想要对模型和特征工程进行迭代，那么他们不应该在每当需要对数据集进行更改，哪怕是一个微小的更改时，都麻烦数据工程师。

正确的答案取决于组织的确切需求、资源以及所涉及的数据工程师和数据科学家的技能。图 7.13 给出了一种行之有效的分工方法，它将两种职责划分得非常清楚。

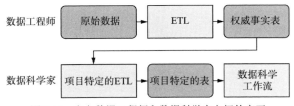

图 7.13　定义数据工程师和数据科学家之间的交互

数据工程师负责数据采集，即负责收集原始数据、数据质量和任何数据转换，数据转换使数据成为广泛使用的、权威的、精心管理的数据集。对于结构化数据，数据集通常是具有固定、稳定模式的表。值得注意的是，这些上游数据集应关注事实，将数据解释留给下游项目。组织不应低估数据工程师的要求。数据工程师将原始数据直接公开在现实世界的混乱中，却使组织的其他部分免受混乱的影响，他们在这方面发挥着关键作用。相应地，所有下游项目的有效性取决于上游数据的质量。

数据科学家专注于构建、部署和操作数据科学应用程序。他们非常熟悉每个项目的具体需求。他们负责基于上游表来创建特定于项目的表。因为他们负责创建这些表，所以可以根据需要独立地对表进行迭代。

根据每个项目的需求，对项目特定表的有效性和稳定性的要求可能会较为宽松，因为这些表与特定的工作流紧密耦合，该工作流也由同一位数据科学家或一个小型科学家团队管理。在处理大型数据集时，数据科学家最好可以影响表的布局和划分。在将表引入工作流时，这会对性能产生巨大的影响，如前一节所述。

至关重要的是，只有当数据基础设施(尤其是查询引擎)足够鲁棒，能够管理次优查询时，这种调度才有效。我们不能假设每个数据科学家同时也是世界级的数据工程师，但允许他们独立执行和调度查询并不困难。历史上，许多数据仓库在次优查询下十分容易崩溃，因此让非专家运行任意查询是不可行的。现代数据基础设施应该能够隔离查询，这样就解决了问题。

数据工程的细节不在本书的讨论范围内。然而，本书涵盖与数据科学家的工作相关的问题，因此在下一节中，我们将研究如何通过与查询引擎交互来编写特定于项目的 ETL，以此作为数据科学工作流的一部分。

7.2.2　用 SQL 准备数据集

在本节中，我们将学习如何使用查询引擎(如 Trino 或 Apache Spark)或数据仓库(如 Redshift 或 Snowflake)来准备数据集，使用我们在上一节学习的模式可将这些数据集高效地加载到数据科学工作流中。我们将使用托管的基于云的查询引擎 Athena 来说明这个概念，如图 7.14 所示，但也可以对其他系统使用相同的方法。

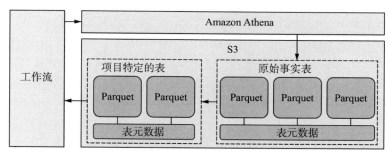

图 7.14　使用查询引擎和基于 S3 的数据湖

首先，需要将数据文件加载到 S3，将它们注册为具有适当模式的表，并存储在表元数据中。Athena 使用流行的 Apache Hive 格式作为元数据。

之后，可以开始查询表。我们将创建一个工作流，向 Athena 发送一个 SQL 查询，选择原始事实表的一个子集，并将结果写入一个新表。这种类型的查询称为 Create Table as Select(CTAS)。CTAS 查询可以很好地满足我们的需求，因为它们可以使用上一节介绍的快速数据模式从 S3 下载结果。

我们将使用开源库 AWS Data Wrangler(见链接[3])与 Athena 交互。使用 AWS Data Wrangler，可以轻松地从 AWS 提供的各种数据库和数据仓库中读取和写入数据。不过，调整示例以使用提供类似功能的其他客户端库并不困难。

如果此时不想测试查询引擎，可以跳到下一小节，了解如何在工作流中后处理数据。

在 Athena 上创建表

Amazon Athena 是一个基于 Trino 的无服务器查询引擎，不需要预先设置。只需要确保 IAM

用户或批处理角色(Metaflow 配置中的 METAFLOW_ECS_S3_ACCESS_IAM_ROLE)带有一个名为 AmazonAthenaFullAccess 的策略,该策略允许执行 Athena 查询。此外,需要确保在配置中设置了 AWS 区域,例如,设置环境变量 AWS_DEFAULT_REGION=us-east-1。

我们将使用纽约市出租车行程数据的一个子集作为测试数据集,代码清单 7.2 首次使用了该数据集。我们将用某一年的数据初始化一个表,大约有 1.6 亿行,按月分区表。在本示例中,分区只是将文件组织为目录,查询引擎可以跳过整个文件目录,可以加速完成只读取月份子集的查询。分区需要特定的命名模式,目录前缀为 month=,这就是我们将文件从其原始位置复制到遵循所需命名模式的新 S3 位置的原因。所需的路径结构如下所示:

```
s3://my-metaflow-bucket/metaflow/data/TaxiDataLoader/12/nyc_taxi/month=11/
➥ file.parquet
```

前缀/nyc_taxi/取决于你的 Metaflow 配置,因此你的前缀看起来会有所不同。关键部分在于 nyc_taxi 后面的后缀,特别是 month = 11 用于分区。

要创建表,需要一个预定义的模式。我们将通过检查 Parquet 文件中的模式来创建模式规范。该表与一个名为 AWS Glue 的数据目录服务共同注册,该服务与 Athena 紧密集成。代码清单 7.4 打包了所有这些操作,在一个 Metaflow 工作流中以所需的层次结构、模式定义和表的创建来下载和上传数据。代码的工作原理如下。

- start 步骤涉及两件事:
  - 将 Parquet 文件复制到 S3 中的划分目录层次结构中。这需要创建新的路径名,可通过效用函数 make_key 完成。注意,通过使用 S3(run=self)初始化 S3 客户端,Metaflow 为使用运行 ID 进行版本控制的文件选择了一个合适的 S3 根,这样我们就可以安全地测试不同版本的代码,而不必担心覆盖以前的结果。生成的层次结构的根路径存储在名为 s3_prefix 的工件中。
  - 检查 Parquet 文件的模式。我们假设所有文件都有相同的模式,因此查看第一个文件的模式就足够了。Parquet 文件的模式使用的名称与 Athena 使用的 Hive 格式略有不同,因此我们使用 hive_field 效用函数根据 TYPES 映射重命名字段。生成的模式存储在工件 schema 中。
- 有了适当布局的 Parquet 文件和模式,就可以在 end 步骤创建表。作为初始化步骤,我们在 Glue 中创建了一个数据库,默认情况下称为 dsinfra_test。如果该数据库已存在,调用将引发异常,可以直接忽略该异常。之后,可以为 Athena 创建一个 bucket 来存储结果,并注册一个新表。repair_table 调用可确保新创建的分区包含在表中。

完成这些步骤后,就可以对表进行查询了。

代码清单 7.4　在 Athena 中加载出租车数据

```
from metaflow import FlowSpec, Parameter, step, conda, profile, S3

GLUE_DB = 'dsinfra_test'  ◀──── 数据库名称——可选择任何名称
```

```python
URL = 's3://ursa-labs-taxi-data/2014/'
TYPES = {'timestamp[us]': 'bigint', 'int8': 'tinyint'}

class TaxiDataLoader(FlowSpec):
    table = Parameter('table',
                      help='Table name',
                      default='nyc_taxi')

    @conda(python='3.8.10', libraries={'pyarrow': '5.0.0'})
    @step
    def start(self):
        import pyarrow.parquet as pq
        def make_key(obj):
            key = '%s/month=%s/%s' % tuple([self.table] + obj.key.split('/'))
            return key, obj.path
        def hive_field(f):
            return f.name, TYPES.get(str(f.type), str(f.type))

        with S3() as s3down:
            with profile('Dowloading data'):
                loaded = list(map(make_key, s3down.get_recursive([URL])))
            table = pq.read_table(loaded[0][1])
            self.schema = dict(map(hive_field, table.schema))
        with S3(run=self) as s3up: #I
            with profile('Uploading data'):
                uploaded = s3up.put_files(loaded)
            key, url = uploaded[0]
            self.s3_prefix = url[:-(len(key) - len(self.table))]
        self.next(self.end)

    @conda(python='3.8.10', libraries={'awswrangler': '1.10.1'})
    @step
    def end(self):
        import awswrangler as wr
        try:
            wr.catalog.create_database(name=GLUE_DB)
        except:
            pass
        wr.athena.create_athena_bucket()
        with profile('Creating table'):
            wr.catalog.create_parquet_table(database=GLUE_DB,
                                table=self.table,
                                path=self.s3_prefix,
                                columns_types=self.schema,
                                partitions_types={'month': 'int'},
                                mode='overwrite')
        wr.athena.repair_table(self.table, database=GLUE_DB)

if __name__ == '__main__':
    TaxiDataLoader()
```

纽约市出租车数据存储在一个公共桶中

将 Parquet 模式中的某些类型映射到 Glue 使用的 Hive 格式

定义表名(可选)

符合分区模式的 S3 对象键(路径)

将 Parquet 类型映射到 Glue 使用的 Hive 类型

下载数据并生成新键

将数据上传到 Metaflow 运行特定的位置

检查第一个 Parquet 文件中的模式, 并将其映射到 Hive

将新的 S3 位置保存在工件中

初始化 CTAS 结果的存储桶

在 Glue 中创建一个新数据库, 并忽略由已存在的数据库而导致的故障

使用新位置和模式注册新表

请求 Athena 发现新添加的分区

将代码保存在 taxi_loader.py 中。运行该流将上传和下载大约 4.2 GB 的数据，因此建议在

Batch 或云工作站上运行该流。你可以照常运行流：

```
# python taxi_loader.py --environment=conda run
```

在大型云工作站上，执行流的时间应少于 30 秒。

使用 Metaflow.S3 对数据进行版本控制

代码清单 7.4 将数据上传到 S3，而不指定 bucket 或显式的 S3 URL。这是可以实现的，因为 S3 客户端被初始化为 S3(run=self)，使得 Metaflow 在默认情况下引用特定于运行的位置。Metaflow 基于其数据存储位置创建 S3 URL，并在键前面加上运行 ID。

当在 S3 中存储需要被其他系统访问的数据时，此模式非常有用(工作流内部的数据可以存储为工件)。因为数据存储与运行 ID 有关，所以你上传的任何数据都会自动进行版本控制，确保每次运行都会写入独立的数据版本或副本，而不会意外覆盖不相关的结果。之后，如果需要跟踪运行产生的数据，可以根据运行 ID 查找数据，从而维护数据血缘。

运行成功完成后，可以打开 Athena 控制台，并确认在数据库 dsinfra_test 下可以找到新表 nyc_taxi。控制台包括一个方便的查询编辑器，允许你用 SQL 查询任何表。例如，可通过执行 SELECT*FROM nyc_taxi LIMIT 10，看到数据的小预览。图 7.15 显示了该控制台示例。

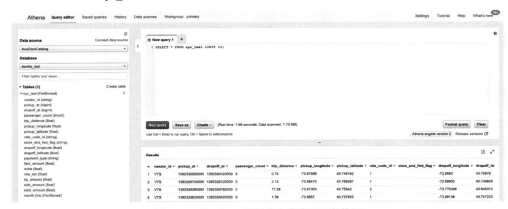

图 7.15　在 Athena 控制台上查询出租车数据

如果可以在控制台中看到表及其列，并且测试查询返回的行带有值，那么该表就可以使用了！接下来，我们将创建一个对表执行 CTAS 查询的流，CTAS 查询允许我们创建工作流要使用的任意数据子集。

运行 CTAS 查询

数据科学家应该如何执行特定于项目的 SQL 查询？一种方法是使用数据基础设施提供的工具，遵循数据工程师使用的最佳实践。这种方法的缺点是，查询与依赖查询的工作流解耦。更好的方法可能是，将查询作为工作流的一部分执行，如下所示。

可将 SQL 语句作为字符串嵌入 Python 代码中，但为了利用 IDE 中正确的语法突出显示和检查，并使代码整体更具可读性，可将它们存储为单独的文件。为了测试这个想法，我们创建了一个查询，该查询选择新创建的 nyc_taxi 表的一个子集。代码清单 7.5 显示了一条 SQL 语句，该语句选择在上午 9 点到下午 5 点的营业时间内的出租车行程。

代码清单 7.5 提取营业时间数据的 SQL 查询

```
SELECT * FROM nyc_taxi
    WHERE hour(from_unixtime(pickup_at / 1000)) BETWEEN 9 AND 17
```

将此 SQL 语句保存在文件 sql/taxi_etl.sql 的新子目录 sql 中。如果你想知道时间逻辑，则需要 pickup_at/1000，因为数据集中的时间戳以毫秒为单位来表示，而 from_unixtime 则希望以秒为单位来表示。现在我们可以编写一个执行查询的流，如代码清单 7.6 所示。

代码清单 7.6 带有参数的流

```
from metaflow import FlowSpec, project, profile, S3, step, current, conda

GLUE_DB = 'dsinfra_test'

@project(name='nyc_taxi')      ←── 将流附加到项目
class TaxiETLFlow(FlowSpec):
                                              基于当前任务的 ID
                                              创建结果表名称
    def athena_ctas(self, sql):
        import awswrangler as wr
        table = 'mf_ctas_%s' % current.pathspec.replace('/', '_')
        self.ctas = "CREATE TABLE %s AS %s" % (table, sql)
        with profile('Running query'):           将查询提交给
            query = wr.athena.start_query_execution(self.ctas,   Athena
                                        ➡ database=GLUE_DB)  ←──
        output = wr.athena.wait_query(query)
        loc = output['ResultConfiguration']['OutputLocation']
        with S3() as s3:
            return [obj.url for obj in s3.list_recursive([loc + '/'])]

    @conda(python='3.8.10', libraries={'awswrangler': '1.10.1'})
    @step                                   格式化并提交查询，存
    def start(self):                        储生成的 Parquet 文件
        with open('sql/taxi_etl.sql') as f:  的 URL
            self.paths = self.athena_ctas(f.read())  ←──
        self.next(self.end)

    @step
    def end(self):
        pass

if __name__ == '__main__':
    TaxiETLFlow()
```

格式化 CTAS SQL 查询并将其存储为工件

等待查询完成

列出结果集中的所有 Parquet 文件

TaxiETLFlow 是一个通用流，实现了图 7.14 中描述的模式。TaxiETLFlow 从文件 sql/taxi_etl.sql 中读取任意一个 SELECT 语句，以 CREATE TABLE 为前缀将其转换为 CTAS 查询，提交查询，等待其完成，并将生成的 Parquet 文件的路径存储为工件，以便其他下游流使用。我们将在下一节介绍一个这样的例子。

提示　可使用 current 对象检查当前正在执行的运行，如代码清单 7.6 所示。这有助于了解当前运行 ID、任务 ID 或正在执行运行的用户。

　　将代码保存到 taxi_etl.py 中。流需要一个额外的 SQL 文件，因此我们使用上一章讨论的 --package-suffixes 选项，将所有.sql 文件包含在代码包中。按如下方式运行流：

```
# python taxi_etl.py --environment=conda --package-suffixes .sql run
```

　　运行完成后，可以登录到 Athena 控制台，并单击 History 选项卡，以确认查询的状态，如图 7.16 所示。

图 7.16　Athena 控制台上的查询状态

　　因为运行 ID 和任务 ID 嵌入在表名中，在本例中为图 7.16 中的 mf_ctas_TaxiETLFlow_1631494834745839_start_1，所以很容易建立查询和运行之间的连接。反之亦然，我们可以将要执行的查询存储为工件 self.ctas，将其结果存储在另一个工件 self.paths 中，从而从源数据、处理它查询，到最终输出(如由工作流生成的模型)形成完整的数据血缘。这种血缘有助于调试与预测或输入数据质量相关的任何问题。

建议　通过在执行的查询中包含运行 ID 并将查询记录为工件，来维护数据基础设施和数据科学工作流之间的数据血缘。

　　作为练习，你可以调整该示例，以使用另一个现代查询引擎，例如，CTAS 模式适用于 Spark、Redshift 或 Snowflake 的相同 CTAS 模式。还可以使用上一章中学习的技术，调度 ETL 工作流，以在生产级调度器上定期运行，这可能与数据工程团队使用的调度器相同。

　　无论你使用什么查询引擎，常规功能都是最重要的。使用这种方法，数据科学家可以在其工作流中包含特定于项目的数据预处理步骤，并将大规模数据处理卸载到可扩展的查询引擎中。在下一节中，我们将了解如何利用水平可伸缩性和之前学习的快速数据方法来访问大型 CTAS 查询的结果。

清除旧结果

　　默认情况下，CTAS 查询生成的结果表将永久保存。你可以检查任何旧结果，从而有利于再现性和可审核性。然而，在一段时间后删除旧结果也是合理的。

　　可使用 S3 生命周期策略删除 S3 中的旧数据。因为结果只是 S3 中的位置，所以你可以设置一个策略，在预计时间(如 30 天)后删除 CTAS 结果写入位置的所有对象。此外，你还希望从

Glue 中删除表元数据。

可通过使用 AWS Data Wrangler 执行 DROP TABLE SQL 语句或使用以下 AWS CLI 命令删除 Glue 表：

```
aws glue batch-delete-table
```

7.2.3 分布式数据处理

在 7.1 节中，我们学习了如何将 Parquet 文件从 S3 快速加载到单个实例。这是一个简单而鲁棒的模式，适用于内存中的数据集。当与 Apache Arrow 和 NumPy 提供的具有数百 GB 的 RAM 和高效内存表示的大型实例相耦合时，你可以处理海量数据集，在某些情况下可以处理数十亿个数据点，而不必处理分布式计算和随之而来的开销。

当然，这种方法有其局限性。显然，并不是所有的数据集都能同时放入内存。或者，在单个实例上对数百 GB 数据进行复杂的处理可能太慢。在这种情况下，最好将计算分散到多个实例。在本节中，我们将学习如何以分布式方式加载和处理数据，如 CTAS 查询生成的表。如前所述，我们将在 Metaflow 的 foreach 结构中进行分发，但你可以将相同的模式应用于支持分布式计算的其他框架。本章内容可用于数据科学工作流中的以下两种常见场景：

(1) 在每个分支中加载和处理单独的数据子集。例如，第 5 章中的 K-means 示例使用相同数据集训练所有模型，本章与此不同，你可以在每个 foreach 任务中加载不同的子集，例如特定于某个国家的数据。

(2) 高效的数据预处理。通常，用 SQL 进行基本数据提取，然后用 Python 进行更高级的预处理很方便。我们将在本章后面和第 9 章中使用此模式进行特征工程。

这两种情况的一个共同特点是，我们希望处理分片或分块的数据，而不是一次处理所有数据。图 7.17 说明了高级模式。

CTAS 查询生成一组 Parquet 文件，可按列(如按国家)进行划分，也可将它们划分成大小大致相等的分片。工作流将 foreach 扩展到分片上，将数据处理分布在多个并行步骤上。然后，我们可以在 join 步骤中聚合结果。为了突出此模式与分布式计算的 MapReduce 范式的相似性，图 7.17 调用了 foreach 步骤 Mapper 和 join 步骤 Reduce。为了了解这种模式在实践中的工作原理，下面介绍一个有趣的示例：出租车数据集的可视化。

示例：可视化大型数据集

下面的示例在两种模式下有效：可以获取 TaxiETLFlow(代码清单 7.6)生成的出租车数据集的任意子集，也可以按原样加载原始数据。如果上一节中没有设置 Athena，则可以使用原始数据模式。在这两种情况下，我们都将提取每次出租车行程中接客位置的纬度和经度，并将其绘制在图像上。

由于数据集中有许多行程，这项任务变得非常重要。在原始模式下，我们处理 2014 年的所有行程，总计 4800 万个数据点。为了演示如何有效地处理此类大型数据集，我们并行执行预处理，如图 7.17 所示。

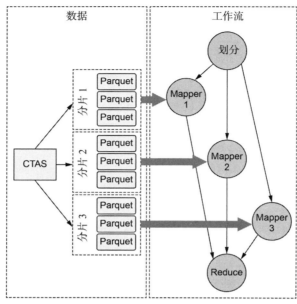

图 7.17　在工作流中处理分片数据

我们从编写一个在图像上绘制点的 helper 函数开始。考虑到数据规模较大，我们将使用一个专门的开放源代码库 Datashader(Datashader.org)。该库经过调整，可以有效地处理数百万个数据点。这个 helper 函数如代码清单 7.7 所示。

代码清单 7.7　绘制出租车行程坐标

```
from io import BytesIO

CANVAS = {'plot_width': 1000,
          'plot_height': 1000,
          'x_range': (-74.03, -73.92),
          'y_range': (40.70, 40.78)}

def visualize(lat, lon):
    from pandas import DataFrame
    import datashader as ds
    from datashader import transfer_functions as tf
    from datashader.colors import Greys9
    canvas = ds.Canvas(**CANVAS)
    agg = canvas.points(DataFrame({'x': lon, 'y': lat}), 'x', 'y')
    img = tf.shade(agg, cmap=Greys9, how='log')
    img = tf.set_background(img, 'white')
    buf = BytesIO()
    img.to_pil().save(buf, format='png')
    return buf.getvalue()
```

定义边界框 ←

将点作为两个数组接受：纬度和经度 →

绘制点，用对数方式着色每个像素

将可视化保存为工件

将代码保存到 taxiviz.py 中，我们将在下面的工作流中导入代码。注意，数据点的数量(高达 4800 万个)远高于图像中的像素数量(100 万个)。因此，我们将根据到达的点的数量对每个像素进行着色。我们使用对数颜色范围来确保最暗的像素不会被冲走。与上一章中的预测图类似，我们将生成的图像存储为一个工件，因此图像会被版本化并存储在运行中。在运行中，可使用Client API 检索图像，并显示在笔记中。

接下来实现流本身——见代码清单 7.8。该流实现了图 7.17 所示的模式。在 start 步骤中，我们选择要使用的输入数据：数据来自先前执行的 TaxiETLFlow 的 CTAS 查询结果或原始数据。我们将数据划分成分片，每个分片由独立的 preprocess_data 任务处理。join 步骤将每个分片生成的数据(坐标数组)合并在一起，并在图像上绘制坐标。

代码清单 7.8　带参数的流

导入之前创建的 helper 函数

```
from metaflow import FlowSpec, step, conda, Parameter,\
                      S3, resources, project, Flow
import taxiviz                                            在原始数据模式下，使
URL = 's3://ursa-labs-taxi-data/2014/'                    用 2014 年的数据
    NUM_SHARDS = 4
                                                          预处理每个分片数据
    def process_data(table):                              的映射器函数
        return table.filter(table['passenger_count'].to_numpy() > 1)
                                                          例如，我们只包括有一
    @project(name='taxi_nyc')                             名以上乘客的行程
    class TaxiPlotterFlow(FlowSpec):
使用与
TaxiETLFlow
相同的项目   use_ctas = Parameter('use_ctas_data', help='Use CTAS data', default=False)
                                                          在两种模式之间选择：
    @conda(python='3.8.10')                               CTAS 或原始数据
    @step
    def start(self):
在原始数据       if self.use_ctas:
模式下，列出         self.paths = Flow('TaxiETLFlow').latest_run.data.paths
原始数据的       else:
路径               with S3() as s3:                        在 CTAS 模式下，检索
                objs = s3.list_recursive([URL])           CTAS 结果的路径
                self.paths = [obj.url for obj in objs]
        print("Processing %d Parquet files" % len(self.paths))
        n = round(len(self.paths) / NUM_SHARDS)
将所有路径划分   self.shards = [self.paths[i*n:(i+1)*n] for i in range(NUM_SHARDS - 1)]
为 4 个大小大致   self.shards.append(self.paths[(NUM_SHARDS - 1) * n:])
相等的分片       self.next(self.preprocess_data, foreach='shards')

    @resources(memory=16000)
    @conda(python='3.8.10', libraries={'pyarrow': '5.0.0'})
    @step
    def preprocess_data(self):          Mapper 步骤，处理每个分片
        with S3() as s3:
            from pyarrow.parquet import ParquetDataset
            if self.input:
下载此分片的数据       objs = s3.get_many(self.input)
并将其解码为表         orig_table = ParquetDataset([obj.path for obj in objs]).read()
                self.num_rows_before = orig_table.num_rows
                table = process_data(orig_table)        处理表
```

```
                          self.num_rows_after = table.num_rows
                          print('selected %d/%d rows'\
                              % (self.num_rows_after, self.num_rows_before))
                          self.lat = table['pickup_latitude'].to_numpy()     存储已处
                          self.lon = table['pickup_longitude'].to_numpy()    理表中的
                    self.next(self.join)                                     坐标

              @resources(memory=16000)
              @conda(python='3.8.10', libraries={'pyarrow': '5.0.0', 'datashader':
              ➥  '0.13.0'})
              @step
              def join(self, inputs):
  将结果可视      import numpy
  化并存储为      lat = numpy.concatenate([inp.lat for inp in inputs])
  工件           lon = numpy.concatenate([inp.lon for inp in inputs])    连接所
                    print("Plotting %d locations" % len(lat))             有分片
                    self.image = taxiviz.visualize(lat, lon)              的坐标
                    self.next(self.end)

          @conda(python='3.8.10')
          @step
          def end(self):
                  pass

  if __name__ == '__main__':
      TaxiPlotterFlow()
```

将代码保存到 taxi_plotter.py 中。如果你之前运行了 TaxiETLFlow，可按如下方式运行流：

```
# python taxi_plotter.py --environment=conda run --use_ctas_data=True
```

否则，忽略该选项，直接使用原始数据。流在大型实例上运行大约一分钟。运行完毕后，可以打开笔记并在单元格中键入以下行查看结果：

```
from metaflow import Flow
from IPython.display import Image
run = Flow('TaxiPlotterFlow').latest_run
Image(run.data.image)
```

结果应该类似于图 7.18 中的一个可视化。图 7.18 的左侧显示了完整数据集的图像。可以看到市中心地区非常受欢迎(浅色)。右边的图片是由 CTAS 查询生成的，该查询显示了午夜到凌晨 1 点之间的一个小时内的行程——市中心地区以外的许多地区人流稀少。

代码清单 7.8 中的代码演示了以下 3 个重要概念：

- 得益于@project，我们可以安全地将上游数据处理流 TaxiETLFlow 与其他下游业务逻辑(如 TaxiPlotterFlow)分开。至关重要的是，Flow('TaxiETLFlow').latest_run 不指向 TaxiETLFlow 的任何随机最新运行，而是指向流自身命名空间中存在的最新运行(如第 6 章所述)。这使得多个数据科学家可以处理自己的 TaxiETLFlow→TaxiPlotterFlow 序列，而不会干扰彼此的工作。

完整数据集　　　　　　　　　　　查询结果：午夜到凌晨1点。

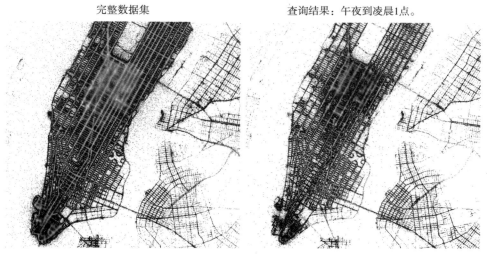

图 7.18　显示出租车数据集两个不同子集中的接客位置

- process_data 函数演示了映射器的概念。在 CTAS 查询中用 SQL 提取原始数据集后，数据科学家可以用 Python 进一步处理数据，而不必在 SQL 查询中打包所有项目特定的逻辑。此外，我们避免了潜在的内存效率低下的 pandas 转换。

可将 process_data 看作是一个无限通用的用户定义函数(User-Defined Function，UDF)，许多查询引擎提供了该函数，将其作为一个转义填充，以排除 SQL 的限制。我们可根据 process_data 的计算成本增加分片数，以加快处理速度。

- 避免将完整的数据集存储为工件，工件的速度通常很慢。相反，我们只提取所需的数据(本例中为纬度和经度)作为 NumPy 数组，并存储它们，以节省空间。合并和操作 NumPy 数组的速度很快。

该工作流表明，通过使用现有的库和可扩展的计算层，可以用 Python 处理甚至更大的数据集。这种方法的主要好处是操作简单：你可以利用现有的数据基础设施进行初始繁重的查询和 SQL 查询，其余的工作可由数据科学家用 Python 自动处理。

在下一节中，我们将在数据路径中添加最后一步：将数据输入模型。我们将利用本节中讨论的模式来高效地执行特征转换。

另一种方法：Dask 或 PySpark

作为分布式数据处理的另一种方法，可使用 Dask(dask.org)等特殊计算层，此类计算层为用 Python 执行类似的操作提供了更高级别的交互。Dask(或 PySpark)的一个好处在于，数据科学家可以对类似于数据帧的对象进行操作，这些对象会在后端自动分片和并行化。

缺点是将在基础设施堆栈中出现另一个操作上非常重要的计算层。当 Dask 或 Spark 等系统工作时，可以大大提高效率。如果由于工程问题或与数据科学家想要使用的库不兼容而无法运行，这可能会成为一个难以解决的难题。

如果你已有一个可用的 Dask 集群，只需要从 Metaflow 步骤调用它，就可以轻松处理数据。有了这些关于各种方法的信息后，你就可以为你的组织做出正确的选择。

7.3　从数据到特征

Alex 有了一种将数据从数据仓库加载到工作流的强大方法，可以在将原始数据转换为模型所使用的矩阵和张量时更有条理。Alex 希望快速从数据仓库加载各种数据子集，并定义一组自定义 Python 函数，即特征编码器，将原始数据转换为模型输入。输入矩阵的确切形状和大小取决于用例，因此系统应该足够灵活，以处理各种各样的需求。

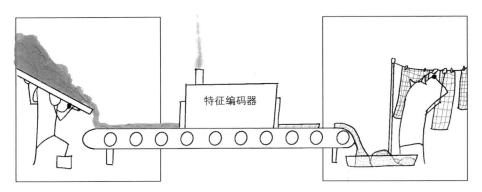

到目前为止，我们已讨论了低级别的数据处理，即高效地访问和处理原始数据。该讨论与数据科学或机器学习没有任何关系。可以说，数据科学通常涉及通用数据处理，因此所讨论的重点是合理的。这也是我们将数据作为基础设施堆栈中最基本层的原因。

在本节中，我们将触及一个多方面的问题：如何思考数据和模型之间的交互。这是一个更高层次的问题，普遍适用的答案更少。例如，适用于表数据的特征工程方法不一定适用于音频或时间序列。

数据科学家领域专业知识的主要部分与特征工程有关，因此最好让他们相对自由地实验和采用各种方法。从这个意义上讲，特征工程不同于本章前面讨论的数据基础主题或第 4 章讨论的计算层。区别如图 7.19 所示，该图在第 1 章中已首次提出。

每个领域都可以从特定领域的库和服务中受益，而不是为特征工程规定一个通用的解决方案。

建议　通常情况下，良好的做法是为特征层构建、采用或购买特定于领域的解决方案，这些解决方案可以特定于现有用例。解决方案可以位于基础设施之上，因此它们与堆栈的其他部分是互补的，而不是互相竞争的。

我们首先定义特征的无定形概念。然后，将提供一个基本例子，获取原始数据，将其转换为特征，并输入模型中。稍后，在第 9 章中，我们将扩展该例子，使其更具特色。这将为你提

供一个坚实的起点，以便你深入探索，例如，可以阅读一本在建模、详细介绍特征工程等方面
更加深入的书籍，并将这些经验应用到你自己的基础设施堆栈中。

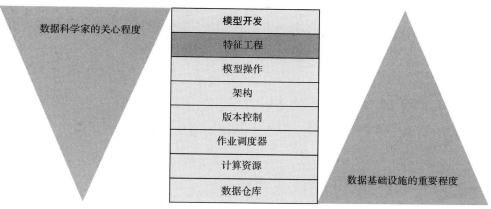

图 7.19　数据科学家对堆栈各层的关心程度

7.3.1　区分事实和特征

区分事实和特征是有用的。除了提供概念清晰性，这种做法还有助于为数据工程师和数据
科学家划分职能。我们使用图 7.20 来组织该讨论。

这个图建立在一个哲学假设的基础上，即一切都存在于客观的物理现实中，我们可以通过
部分观察来收集事实。由于事实的可观察性，我们可以预期事实会有偏差、不准确，甚至偶尔
会不正确。但至关重要的是，我们将尽己所能使事实接近客观现实。

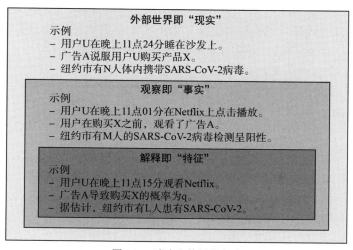

图 7.20　事实和特征的实质

从工程的角度来看，事实可以是从产品中收集的事件或从第三方获取的数据。事实不应
该有太多的解释或含糊不清：例如，有人点击播放观看《狮子王》是一种直接的观察，这

是一种事实。稍后，我们可能会将"播放"事件解释为用户更喜欢观看此类内容的信号，这可能是一个有用的标签，是推荐模型的一个特征。对于"播放"事件，还有无数其他的解释(可能他们在移动设备上误点了一个很大的横幅广告)，因此，也有很多特征工程的机会，但潜在的事实是明确的。事实和特征之间的区别具有重要的实际意义，其中一些意义见表 7.1。

表 7.1 比较事实与特征

	特征	事实	现实
角色	数据科学家	数据工程师	
关键活动	定义新特征并挑战现有特征	收集并保存可靠的观察结果	
迭代速度	快速——提出新的解释很容易	缓慢——开始收集新数据需要付出大量努力	
我们能控制它吗	可以完全控制——我们了解并控制所有输入和输出	可以部分控制——我们无法控制输入，不可预测的现实	不能控制，但我们可以进行小干预，如 A/B 实验
可信度	变化，默认为低	目标很高	客观事实

正如表中所强调的，我们需要有人负责可靠地收集和存储事实，这一职责通常由数据工程师担任。这本身就是一项复杂的任务，因为他们需要直接与不断变化的外部现实对接。在一组可靠的事实变得可用后，另一角色，即数据科学家，可以获取事实，将其解释并转换为特征，在模型中进行测试，并使用一组新的特征再次迭代以改进模型。

这两种角色之间的关键活动是不同的。最理想的情况是，数据科学家可以快速迭代，因为他们有无限多的可能特征需要测试。事实越准确和全面，模型就越好，这促使数据工程师收集各种各样的高质量数据。我们可以将这些活动投射到本章所述的以下模式中：

- 数据工程师维护可靠的事实表，可用于所有项目。
- 数据科学家可以查询事实表，并为他们的工作流提取进一步研究的项目特定事实视图，例如，通过使用 CTAS 模式。
- 数据科学家可使用上一节中介绍的 MapReduce 样式的模式，用 Python 快速迭代工作流中的特征。

在某些情况下，利用现有的库和服务(如特征存储或数据标签服务)来帮助完成最后两个步骤可能很有用，或者你可以创建一个满足公司特定需求的自定义库。无论如何，谨慎的做法是首先考虑一个不涉及专用工具的简单基线解决方案。

你可以直接使用下一节中介绍的基线方法，也可以将其用作自己特定领域的库的基础。无论采用何种方法，数据科学家都应该能够轻松访问事实，并快速迭代特征。使用 Metaflow 等系统来处理版本控制是非常有益的，否则，你很容易忘记是哪些数据和特征产生了最佳结果。

7.3.2　编码特征

将事实转换为特征的过程称为特征编码或特征化。模型采用了一组特征，有时由几十个甚至几百个单独的特征编码函数或特征编码器生成。尽管你可以将特征化编码与建模编码交织在一起(尤其是在大型项目中)，但将定义和执行特征编码器的一致方式作为一个单独的步骤非常有用。

除了有助于使整个架构易于管理，重要的一点是在训练和推理过程中使用相同的特征编码器，可以保证结果的正确性。这种要求通常被称为离线-在线一致性，其中离线指的是作为批处理过程的模型的定期训练，在线指的是按需预测。

特征工作流的另一个核心要求是精确划分训练和测试的管理。在很多情况下，就像上一章中的天气预报示例一样，我们使用历史数据预测未来。将过去的时间点作为参考，将之前的数据处理为历史，用于训练；将之后的数据处理为模拟未来，用于测试，以此对这样的模型进行回溯测试。为了保证结果的有效性，训练数据不得包含超过参考点的任何信息。超过参考点的信息通常称为泄漏，将被视为从未来获取信息。

设计良好的特征编码工作流可以将时间作为主要维度，这使得易于在确保特征编码器时间范围的同时进行回溯测试，从而防止任何类型的泄漏。特征编码工作流还可以帮助监控概念漂移，即模型的目标变量随时间变化的统计信息。一些特征存储可以帮助解决所有这些问题，还提供了一个交互界面，使得可以轻松共享和发现事实和特征。

这些问题没有什么正确或普遍的实现方法。在不同的数据集中，时间的处理方式不同，保持在线-离线一致性的方式有很多，具体取决于用例，并非所有应用程序都需要"在线"预测。一个紧密耦合的数据科学团队在一起完成一个项目时，可以快速地在特征编码器上进行通信和迭代，而不需要重量级的技术解决方案。

选择迭代的灵活性和速度还是选择确保正确性是一个重要的争论点：你可以设计(或获得)一个特征化解决方案，解决以前的所有问题，保证正确性，但很难定义新特征。对于一个敏感、成熟的项目，这可能是正确的权衡。另一方面，在一个新项目上强加一个过于死板的解决方案可能会导致难以快速开发，从而限制了方案的实用性。即项目可能完全正确，但同时也可能毫无用处。一个好的折中方案可能是从灵活的方法开始，并随着项目的成熟使其更加固定。

接下来，我们将基于上一节中的 TaxiPlotter 工作流，介绍一个极其简单的特征编码工作流。这个示例极其灵活：它没有解决之前的任何问题，但为第 9 章奠定了基础。第 9 章将介绍一个更全面的特征化工作流。

示例：预测一个出租车行程的费用

为了演示特征编码(而不是建模技巧)，我们构建了一个简单的预测程序来评估一个出租车行程的费用。我们知道，无论是在时间上还是在空间上，价格都与行程的长短直接相关。为了简单起见，本例只关注距离。我们使用简单的线性回归来预测给定行程距离的支付金额。第 9 章将进一步探究这个示例。

　　如果这是给数据科学家的一项真正任务，他们肯定会从探索数据开始，可能是在笔记上完成，也可以把它作为一个练习来完成。你会发现，与任何包含经验观察的现实生活中的数据集一样，数据中存在噪声：大量的行程费用为 0 美元或 0 行驶距离。此外，少数异常值的费用或行程距离非常高。

　　我们首先对此做出解释，假设这些异常行程无关紧要，从而开始将事实转换为特征。我们在代码清单 7.9 中使用函数 filter_outliers 来消除位于值分布顶部或底部 2%的行程。效用模块还包含函数 sample，我们可以使用该函数从数据集中统一采样行。

代码清单 7.9　从 Arrow 表中删除异常行

接受 pyarrow.Table 和要清除的列

从接受所有行的过滤器开始

```
def filter_outliers(table, clean_fields):
    import numpy
    valid = numpy.ones(table.num_rows, dtype='bool')
    for field in clean_fields:
        column = table[field].to_numpy()
        minval = numpy.percentile(column, 2)
        maxval = numpy.percentile(column, 98)
        valid &= (column > minval) & (column < maxval)
    return table.filter(valid)
def sample(table, p):
    import numpy
    return table.filter(numpy.random.random(table.num_rows) < p)
```

逐个处理所有列

查找值分布的顶部和底部 2%的行程

仅包括值分布在 2%~98%之间的行

返回与过滤器匹配的行的子集

对给定表的 p%行进行随机采样

在每一行上抛一个有偏差的硬币，并返回匹配的行

　　将代码保存在 table_utils.py 中。值得注意的是，代码清单 7.9 中的函数 filter_outlier 和 sample 也可以用 SQL 实现。你可以用 CTAS 查询后面的 SQL 进行这些基础操作。用 Python 执行这些操作具有以下几点好处。首先，用 SQL 表达 filter_outlier 有些复杂，尤其是在多个列上执行时。生成的 SQL 可能需要比 Python 实现更多(复杂)的代码行。

　　其次，我们在这里做了主要假设：2%是正确的数字吗？所有列都应该相同吗？一位数据科学家可能想迭代这些选择。我们可以用 Python 迭代和测试代码，这比执行复杂的 SQL 查询要快得多。

　　还要注意的是，这两个函数都是在不转换为 pandas 的情况下实现的，这保证了操作既节省时间又节省空间，因为它们只依赖 Apache Arrow 和 NumPy，这两种操作都由高性能的 C 和 C++代码支持。这些操作在 Python 中很可能比在任何查询引擎中都更高效。代码清单 7.10 定义了构建线性回归模型并将其可视化的函数。

代码清单 7.10 训练和可视化回归模型

```
def fit(features):          ◄──── 接受特征作为 NumPy
    from sklearn.linear_model import          数组的字典
    LinearRegression

    d = features['trip_distance'].reshape(-1, 1)
    model = LinearRegression().fit(d, features['total_amount'])
    return model                                     使用 Scikit-Learn 构
                                                     建线性回归模型
def visualize(model, features):  ◄──── 可视化模型
    import matplotlib.pyplot as plt

    from io import BytesIO
    import numpy
    maxval = max(features['trip_distance'])
    line = numpy.arange(0, maxval, maxval / 1000)       绘制回归线
    pred = model.predict(line.reshape(-1, 1))
    plt.rcParams.update({'font.size': 22})
    plt.scatter(data=features,
                x='trip_distance',
                y='total_amount',
                alpha=0.01,
                linewidth=0.5)
    plt.plot(line, pred, linewidth=2, color='black')
    plt.xlabel('Distance')
    plt.ylabel('Amount')
    fig = plt.gcf()
    fig.set_size_inches(18, 10)
    buf = BytesIO()
    fig.savefig(buf)            将图像保
    return buf.getvalue()       存为工件
```

将代码保存到 taxi_model.py 中。fit 函数使用 Scikit-Learn 构建了一个简单的线性回归模型。有关详细信息，请参阅 Scikit-Learn 的文档(见链接[4])。visualize 函数将特征绘制在散点图上，并将回归线覆盖在其上。

代码清单 7.11 显示了实际的工作流 TaxiRegressionFlow，该工作流以上一节中的 TaxiPlotterFlow 为基础。TaxiRegressionFlow 也有相同的两种模式：可使用 TaxiETLFlow 生成的 CTAS 查询中的预处理数据，也可使用用于访问两个月未过滤数据的原始模式。

代码清单 7.11 从事实到特征再到模型

```
from metaflow import FlowSpec, step, conda, Parameter,\
                     S3, resources, project, Flow
URLS = ['s3://ursa-labs-taxi-data/2014/10/',  ◄──── 在原始模式下使
        's3://ursa-labs-taxi-data/2014/11/']          用两个月的数据
NUM_SHARDS = 4
FIELDS = ['trip_distance', 'total_amount']
    @conda_base(python='3.8.10')
    @project(name='taxi_nyc')
    class TaxiRegressionFlow(FlowSpec):
```

采样给定百分比的数据

在原始或CTAS模式之间进行选
择，类似于 TaxiPlotterFlow

```python
    sample = Parameter('sample', default=0.1)
    use_ctas = Parameter('use_ctas_data', help='Use CTAS data', default=False)

    @step
    def start(self):
        if self.use_ctas:
            self.paths = Flow('TaxiETLFlow').latest_run.data.paths
        else:
            with S3() as s3:
                objs = s3.list_recursive(URLS)
                self.paths = [obj.url for obj in objs]
        print("Processing %d Parquet files" % len(self.paths))
        n = max(round(len(self.paths) / NUM_SHARDS), 1)
        self.shards = [self.paths[i*n:(i+1)*n] for i in range(NUM_SHARDS - 1)]
        self.shards.append(self.paths[(NUM_SHARDS - 1) * n:])
        self.next(self.preprocess_data, foreach='shards')

    @resources(memory=16000)
    @conda(libraries={'pyarrow': '5.0.0'})
    @step
    def preprocess_data(self):
        from table_utils import filter_outliers, sample
        self.shard = None
        with S3() as s3:
            from pyarrow.parquet import ParquetDataset
            if self.input:
                objs = s3.get_many(self.input)
                table = ParquetDataset([obj.path for obj in objs]).read()
                table = sample(filter_outliers(table, FIELDS), self.sample)
                self.shard = {field: table[field].to_numpy()
                              for field in FIELDS}
        self.next(self.join)

    @resources(memory=8000)
    @conda(libraries={'numpy': '1.21.1'})
    @step
    def join(self, inputs):
        from numpy import concatenate
        self.features = {}
        for f in FIELDS:
            shards = [inp.shard[f] for inp in inputs if inp.shard]
            self.features[f] = concatenate(shards)
        self.next(self.regress)
    @resources(memory=8000)
    @conda(libraries={'numpy': '1.21.1',
                      'scikit-learn': '0.24.1',
                      'matplotlib': '3.4.3'})
    @step
    def regress(self):
        from taxi_model import fit, visualize
        self.model = fit(self.features)
        self.viz = visualize(self.model, self.features)
        self.next(self.end)

    @step
```

独立清除和采
样每个分片

提取干净列
作为特征

通过连接数组合
并特征分片

拟合模型

可视化模型并将
图像存储为工件

```
    def end(self):
        pass

if __name__ == '__main__':
    TaxiRegressionFlow()
```

将代码保存在 taxi_regression.py 中。如果你之前运行了 TaxiETLFlow，可按如下方式
运行流：

```
# python taxi_regression.py -environment=conda run -use_ctas_data=True
```

否则，忽略选项，直接使用原始数据。在一个大型实例上处理10%的数据样本需要不到一
分钟的时间，在不采样的情况下处理整个数据集需要大约两分钟的时间。图 7.21 显示了模型生
成的回归线以及原始数据的散点图，如 Jupyter 笔记中所示。

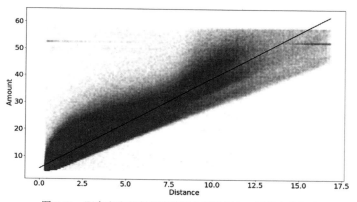

图 7.21　距离和出租车行程费用之间的回归，覆盖在数据上

本例通过演示以下内容扩展了前面的 TaxiPlotterFlow 示例：

- 数据科学家可以使用 MapReduce 样式的模式对特征进行编码。
- 可使用 SQL 提取数据，使用 Python 进行特征工程，将两者耦合起来。
- 得益于 Apache Arrow 和 NumPy 等库，有了 C 和 C++实现的支持，可使用 Python 以
  注重性能的方式执行特征工程。

在第 9 章我们将扩展示例，以包括模型的适当测试、使用深度学习的更复杂的回归模型以
及可扩展的特征编码工作流。

如图 7.22 所示，本章涵盖了从基础数据访问模式到特征工程工作流和模型训练的许多
方面。

我们将首先讨论如何快速将数据从 S3 移到实例，以及如何使用 Apache Arrow 对数据进行
有效的内存表示。之后，展示了如何使用这些技术与查询引擎(如 Spark、Snowflake、Trino 或

Amazon Athena)进行交互，这些引擎是现代数据基础设施的核心部分。

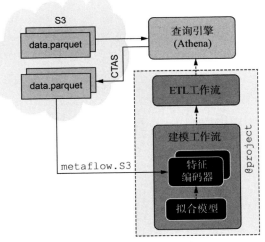

图 7.22   总结本章涵盖的概念

我们创建了一个工作流，它使用查询引擎通过执行 CreateTableAsSelectSQL 查询来处理数据集，查询结果可以快速下载到下游工作流。最后，我们使用此功能创建了一个用于训练模型的特征编码工作流。

结合上一章所学，这些工具允许你构建生产级数据科学应用程序，从数据仓库中获取大量数据，并行编码特征，并大规模训练模型。对于计算要求更高的特征编码器，如果需要，可以利用第 5 章中的相关知识来进行优化。

7.4   本章小结

- 通过确保数据适合内存且文件足够大，并使用大型实例类型，来优化 S3 和 EC2 实例之间的下载速度。

- 使用 Parquet 作为存储表数据的有效格式，使用 Apache Arrow 在内存中读取和处理数据。

- 如果担心内存开销，请避免将数据转换为 pandas。相反，应使用 Arrow 和 NumPy 数据结构进行操作。

- 利用现有的数据基础设施为数据科学工作流提取和预处理数据，并将其连接到 ETL 工作流。

- 使用 Spark、Trino、Snowflake 或 Athena 等现代查询引擎执行 SQL 查询，生成存储在 Parquet 中的任意数据提取，用于数据科学工作流。

- 在组织上，数据工程师可以专注于生成高质量、可靠的事实，而数据科学家可以自主地迭代特定于项目的数据集。

- 使用 MapReduce 模式用 Python 并行处理大型数据集。Arrow 和 NumPy 库由高性能的 C/C++代码支持，可以快速处理数据。

- 利用基本工具和模式来构建一个适用于特定用例的解决方案——特征工程和特征工作流往往特定于领域。

- 在设计特征工作流时，考虑使用时间作为主要维度，以便使用历史数据进行回溯测试并防止泄漏。

- 在特征工程工作流中，确保数据科学家能够轻松访问事实，并快速迭代特征。

第 *8* 章

使用和操作模型

本章内容
- 使用机器学习模型生成有利于实际应用的预测
- 作为批处理工作流生成预测
- 作为实时应用程序生成预测

企业为什么要投资数据科学应用程序？"为了生产模型"并不是一个合适的答案，因为模型只是数据和代码的捆绑，没有内在价值。要产生切实的价值，应用程序必须对周围世界产生积极的影响。例如，单独一个推荐模型是无用的，但当连接到用户界面时，它可以减少客户流失并增加长期收入。或者，预测信用风险的模型在与人类决策者使用的决策支持仪表板连接时，会变得有价值。

在本章中，我们将弥合数据科学与业务应用程序之间的差距。虽然本书在倒数第 2 章才介绍此类内容，但在实际项目中，你应该从一开始就考虑这种联系。图 8.1 使用第 3 章中介绍的螺旋图来说明该理念。

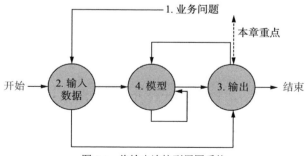

图 8.1 将输出连接到周围系统

一般来说，我们最好从彻底了解需要解决的业务问题开始。之后，你可以识别和评估可用于解决问题的数据资产。在编写建模代码之前，可以选择一种架构模式，该模式允许将结果连接到创造价值的业务应用程序，这是本章的主要主题。

通常，考虑输入和输出就会发现一些问题，例如缺乏合适的数据或在使用结果时存在技术或组织困难，这些问题可以在建立任何模型之前解决。一旦明确了如何在其环境中部署应用程序，就可以开始实际的建模工作。如果项目(如 Netflix 的个性化视频推荐)成功，建模工作就永远不会结束：数据科学家会年复一年地改进模型。

模型能够以多种方式用于生产。公司越来越渴望将数据科学应用于业务的各个方面，从而产生了各种各样的需求。从理论上讲，给定一个模型，就会有一种定义明确的方法来产生预测。但从技术上讲，这与在高速交易系统(为内部仪表板填充少量预测)中生成实时预测的系统不同。

注意，我们使用"预测"一词来指代数据科学工作流的任何输出。严格来说，并非所有的工作流都能产生预测，有的数据科学应用程序会产生分级、分类、推理和其他见解。为简洁起见，我们使用"预测"作为总称来指代任何此类输出。此类活动的另一个常用术语是模型服务，我们希望使模型可用于(也就是将模型提供给)其他系统。

本章首先描述了一些使用模型生成预测的常见架构模式。然后，你可以选择最合适的模式，并将其应用于你的用例。我们关注两种常见的模式：预先计算结果，也称为批处理预测；以及通过 Web 服务实时进行预测，也称为实时预测。这些技巧是对前几章所介绍内容的补充。

本章的后一部分着重于模型操作，即如何确保模型随着时间的推移不断产生正确的结果。我们学习了用于持续训练和测试模型以及监控模型性能的模式。与推理类似，实现模型操作不存在某种单一的正确方法或正确工具，但是学习通用模式可帮助你为每个用例选择正确的工具。

图 8.2 总结了基础设施堆栈中的这些主题。

图 8.2　基础设施堆栈

我们通过将模型操作和架构放在堆栈的高处表明，与第 4 章所述的计算层相比，这些关注点不能从数据科学家那里抽象出来。整个数据科学应用程序的架构，以及它在生产中的操作方式，应该基于正在解决的业务问题。我们应了解应用程序是如何从原始数据到业务结果端到端地工作的，从而使数据科学家能够充分利用他们的领域知识和建模专业知识。自然有效的数据科学基础设施应该使应用各种模式变得足够容易，而不必成为 DevOps 专家。可以通过链接[1]找到本章的所有代码清单。

8.1　生成预测

Alex 的模型带来了效率提升，深受鼓舞，Caveman 纸杯蛋糕公司对一家行业首创的全自动纸杯蛋糕工厂进行了重大投资。几个月来，Alex 和 Bowie 一直在计划如何将 Alex 的机器学习模型的输出连接到驱动设施的各种控制系统。有些系统需要实时预测，而其他系统则需要在夜间进行优化。在模型和工业自动化系统之间设计一个鲁棒且通用的交互并非易事，但这一努力是值得的！得益于精心设计的设置，Alex 能够像以前一样开发和测试更好版本的模型；Bowie能够以全面的可视性观察生产系统的健康状况；Harper 能够大幅扩展业务。

从理论上讲，做出预测应该非常简单。例如，使用逻辑回归模型进行预测只涉及计算一个点积并通过一个 S 形函数传递结果。除了数学公式很简单，这些运算的计算成本也并不高。

在现实生活中使用模型面临实际上的相关挑战，而不是理论上的挑战。你需要考虑如何管理以下内容：

- **规模**——虽然可能不需要很长时间就能做出一个预测，但在足够短的时间内做出数百万个预测则需要更多的思考。
- **变化**——数据随着时间的推移而变化，模型需要重新训练和重新部署。此外，应用程序的代码也可能随着时间的推移而演变。
- **集成**——为了产生实际影响，预测需要由另一个系统使用，该系统本身就面临规模和变化的挑战。
- **故障**——前 3 个问题都足以导致故障：系统在负载下发生故障，变化导致预测随着时间的推移变得不准确，集成很难保持稳定。无论什么时候出现故障，你都需要了解故障出在哪里、故障发生的原因，以及如何快速修复故障。

解决这 4 点中的任何一点本身都是一项不简单的工程挑战。同时解决所有这些问题需要大量的工程努力。幸运的是，只有少数数据科学项目需要拥有针对所有这些问题的完美解决方案。考虑以下典型例子：

- 平衡营销预算的模型可能需要与营销平台的特殊整合，但数据的规模和变化的速度可能是适度的。故障也可以手动处理，而不会造成严重的中断。
- 推荐模型可能需要为数百万用户处理数百万个项目，但如果系统偶尔出现故障，用户也不会注意到稍微过时的推荐。
- 高频交易系统必须在不到一毫秒的时间内做出预测，每秒处理数十万个预测。由于该模型直接带来了数千万美元的利润，因此对托管该模型的基础设施进行大规模的过度配置是具有成本效益的。
- 人类决策者用于承保贷款的信用评分模型规模适中，不会发生快速变化，但需要高度透明，以便人类能够防范任何偏差或其他微妙的故障。
- 经过训练以识别地名的语言模型不会发生快速变化。该模型可作为一个静态文件共享，仅偶尔会更新。

普通方法并不能适用于所有这些用例。如第 6 章所述，有效的数据科学基础设施可以提供几种不同的模式和工具来逐步强化部署，确保每个用例都能以最简单的方式解决。由于使用模型来支持实际应用程序具有固有的复杂性，因此避免在系统中获取额外的意外复杂性至关重要。例如，仅仅为了每天生成适量的预测而部署一个可扩展的、低延迟的模型服务系统是没有必要的，也没有好处。

你的工具箱还可以包括现有的工具和产品，其中许多是为了解决过去几年中所描述的挑战。令人困惑的是，这些新工具没有既定的命名和分类，有时很难理解如何最有效地使用它们。工具类别通常归入术语 MLOps(机器学习操作)下，包括：

- 模型监控工具，例如，通过监控输入数据和预测的分布如何随时间变化，来帮助应对变化，以及通过在预测偏离预期范围时发出警报来防止故障。
- 模型托管和服务工具，通过将模型部署为可由外部系统查询的微服务集群，帮助解决规模和集成问题，为实时预测提供解决方案。
- 特征存储，通过提供一致的输入数据处理方式来应对变化，确保数据在训练期间和预测中都被一致使用。

除了特定于机器学习和数据科学的工具，通常还可利用通用的基础设施，如托管模型的微服务平台或监控模型的仪表板工具。这是一种有用的方法，尤其是当你的环境中已安装了此类工具时。

在下面几节中，我们将介绍一个心智框架，它可以帮助你为用例选择最佳模式。在这之后，我们将通过一个实际操作的例子来展示实际的模式。

8.1.1　批处理、流式和实时预测

当考虑如何有效地使用模型时，可以从以下核心问题着手：在我们知道输入数据后，需要在多长时间内获得预测？注意，该问题不在于模型生成预测的速度有多快，而在于直到预测被用于某件事为止，我们最多可以等待多长时间。图 8.3 说明了输入响应差距(input-response gap)的问题。

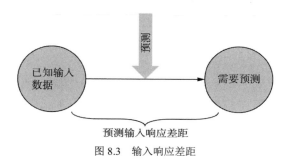

图 8.3　输入响应差距

可以在已知输入数据之后(显然不是之前)和外部系统需要预测之前的任何时间生成预测，如图 8.3 中的大箭头所示。输入响应差距越大，选择何时以及如何生成预测的余地就越大。

为什么这个问题很重要？直觉上，很明显，快速给出答案比慢慢给出答案更难。差距越小，规模、变化、集成和故障的挑战就越大。虽然从技术上讲，支持低延迟的系统也可以处理高延迟，但是使用单个低延迟系统来处理所有用例也可能很有吸引力，因为避免过度设计可以使事情更容易。

根据答案，我们可以为用例选择合适的基础设施和软件架构。图 8.4 显示了 3 种常见的基于差距大小的模型服务系统：批处理，其中差距通常在几十分钟或更长时间内测量；流式处理，可以支持分钟尺度的差距；实时处理，用于需要在秒或毫秒内响应时。

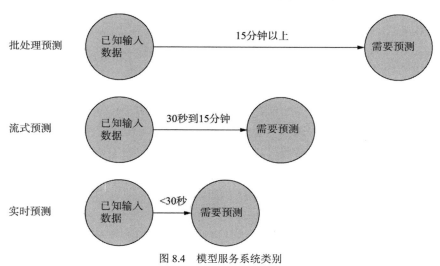

图 8.4　模型服务系统类别

批处理预测方法是最容易实现的,所有系统都有足够的余量可供操作,但只有当你能够在使用预测之前等待 15 分钟或更长时间时,这种方法才适用。在这种情况下,你可以将所有新的输入数据聚合到一个大的批处理中,并调度一个工作流,使其每小时或每天运行一次,以生成对批处理的预测。结果可以保存在数据库或缓存中,外部系统可以快速访问这些结果,从而为访问预先计算的预测提供非常低的延迟。

使用工作流调度器频繁地生成预测是不太实际的,因为典型的工作流调度器没有针对最小延迟进行优化。如果你需要更快地得到结果,即在收到输入数据点后 30 秒到 15 分钟之间得到结果,可使用 Apache Kafka 等流处理平台,也可使用 Apache Flink 等流应用程序平台。这些系统可大规模地获取数据,并在几秒钟内将其传送给数据消费者。

流处理模型的一个例子包括视频服务中的"下一个观看"推荐。假设我们想在上一个视频结束后立即显示对新视频的个性化推荐,我们可以在播放上一个视频时计算推荐,因此可以容忍几分钟的延迟。

最后,如果你需要在几秒钟内显示结果,就需要一个实时模型服务的解决方案。这类似于任何需要在用户单击按钮后立即在几十毫秒内生成响应的 Web 服务。例如,互联网广告公司使用类似的系统来预测最有效吸引用户的个性化横幅广告。

另一个重要的考虑因素是,预测将如何被外部系统使用:结果是由工作流推送到数据存储,还是由消费者从服务中提取? 图 8.5 概述了这些模式,注意箭头的方向。

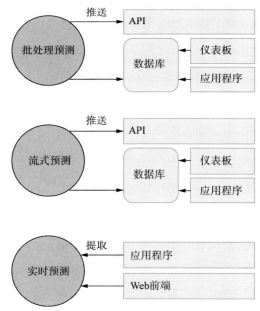

图 8.5   共享输出的模式

生成批处理预测的工作流可以将预测发送到外部 API 或数据库。然后,其他业务应用程序(包括仪表板)很容易从数据库访问预测。同样的模式也适用于流式预测,其关键区别在于预测的刷新频率更高。要注意箭头的方向：批处理预测和流式预测将预测推送到外部系统。外部系统无法直接调用它们。

相比之下，实时模型服务系统则相反：外部系统从模型中提取预测。当输入数据在需要预测之前变得可用时，需要使用这种方法。例如，考虑一个基于用户刚刚访问的网站清单生成目标广告的模型。在这种情况下，预先计算所有可能的网站组合是不可行的，必须实时计算预测。

模式的选择具有深远的影响，如下所述。

- 在本地开发和测试批处理预测很容易。可使用与用于训练模型的批处理预测相同的工作流系统，因此不需要其他系统。相比之下，开发和测试流处理和实时预测需要额外的基础设施。
- 批处理(以及有时是流式)预测的数据处理可以遵循第 7 章概述的模式。确保特征在训练和预测中保持一致要相对容易一些，因为相同的数据处理代码可用于双方。相比之下，实时预测需要支持低延迟查询以及低延迟特征编码器的数据存储。
- 使用第 4 章中概述的计算层，批处理规模预测与规模训练一样容易。自动缩放流处理和实时系统需要更复杂的基础设施。
- 在批处理系统中，准确监控模型、记录和管理故障更容易。通常，与流式或实时系统相比，确保批处理系统保持高度可用会减少操作开销。

总而言之，我们应该首先考虑应用程序或其部分是否可以由批处理预测提供支持。

提示　批处理并不意味着在需要时无法快速访问预测。事实上，将预测作为一个批处理过程进行预先计算，并将结果推送到高性能数据存储(如内存缓存)，可以提供最快的预测访问。然而，批处理需要提前知道输入。

下文中，我们将通过一个实际用例(一个电影推荐系统)演示 3 种模式。我们将首先简要介绍推荐系统；其次，将展示如何使用推荐模型进行批处理预测，以及之后如何使用它来支持实时预测；最后，将概述流预测的高级架构。

8.1.2　示例：推荐系统

下面构建一个简单的电影推荐系统，查看这些模式如何应用于实践。假设你在一家在线流播视频的初创公司工作。这家初创公司还没有机器学习系统。你被聘为数据科学家，要求为公司建立推荐模型，但你不想仅停留在模型的创建上。为了使模型(和你自己)更具价值，你希望将创建的推荐模型集成到公司的实时产品中，这样它将在界面中提供一个新的"推荐给你"功能。

从头开始构建这样一个系统需要付出一些努力。我们制订了一个项目计划，如图 8.6 所示，概述了我们将在本节中重点讨论的主题。我们遵循螺旋式方法，因此第一步将详细了解该系统的业务上下文。此练习中，我们可以跳过这个步骤(在现实中则不应该如此)。我们首先熟悉可用的数据，并概述一个基本的建模方法，如果项目有前景，可以在以后对其进行改进。

图 8.6　推荐系统项目：重点在于输入

我们将使用一种称为协同过滤的知名技术，来开发该模型的第一个版本。原理很简单：我们知道现有用户过去看过什么电影。通过了解新用户看过的几部电影，可以找到与新用户相似的现有用户，并推荐现有用户喜欢的电影。对于这样的模型，关键问题是定义"相似"的确切含义，以及如何快速计算用户之间的相似性。

为了训练模型，将使用公开的 MovieLens 数据集(见链接[2])。可通过链接[3]下载具有 2700 万评级的完整数据集并解压缩该存档。

方便的是，数据集包含了每部电影的大量特征(称为标签基因组)。图 8.7 说明了这个想法。在图中，每部电影都有两个维度的特征：戏剧与动作，严肃与搞笑。

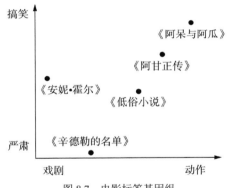

图 8.7　电影标签基因组

我们的模型在一个相似的向量空间中表示电影，但实际的标签基因组包括 1128 个维度，远不止 2 个，如 genometags.csv 中所述。这 1128 维空间中每部电影的坐标都列在 genome-scores.csv 中。要了解电影 ID 和电影名称之间的映射，请参见 movies.csv。

我们知道每个用户观看了什么电影，以及他们为电影评定的星级。此信息包含在 ratings.csv 中。我们只想推荐用户喜欢的电影，即用户评为四星或五星的电影。现在，我们根据每个用户喜欢的电影类型来描述用户，换句话说，用户(向量)是他们喜欢的电影向量的总和。图 8.8 说明了这个原理。

为了将每个用户表示为标签基因组空间中的一个向量，我们使用用户矩阵来说明用户喜欢哪些电影，并对电影矩阵中的向量求和，电影矩阵表示每部电影。如果知道新用户喜欢的几部电影，则可以用同样的方法将任何新用户表示为向量。我们不希望观看的电影数量产生任何影响，只考虑电影的性质，因此将每个用户向量归一化为单位长度。

图 8.8 中描述的操作在代码清单 8.1 中实现，我们将其用作效用模块。代码清单中的大部分代码用于从 CSV 文件加载和转换数据。电影矩阵从 CSV 加载到 load_model_movies_mtx 中，CSV 包含每部电影的 genome_dim(1128)行数。我们将文件分成固定大小的向量，存储在由电影 ID 输入的字典中。

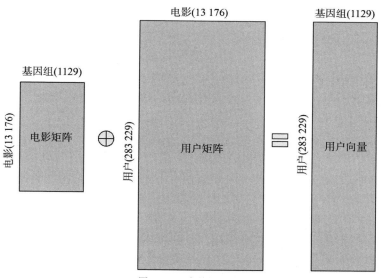

图 8.8　三个关键矩阵

因为每个用户观看的电影数量不同，因此用户矩阵有些难以加载。根据我们从第 5 章(强调了 NumPy 数组的性能)和第 7 章(展示了 Apache Arrow 的强大功能)中学到的知识，将使用这两个项目来高效地处理大型数据集。我们使用 Arrow 的 filter 方法筛选出评级较高的行。使用 NumPy 的 unique 方法计算用户观看的电影数量，将行进行相应的分块，并将用户观看的电影 ID 结果清单存储在由用户 ID 输入的字典中。

代码清单 8.1　加载电影数据

```
def load_model_users_mtx():        ← 加载用户矩阵
    ratings = read_csv('ratings.csv')
    good = ratings.filter(ratings['rating'].to_numpy() > 3.5)   ← 仅包括已观看的获得四
                                                                   星或五星的电影
    ids, counts = np.unique(good['userId'].to_numpy(),
                            return_counts=True)
    movies = good['movieId'].to_numpy()
    model_users_mtx = {}                         从长数组中提取
    idx = 0                                      单个用户向量
    for i, user_id in enumerate(ids):
        model_users_mtx[user_id] = tuple(movies[idx:idx + counts[i]])
        idx += counts[i]
    return model_users_mtx
                                    ← 加载电影 ID——
def load_movie_names():               电影名称映射
    import csv
    names = {}
    with open('movies.csv', newline='') as f:
        reader = iter(csv.reader(f))
        next(reader)
        for movie_id, name, _ in reader:
            names[int(movie_id)] = name
    return names
```

确定每个用户观看的电影数量

将代码保存到效用模块 movie_data.py 中。

最后，在代码清单 8.2 中创建用户向量。make_user_vectors 函数用于组合来自用户矩阵和电影矩阵的信息。我们不需要显式地存储用户向量，因此要避免为每个用户创建单独的向量。稍后将对此展开详细介绍。我们将按顺序为每个用户重复使用同一个向量。

代码清单 8.2　生成用户向量

```
import numpy as np
                                                      提取第一个电影
                                                      向量作为模板
def make_user_vectors(movie_sets, model_movies_mtx):
    user_vector = next(iter(model_movies_mtx.values())).copy()   ←
    for user_id, movie_set in movie_sets:
        user_vector.fill(0)            ← 反复播放用户曾
        for movie_id in movie_set:       观看的电影
            if movie_id in model_movies_mtx:                      通过对电影向量
                user_vector += model_movies_mtx[movie_id]   ←    求和来创建用户
        yield user_id,\                                          向量
            movie_set,\
            user_vector / np.linalg.norm(user_vector)
```

清除用户向量

将用户向量归一化为单位长度

将代码保存到效用模块 movie_uservec.py 中。我们很快将在训练工作流中用到该模块。

训练初级推荐模型

图 8.9 显示了项目的进展情况。我们已完成了输入数据部分。接下来，将概述一个基本的

推荐模型，供后续使用。

图 8.9　推荐系统项目：训练工作流的第一次迭代

为了为新用户提供推荐，将测量新用户和所有现有用户之间的向量距离，并选择最近的相邻向量，以此找到相似的用户。仅仅一组推荐就需要数十万次距离测量，其计算成本非常高。

幸运的是，可使用高度优化的库加快搜索最近邻的速度。我们将使用 Spotify 为其音乐推荐系统创建的一个高度优化的库 Annoy。Annoy 将创建所有用户向量的索引和模型，我们可以将其保存并稍后用以生成推荐。

代码清单 8.3 中的代码显示了训练推荐模型的工作流。该工作流使用 movie_data 中的函数来加载数据，将其存储为工件，生成用户向量，并将其提供给 Annoy 库。之后，Annoy 将生成用户向量空间的有效表示。

代码清单 8.3　推荐模型训练工作流

```
from metaflow import FlowSpec, step, conda_base, profile, resources
from tempfile import NamedTemporaryFile
                                        增加此参数的值以提高
                                        Annoy 索引的准确性
ANN_ACCURACY = 100
@conda_base(python='3.8.10', libraries={'pyarrow': '5.0.0',
                                         'python-annoy': '1.17.0'})
class MovieTrainFlow(FlowSpec):

    @resources(memory=10000)
    @step                        start 步骤将电影数据
    def start(self):             存储为工件
        import movie_data
        self.model_movies_mtx, self.model_dim =\
        movie_data.load_model_movies_mtx()
        self.model_users_mtx = movie_data.load_model_users_mtx()
        self.movie_names = movie_data.load_movie_names()
        self.next(self.build_annoy_index)

    @resources(memory=10000)
    @step
    def build_annoy_index(self):
        from annoy import AnnoyIndex
        import movie_uservec
        vectors = movie_data.make_user_vectors(\
                self.model_users_mtx.items(),        为所有现有用户生成
                self.model_movies_mtx)               用户向量的迭代器
        with NamedTemporaryFile() as tmp:
            ann = AnnoyIndex(self.model_dim, 'angular')
            ann.on_disk_build(tmp.name)              初始化 Annoy 索引
```

```
        with profile('Add vectors'):
            for user_id, _, user_vector in vectors:
                ann.add_item(user_id, user_vector)      │ 向索引提供用户向量
        with profile('Build index'):
            ann.build(ANN_ACCURACY)  ◄─────────┐
        self.model_ann = tmp.read()              │        完成索引
    self.next(self.end)  ◄──────────────┘
                                        将索引存储为工件
    @step
    def end(self):
        pass

if __name__ == '__main__':
    MovieTrainFlow()
```

将代码保存到文件 movie_train_flow.py 中。要运行流,请确保当前工作目录中有 MovieLens CSV。按如下方式运行流:

```
# python movie_train_flow.py --environment=conda run
```

建立索引需要 10~15 分钟。较低的 ANN_accuracy 常量值可以以牺牲精确性为代价加快处理速度。如果想知道常量如何影响 Annoy 索引,请访问链接[4]中有关 build 方法的文档。或者,可通过在云中运行代码(如 run --with batch)来加快处理速度。

构建索引后将其存储为工件。下面将使用这个工件生成推荐,首先是作为批处理工作流进行处理,然后是实时进行处理。

8.1.3　批处理预测

现在我们有了一个模型,可以专注于本章的核心:使用模型生成预测。我们在实践中应该怎么做?考虑一下如何将讨论应用于业务环境。

这家初创公司的系统可能已被组织为微服务,即用于公开定义良好的 API 的独立容器。按照同样的模式,推荐系统自然会被创建为另一个微服务(将在下一节完成)。然而,在与工程团队的讨论中,我们发现微服务方法存在以下潜在问题:

- 该模型比现有的轻量级 Web 服务占用更多的内存和 CPU。需要更改该公司的容器编排系统以适应新的服务。
- 应该如何扩展服务?如果有大量的新用户呢?每秒产生数千条推荐的计算能力不容小觑。
- 每次用户刷新页面时都不断请求推荐,这不是很浪费吗?在用户观看完电影之前,推荐不会改变。也许我们应该以某种方式保存这些推荐。
- 作为数据科学家,你要负责运营新的微服务吗?工程师负责他们的微服务,但要进行操作需要一个复杂的工具链,而数据科学团队以前从未使用过此类工具链。

此外,你也认识到了冷启动问题:当新用户注册时,没有数据可以为他们提供推荐。一位产品经理建议,可以在注册过程中向用户询问一些他们喜欢的电影,以解决这个问题。

所有这些都是值得关注的问题。在考虑了一段时间后，你想出了一个完全不同的方法：如果以一个大批处理操作代替微服务，以工作流的形式为所有现有用户提供推荐，会怎样？对于现有用户，可以生成一长列推荐，因此即使他们看过某部电影，清单也不会发生巨大变化。你可以每晚刷新该清单。

为了解决冷启动问题，当新用户注册时，可以让他们在前 1000 部(数字只是举例)最受欢迎的电影中选择两部他们喜欢的电影。根据他们最初的选择，我们可以推荐他们可能喜欢的其他电影。关键一点在于，我们可以为所有可能的电影对预先计算推荐。

图 8.10 将这种情况可视化。在概念上，用户选择对应于某部电影的行，然后选择对应于另一部电影的列。我们排除了对角线，不允许用户两次选择同一部电影。因为(电影 A，电影 B)的选择等于(电影 B，电影 A)，即顺序无关紧要，因此也可以排除矩阵的一半。所以，我们只需要为上三角(矩阵中的深灰色区域)预先计算推荐。你可能还记得确定矩阵中暗色单元格数量的公式(算式)。

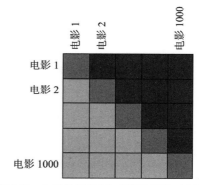

图 8.10 为所有电影对生成推荐(深色三角形)

换句话说，可以通过预先计算大约 50 万条推荐来处理用户的任何选择，这是可行的！这样做可以获得很多好处：可以将推荐写入工程团队管理的数据库中，而不必考虑性能、可伸缩性，不必缓存任何内容，也不会有新的操作开销。批处理预测似乎是解决这个用例的一个很好的方法。

生成推荐

按照螺旋式方法，我们应该在生成大量结果之前，思考外部系统如何使用这些结果。我们将首先思考如何使用模型来生成推荐，以更好地理解结果。我们将专注于共享结果，然后返回来完成批处理预测工作流。图 8.11 显示了我们的进展情况。

图 8.11 推荐系统项目：重点在于预测

MovieTrainFlow 生成的 Annoy 索引允许我们快速找到新用户向量的最近邻。应该如何从相似的用户转换到实际的电影推荐？一种简单的策略是考虑相邻用户喜欢的其他电影，并推荐它们。

图 8.12 说明了这个想法。假设有一个新用户向量，用灰色的大圆圈表示。我们可以使用 Annoy 索引找到它的相邻向量，以椭圆为界。根据用户矩阵，我们能够知道相邻向量喜欢的电

影，所以可简单地计算邻域中电影的出现频率，排除新用户已看过的电影，并返回剩余的最高频率电影作为推荐。在图中，所有的相邻向量都看过电影《异形》，因此它的频率最高，继而成为我们的推荐。如果新用户已观看了邻域的所有电影，可以扩大邻域的大小，直到找到有效的推荐。

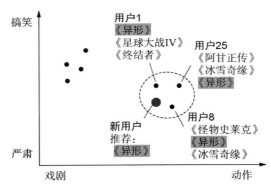

图 8.12　含有类似用户的邻域(虚线圆圈)

代码清单 8.4 显示了实现该逻辑的效用模块。load_model 函数用于从工件加载 Annoy 索引。Annoy 想要从文件中读取模型，因此我们必须先将模型写入临时文件。recommend 函数为一组用户生成推荐，由他们观看的电影 ID 集(movie_sets)表示。range 函数可增加邻域的规模，直到发现新的电影。find_common_movies 返回邻域中最常观看的 top_n 部电影，这些电影中排除了用户已看过的电影。

代码清单 8.4　生成推荐

```
from collections import Counter
from tempfile import NamedTemporaryFile
from movie_uservec import make_user_vectors
                                              ← 使用相同的函数创建
                                                向量作为训练

RECS_ACCURACY = 100 ←   减少该值将导致结果更不准确，
                        但获取结果的速度会更快
                                              从工件加载一
def load_model(run):                        ← 个 Annoy 索引
    from annoy import AnnoyIndex
    model_ann = AnnoyIndex(run.data.model_dim)
    with NamedTemporaryFile() as tmp:
        tmp.write(run.data.model_ann)          允许 Annoy 从文件
        model_ann.load(tmp.name)               中读取索引
    return model_ann,\
           run.data.model_users_mtx,\
           run.data.model_movies_mtx


def recommend(movie_sets,
              model_movies_mtx,
              model_users_mtx,
              model_ann,
                                  返回对给定
                                  用户的推荐
              num_recs): ←
```

```
      for _, movie_set, vec in make_user_vectors(movie_sets,
                                                                      生成用户向量
                                    model_movies_mtx):
          for k in range(10, 100, 10):
              similar_users =\
                  model_ann.get_nns_by_vector(vec,                 扩大邻域规模,直至找
                                                                    到推荐
                                              k,
                                              search_k=RECS_ACCURACY)
              recs = find_common_movies(similar_users,
                                        model_users_mtx,
                                        num_recs,                   使用 Annoy 索引
                                        exclude=movie_set)          查找最近邻

          if recs:
              break
      yield movie_set, recs

def find_common_movies(users, model_users_mtx, top_n, exclude=None):
    stats = Counter()
    for user_id in users:
        stats.update(model_users_mtx[user_id])                     使用用户矩阵收集有关
                                                                    已观看电影的统计信息
    if exclude:
        for movie_id in exclude:                     排除新用户已
            stats.pop(movie_id, None)                 看过的电影
    return [int(movie_id)                                          返回前 N 部最受
            for movie_id, _ in stats.most_common(top_n)]           欢迎的电影
```

查找邻域中最受欢迎的电影

将代码保存到模块 movie_model.py 中。我们很快将使用该模块。

注意,我们同样使用 make_user_vectors 函数来训练模型(构建索引)并生成预测。这非常重要,因为模型必须使用相同的特征空间进行训练和预测。记住,在第 7 章中,我们讨论了特征编码器如何将事实转换为特征。尽管不能保证事实随时间的推移仍能保持稳定(事实的变化被称为数据漂移),但至少可以保证特征编码器(这里是 make_user_vectors)的使用是一致的。

重点　将数据处理和特征编码代码放在一个单独的模块中,以便在训练流和预测流之间共享,从而可确保生成特征的方式一致。

我们已很好地了解了如何生成推荐,下面将学习如何与外部系统有效地共享这些推荐结果。

鲁棒地共享结果

显示推荐的 Web 应用程序需要使用数据库,因此下面构建一个与此类数据库的集成。图 8.13 显示了我们的进展情况。在实际项目中,你很可能会使用特定于数据仓库或数据库的库来存储结果。此处为了演示这个想法,将结果写入一个 SQLite 数据库,我们可以很轻松地将该数据库内置到 Python 中。

代码清单 8.5 显示了函数 save,它创建了一个数据库(存储在一个文件中),该数据库包含两个表:movies 和 recs,其中 movies 存储有关电影的信息(电影 ID、名称以及是否应该在注册过程中显示),recs 存储注册过程中选择的每对电影的推荐电影清单。

图 8.13 推荐系统项目：重点在于输出

代码清单 8.5   存储推荐

在表中插入电影
的 SQL 语句

使用两个电影 ID 生成规范
键。顺序不重要

```python
import sqlite3

def recs_key(movie_set):
    return '%s,%s' % (min(movie_set), max(movie_set))

def dbname(run_id):
    return 'movie_recs_%s.db' % run_id

def save(run_id, recs, names):
    NAMES_TABLE = "CREATE TABLE movies_%s("\
                  " movie_id INTEGER PRIMARY KEY,"\
                  " is_top INTEGER, name TEXT)" % run_id
    NAMES_INSERT = "INSERT INTO movies_%s "\
                   "VALUES (?, ?, ?)" % run_id
    RECS_TABLE = "CREATE TABLE recs_%s(recs_key TEXT, "\
                 " movie_id INTEGER)" % run_id
    RECS_INSERT = "INSERT INTO recs_%s VALUES (?, ?)" % run_id
    RECS_INDEX = "CREATE INDEX index_recs ON recs_%s(recs_key)" % run_id

    def db_recs(recs):
        for movie_set, user_recs in recs:
            key = recs_key(movie_set)
            for rec in user_recs:
                yield key, int(rec)

    name = dbname(run_id)
    with sqlite3.connect(name) as con:
        cur = con.cursor()
        cur.execute(NAMES_TABLE)
        cur.execute(RECS_TABLE)
        cur.executemany(NAMES_INSERT, names)
        cur.executemany(RECS_INSERT, db_recs(recs))
        cur.execute(RECS_INDEX)
    return name
```

返回版本化的数据库名称

创建电影表的
SQL 语句

创建推荐表的
SQL 语句

创建索引以加快
查询速度的 SQL
语句

使推荐与 SQL
语句兼容

在表中插入推荐
的 SQL 语句

使用推荐创建和
填充数据库

返回版本化的
数据库名称

将代码保存到 movie_db.py 模块中。我们很快就将使用该模块。注意有关 save 函数的一个
重要细节：save 函数使用一个 Metaflow 运行 ID 对数据库和表进行版本控制。对输出进行版本

控制至关重要，因为它允许你执行以下操作：

- **安全操作多个并行版本。**可以在生产中使用多个版本的推荐，例如，使用第 6 章中讨论的@project 装饰器。如果你想用实时流 A/B 测试推荐变体，则需要这样做。由于存在版本控制，这些变体永远不会相互干扰。
- **单独发布结果、验证和推广生产。**使用此模式，可以安全地运行批预测工作流，但其结果只有在你将消费者指向新表时才会生效。
- **将所有结果写入原子操作。**假设工作流在写入结果时出现故障。如果一半的结果是新的，一半是旧的，将非常令人困惑。许多数据库支持事务，但不支持全部，尤其是当结果跨越多个表甚至多个数据库时。版本控制方法适用于所有系统。
- **安全实验。**即使有人在原型开发过程中在笔记上运行工作流，也不会对生产系统产生不利影响。
- **协助调试和审核。**假设用户报告了意外或不正确的预测。你如何知道他们到底看到了什么？版本控制可以确保你将预测的完整血缘从界面回溯到模型训练。
- **有效地清除旧结果。**特别是，如果你对整个结果表进行版本更新，则可以使用单个 DROP TABLE 语句快速清除旧结果。

我们将在关于模型操作的 8.2 节中更详细地讨论这些主题。

建议　应在写入外部系统的所有结果中始终包含版本标识符。

现在我们有了两个关键要素，一个生成推荐的模块和一个共享推荐的模块，我们可以开发一个工作流，预先计算注册期间所需的所有推荐。

生成一批推荐

接下来，我们将实现最后一部分：生成假设的用户配置文件，并为其生成推荐。我们将在使用 MovieTrainFlow 生成的最新模型的流中执行此操作。图 8.14 显示了我们的进展情况。

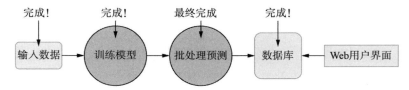

图 8.14　推荐系统项目：最终完成预测

有一个单独的模型来训练模型和批处理生成预测是很有用的，因为这样可以单独调度两个流。例如，你可以每晚重新训练模型，每小时更新一次推荐。

批处理预测的一个关键挑战是规模和性能。生成成千上万的推荐需要许多计算周期，但完成一次运行不应该花费数小时或数天时间。幸运的是，可以使用熟悉的工具和技术来应对这种挑战，例如，使用第 3 章中的水平扩展工作流、第 4 章中的可扩展计算层、第 5 章中的性能提示以及第 7 章中的大规模数据处理模式。完成后，可利用第 6 章所学的知识将工作流部署到生产中。

图 8.15 显示了批预测工作流的一般架构。我们首先获取想要用于预测的数据。其次,将数据划分为多个可以并行处理的批处理。最后,将结果发送到外部系统。

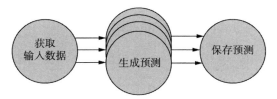

图 8.15　批处理预测工作流的典型结构

在本例中,我们仅为假想的新用户提供推荐,这些新用户在注册过程中选择了两部自己喜欢的电影。在实际的产品中,我们也会更新对现有用户的推荐,每次流运行时都会获取他们的用户配置文件。

如本节开头所述,我们限制了新用户可以选择的电影数量,以限制必须预先计算的组合数量。为了增加新用户找到他们喜欢的电影的可能性,我们选择了前 K 部最受欢迎的电影。代码清单 8.6 显示了函数 top_movies,用于查找受欢迎电影的子集。

我们将生成所有受欢迎电影的组合,前 1000 部电影生成约 50 万对组合。我们可以并行地为这 50 万个假想的用户配置文件生成推荐。我们使用效用函数 make_batches 将电影对清单划分为块,每块包含 10 万个配置文件。

代码清单 8.6　批处理推荐的效用

```
from collections import Counter
from itertools import chain, groupby

def make_batches(lst, batch_size=100000):        ←  将电影对清单划分为固定大小
    batches = []                                      的块并返回这些块
    it = enumerate(lst)
    for _, batch in groupby(it, lambda x: x[0] // batch_size):
        batches.append(list(batch))
    return batches
                                         统计用户矩阵中的所有电影 ID,并
                                         返回前 K 个最受欢迎的电影 ID
def top_movies(user_movies, top_k):  ←
    stats = Counter(chain.from_iterable(user_movies.values()))
    return [int(k) for k, _ in stats.most_common(top_k)]
```

将代码保存到文件 movie_recs_util.py 中,之后将用于批处理推荐工作流。代码清单 8.7 将所有部分综合在一起。按照图 8.15 所示的模式,在 start 步骤中生成所有电影对,在 batch_recommond 步骤中并行生成对批处理用户配置文件的推荐,并在 join 步骤中聚合和存储结果。

代码清单 8.7　批处理推荐工作流

```
from metaflow import FlowSpec, step, conda_base, Parameter,\
                     current, resources, Flow, Run
```

```
from itertools import chain, combinations

@conda_base(python='3.8.10', libraries={'pyarrow': '5.0.0',
                                         'python-annoy': '1.17.0'})
class MovieRecsFlow(FlowSpec):

    num_recs = Parameter('num_recs',
                         help="Number of recommendations per user",
                         default=3)
    num_top_movies = Parameter('num_top',
                               help="Produce recs for num_top movies",
                               default=100)

    @resources(memory=10000)                                      获取最新模型
    @step
    def start(self):
        from movie_recs_util import make_batches, top_movies
        run = Flow('MovieTrainFlow').latest_successful_run
        self.movie_names = run['start'].task['movie_names'].data
        self.model_run = run.pathspec                              生成最
        print('Using model from', self.model_run)                 受欢迎
        model_users_mtx = run['start'].task['model_users_mtx'].data 的电影
        self.top_movies = top_movies(model_users_mtx,             清单
                                     self.num_top_movies)
        self.pairs = make_batches(combinations(self.top_movies, 2))
        self.next(self.batch_recommend, foreach='pairs')

    @resources(memory=10000)           这些步骤并行运行
    @step
    def batch_recommend(self):
        from movie_model import load_model, recommend         加载 Annoy 索引
        run = Run(self.model_run)
        model_ann, model_users_mtx, model_movies_mtx = load_model(run)
        self.recs = list(recommend(self.input,
                                   model_movies_mtx,
                                   model_users_mtx,       生成对此批
                                   model_ann,             处理的推荐
                                   self.num_recs))
        self.next(self.join)

    @step
    def join(self, inputs):
        import movie_db
        self.model_run = inputs[0].model_run                聚合对所有批
        names = inputs[0].movie_names                       处理的推荐
        top = inputs[0].top_movies
        recs = chain.from_iterable(inp.recs for inp in inputs)
        name_data = [(movie_id, int(movie_id in top), name)
                     for movie_id, name in names.items()]
        self.db_version = movie_db.save(current.run_id, recs, name_data)
        self.next(self.end)

    @step                                    将推荐保存到数据库
    def end(self):
        pass
```

生成假想
的用户配
置文件:受
欢迎的电
影对

```
if __name__ == '__main__':
    MovieRecsFlow()
```

将代码保存到文件 movie_recs_flow.py 中。按如下方式运行流：

```
# python movie_recs_flow.py --environment=conda run
```

默认情况下，只考虑前 100 部电影。可以添加选项--num_top=1000(或更高)来预先生成对更多电影的推荐。运行完成后，应该在当前工作目录中找到一个 SQLite 数据库文件，前缀为 movie_recs_。包含对 50 万用户推荐的数据库约为 56 MB，显然还有增长空间！如果想在云中运行此流，可将@resources 装饰器更改为@batch，以远程运行 start 和 batch_recommand 步骤。你需要在本地运行 join 步骤，因为我们很快就需要用到存储在本地文件中的 SQLite 数据库。

注意我们如何使用表达式 Flow('MovieTrainFlow').latest_successful_run 访问 MovieTrainFlow 生成的模型。此调用与 MovieRecsFlow 在同一命名空间中运行，这意味着每个用户都可以在不干扰彼此工作的情况下自由地用流进行实验。如第 6 章所述，命名空间也可与@project 装饰器一起使用，因此你可以安全地在生产中同时部署流的各种变体。

可使用 sqlite3 命令行工具打开数据库并进行查询。不过，本章内容都是关于使用模型产生实际业务价值的，因此我们可以更进一步，在 Web 界面上查看结果！

在 Web 应用程序中使用推荐

在现实的业务环境中，数据科学家的职责到最后很可能是将结果写入数据库。这样工程团队就可以轻松地从数据库中读取推荐，并围绕它们构建应用程序。图 8.16 显示了最后一步。

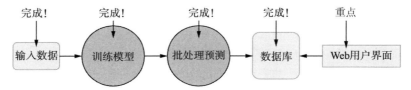

图 8.16　推荐系统项目：重点在于 Web 界面

虽然在 Web 应用程序开发方面，通常可以依赖其他工程团队，但构建一个快速的应用程序原型开发以查看实际结果偶然也能够派上用场。幸运的是，强大的开放源代码框架有助于使用 Python 构建简单的仪表板。接下来，我们将使用 Plotly Dash(见链接[5])框架构建一个简单的界面，模拟一个带有推荐的注册工作流。

首先，我们创建一个简单的客户端库，从 SQLite 数据库中获取推荐。我们只需要两个函数：一个是 get_recs 函数，该函数返回给定两部电影的预先计算的推荐；另一个是 get_top_movies，该函数返回具有相应推荐的最受欢迎的电影的清单。代码清单 8.8 显示了客户端。

代码清单 8.8　访问推荐

```
import sqlite3
from movie_db import dbname, recs_key
```

```
class MovieRecsDB():
    def __init__(self, run_id):
        self.run_id = run_id
        self.name = dbname(run_id)
        self.con = sqlite3.connect(self.name)

    def get_recs(self, movie_id1, movie_id2):
        SQL = "SELECT name FROM movies_{run_id} AS movies "\
            "JOIN recs_{run_id} AS recs "\
            "ON recs.movie_id = movies.movie_id "\
            "WHERE recs.recs_key = ?".format(run_id=self.run_id)
        cur = self.con.cursor()
        cur.execute(SQL, [recs_key((movie_id1, movie_id2))])
        return [k[0] for k in cur]

    def get_top_movies(self):
        SQL = "SELECT movie_id, name FROM movies_%s "\
            "WHERE is_top=1" % self.run_id
        cur = self.con.cursor()
        cur.execute(SQL)
        return list(cur)
```

打开给定运行 ID 的
版本化数据库

获取对由两部电影组成的假
想用户配置文件的推荐

返回最受欢迎的电影的清单

将代码保存到文件 movie_db_client.py 中。接下来，执行以下命令安装 Plotly Dash：

```
# pip install dash
```

Plotly Dash 允许你构建一个完整的 Web 应用程序，用户界面在浏览器中运行，Web 服务器
后端在单个 Python 模块中运行。可以参考其文档和教程来详细了解该工具。接下来，我们使
用它组装一个小型的、自我解释的原型开发界面，如图 8.17 所示。

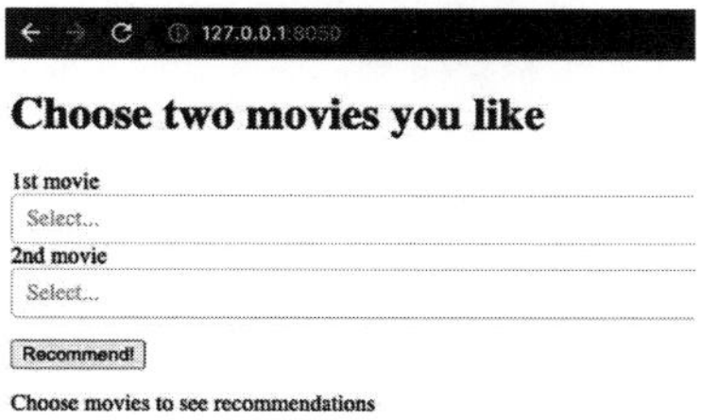

图 8.17　推荐系统示例的 Web 用户界面

代码清单 8.9 显示了生成图 8.17 中的 Web 用户界面的 Dash 应用程序。该应用程序包含两
个主要部分：应用程序的布局在 app.layout 中定义，包括从数据库中获取的下拉列表中的电影
清单；每当用户单击按钮时，Dash 就会调用函数 update_output。如果用户选择了两部电影，就
可以从数据库中获取相应的推荐。

代码清单 8.9　推荐 Web 应用

```
import sys
from dash import Dash, html, dcc
from dash.dependencies import Input, Output, State
from movie_db_client import MovieRecsDB
```

将数据库的版本指定
为命令行实参

```
RUN_ID = sys.argv[1]
movies = [{'label': name, 'value': movie_id}
          for movie_id, name in MovieRecsDB(RUN_ID).get_top_movies()]
```

从数据库中获取最受
欢迎的电影的清单

```
app = Dash(__name__)
app.layout = html.Div([
    html.H1(children="Choose two movies you like"),
    html.Div(children='1st movie'),
    dcc.Dropdown(id='movie1', options=movies),
    html.Div(children='2nd movie'),
    dcc.Dropdown(id='movie2', options=movies),
    html.P([html.Button(id='submit-button', children='Recommend!')]),
    html.Div(id='recs')
])
```

定义用
户界面
组件

```
@app.callback(Output('recs', 'children'),
              Input('submit-button', 'n_clicks'),
              State('movie1', 'value'),
              State('movie2', 'value'))
def update_output(_, movie1, movie2):
    if movie1 and movie2:
        db = MovieRecsDB(RUN_ID)
        ret = [html.H2("Recommendations")]
        return ret + [html.P(rec) for rec in db.get_recs(movie1, movie2)]
    else:
        return [html.P("Choose movies to see recommendations")]

if __name__ == '__main__':
    app.run_server(debug=True)
```

单击按钮时
调用该函数

从数据库
获取推荐

启动 Web 服务器

将代码保存到文件 movie_dash.py 中。要启动服务器，需要一个由 MovieRecsFlow 在当前工作目录中生成的数据库。一旦有了该数据库，就可以按如下方式指定运行 ID，将服务器指向该数据库：

```
# python movie_dash.py 1636864889753383
```

服务器应输出如下代码：

```
Dash is running on http://127.0.0.1:8050/
```

可以将 URL 复制并粘贴到浏览器中，浏览器稍后应该会打开 Web 应用程序。现在，你可以选择任何一对电影，并获得适合自己喜好的个性化推荐！图 8.18 显示了两个示例的结果。

注意，用户界面非常简洁。在生成推荐时没有明显的延迟，因此带来了愉快的用户体验。批处理预测的一个主要好处是：不做任何计算是生成预测的最快方法。

恭喜你开发了一个功能齐全的推荐系统，范围从原始数据一直覆盖到功能强大的 Web 用户界面！在下一节中，我们将了解如何使用相同的模型实时生成推荐，这在事先不知道输入数据的情况下非常有用。

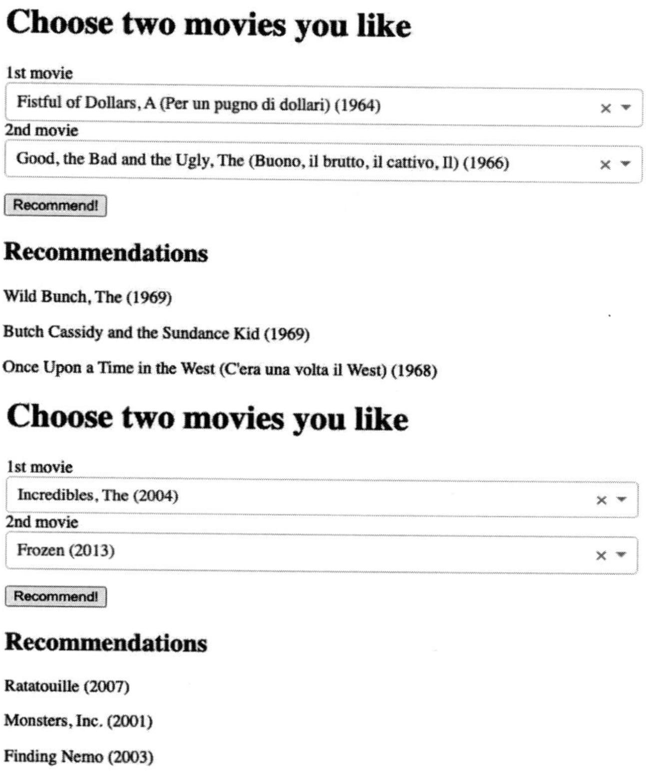

Choose two movies you like

1st movie

Fistful of Dollars, A (Per un pugno di dollari) (1964)　　　　　　　　　　×　▼

2nd movie

Good, the Bad and the Ugly, The (Buono, il brutto, il cattivo, Il) (1966)　　　×　▼

Recommend!

Recommendations

Wild Bunch, The (1969)

Butch Cassidy and the Sundance Kid (1969)

Once Upon a Time in the West (C'era una volta il West) (1968)

Choose two movies you like

1st movie

Incredibles, The (2004)　　　　　　　　　　　　　　　　　　　　　×　▼

2nd movie

Frozen (2013)　　　　　　　　　　　　　　　　　　　　　　　　　×　▼

Recommend!

Recommendations

Ratatouille (2007)

Monsters, Inc. (2001)

Finding Nemo (2003)

图 8.18　两个推荐示例

8.1.4　实时预测

还记得本章开头的图 8.4 吗？如图 8.19 所示，如果从知道输入数据开始到实际需要预测至少有 15 分钟，那么可以考虑批处理预测。上一节演示了一个极端的例子：我们可以在需要预测之前早早就预先生成所有输入数据，即最受欢迎的电影对。

显然，我们并不总是有充足的时间。例如，我们可能想在用户观看电影或其他产品几分钟或几秒钟后重新进行推荐。尽管理想情况下，如果有一个系统可以不管时间尺度如何，都能以相同的方式工作，这样将会非常方便，但在实践中，我们需要做出权衡，以快速生成预测。例如，如果你需要在几秒钟内得到结果，就没有足够的时间在计算层反复处理实例。或者，没有足够的时间从 S3 下载大型数据集。

因此，我们要以不同的方式构建需要快速生成结果的系统。在机器学习的上下文中，这种系统通常被称为模型服务或模型托管系统。其工作原理很简单：首先，你需要一个模型(文件)，该模型通常由批处理工作流(如 Metaflow)生成。一般情况下，该模型带有用于预处理传入数据的函数(为将传入事实转换为特征)，以及以所需格式对结果进行后处理的函数。模型和支持代码的捆绑包可以被打包为一个容器，该容器部署在一个负责运行容器并将请求路由到容器的微服务平台上。

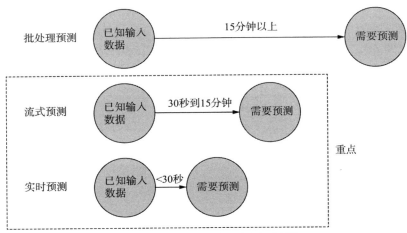

图 8.19   重点在于流式预测和实时预测

图 8.20 说明了模型托管服务的高级架构。

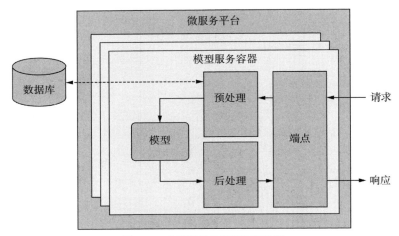

图 8.20   典型模型托管服务的架构

(1) 通过向托管端点发送请求(如通过 HTTP)生成实时预测，托管端点(hosting endpoint)托管在链接[6]上。

(2) 端点解码，验证请求，并将其转发给预处理函数。

(3) 预处理函数负责将请求中包含的事实转换为部署模型使用的特征。通常，请求本身并不包含所有必需的数据，但会从数据库中查找其他数据。例如，请求可能只包含一个用户 ID，与该用户相关的最新数据是从数据库中获取的。

(4) 将特征向量/张量输入模型，该模型生成预测。有时，一个模型可能是多个模型的集成，甚至是复杂的图模型。

(5) 预测由后处理函数处理，以将其转换为合适的响应格式。

(6) 返回响应。

注意，模型托管服务的架构同典型的与机器学习无关的微服务没有太大区别。你只需要一个带有服务的容器，该服务就可以获取请求、实时处理一些代码并返回响应。对于一些数据科学用例，使用现有的微服务平台是非常可行的，如 AWS 上的 Fargate，甚至是用于模型服务的 Google App Engine。

然而，以下额外的问题可能需要使用专用的模型服务平台或在通用平台之上分层额外的服务：

- 这些模型可能对计算要求很高，需要大量内存和 GPU 等专用硬件。传统的微服务平台可能很难适应这样的重量级服务。
- 模型及其输入和输出需要实时监控。能够帮助解决这个用例的模型监控解决方案有很多。
- 你希望使用特征库以一致的方式将事实转换为特征。在图 8.20 中，特征存储将被替换或集成到预处理函数和数据库中。

如果你需要一个专门的平台，所有主要的云供应商都会提供模型服务解决方案，如 Amazon Sagemaker Hosting 或 Google AI Platform。或者，你可以利用 RayServe(ray.io)或 Seldon(seldon.io)等开放源代码库。

示例：实时电影推荐

我们使用最小的模型托管服务来练习实时预测。这个示例根据可实时更新的电影清单生成推荐，扩展了我们以前的电影推荐系统。例如，可使用该系统根据用户最近浏览的所有电影生成实时推荐。

这个示例并不意味着可以立即生成实时推荐。但它将说明模型服务系统的以下关键概念，如图 8.20 所示。

- 可通过 HTTP 访问的服务端点
- 使用与训练代码相同的特征化模块的预处理函数
- 加载和使用经过批处理工作流训练的模型
- 以确定的输出格式对预测进行后处理

我们将使用流行的 Python Web 框架 Flask 将逻辑封装为 Web 服务。该示例也适用于任何其他 Web 框架。代码清单 8.10 给出了一个功能齐全的模型托管服务。

代码清单 8.10　模型托管服务

```
from io import StringIO
from metaflow import Flow
from flask import Flask, request
from movie_model import load_model, recommend     使用上一节中
from movie_data import load_movie_names            的 helper 模块
                                                         获取最新的模型 ID
class RecsModel():    ←——— 模型 helper 类
    def __init__(self):
        self.run = Flow('MovieTrainFlow').latest_successful_run  ←
        self.model_ann,\
        self.model_users_mtx,\
```

```
        self.model_movies_mtx = load_model(self.run)        ← 加载模型
        self.names = load_movie_names()
    def get_recs(self, movie_ids, num_recs):        ← 生成推荐
        [(_, recs)] = list(recommend([[(None, set(movie_ids))],
                                      self.model_movies_mtx,
                                      self.model_users_mtx,        ← 为一组电影
                                      self.model_ann,                  生成推荐
                                      num_recs))
        return recs

    def get_names(self, ids):        ← 将 ID 映射到电影名
        return '\n'.join(self.names[movie_id] for movie_id in ids)    称的 helper 函数

    def version(self):        ← 返回模型版本
        return self.run.pathspec

print("Loading model")        ← 加载模型(这可能
model = RecsModel()              需要几分钟)
print("Model loaded")
app = Flask(__name__)

def preprocess(ids_str, model, response):        ← 预处理函数, 用于解析请求中的信息
    ids = list(map(int, ids_str.split(',')))
    response.write("# Model version:\n%s\n" % model.version())    ← 输出模型的版本标识符
    response.write("# Input movies\n%s\n" % model.get_names(ids))
    return ids

def postprocess(recs, model, response):        ← 用于输出响应的后处理函数
    response.write("# Recommendations\n%s\n" % model.get_names(recs))

@app.route("/recommend")        ← Flask 端点规范
def recommend_endpoint():
    response = StringIO()
    ids = preprocess(request.args.get('ids'), model, response)    ← 处理来自请求的输入
    num_recs = int(request.args.get('num', 3))
    recs = model.get_recs(ids, num_recs)        ← 生成推荐
    postprocess(recs, model, response)        ← 最终确定并输出响应
    return response.getvalue()
```

解析逗号分隔字符串中的整数 ID

将代码保存到 movie_recs_server.py 文件中。要运行服务器，需要一个包含模型所需库的执行环境。因为这不是一个 Metaflow 工作流，而是一个 Flask 应用程序，所以不能像前面示例中那样使用@conda。不过，可通过执行以下操作手动创建合适的 Conda 环境：

```
# conda create -y -n movie_recs python-annoy==1.17.0 pyarrow=5.0.0 flask
➥ metaflow
# conda activate movie_recs
```

激活环境后，可按如下方式在本地执行服务：

```
# FLASK_APP=movie_recs_server flask run
```

加载模型并启动服务器需要一分钟或更长的时间。一旦服务器启动并运行，就将看到下一个输出：

```
Model loaded
  * Running on http://127.0.0.1:5000/ (Press CTRL+C to quit)
```

之后，你可以开始查询服务器。要向服务器发送 HTTP 请求，请打开另一个终端窗口，在该窗口中可使用命令行客户端 curl 向服务器发送请求。你可以浏览 movies.csv 查找感兴趣的电影 ID，然后按如下方式查询推荐：

```
# curl 'localhost:5000/recommend?ids=4993,41566'
```

需要 50~100 分钟才能生成如下所示的响应：

```
MovieTrainFlow/1636835055130894
# Input movies
Lord of the Rings: The Fellowship of the Ring, The (2001)
Chronicles of Narnia: The Lion, the Witch and the Wardrobe, The (2005)
# Recommendations
Lord of the Rings: The Two Towers, The (2002)
Lord of the Rings: The Return of the King, The (2003)
Harry Potter and the Sorcerer's Stone (2001)
```

可使用 num 参数生成更多推荐：

```
# curl 'localhost:5000/recommend?ids=16,858,4262&num=10'
# Model version:
MovieTrainFlow/1636835055130894
# Input movies
Casino (1995)
Godfather, The (1972)
Scarface (1983)
# Recommendations
Goodfellas (1990)
Godfather: Part II, The (1974)
Donnie Brasco (1997)
Léon: The Professional (1994)
Bronx Tale, A (1993)
Taxi Driver (1976)
Raging Bull (1980)
Departed, The (2006)
No Country for Old Men (2007)
American Gangster (2007)
```

祝贺！你已创建了一个实时生成推荐的 Web 服务。尽管该服务可以运行，但你应该考虑对它进行一些改进，以使该服务能够完全投入生产。首先，在基础设施方面，应考虑以下内容：

● 该服务应该打包在 Docker 容器中，以便可以部署到微服务平台。

● 该服务一次只能处理一个请求。你应该参考 Flask 文档，了解如何部署应用程序，以便并行处理多个请求。

● 如果需要更大的规模，可并行运行多个容器。这需要使用负载平衡器将流量路由到各个容器。

● 捕获日志和有关请求量的基本指标是一个好主意，为此，有许多现有的工具都可用。

其次，在建模方面，应考虑添加以下内容：

- 实时跟踪模型指标的模型监控解决方案。
- 跟踪请求中数据质量的解决方案，以检测输入数据分布的变化。
- 管理 A/B 实验的服务。

模型部署所需的大多数 ML 特定工具都与可调试性和结果质量有关。假设服务返回的预测看起来很奇怪。第一个问题是，是什么模型生成了预测？为了回答这个问题，我们在每个预测响应中都包含了模型版本。如果没有模型版本标识符，就不可能知道预测的起源，尤其是在可能同时部署多个模型版本的复杂环境中更是如此。

图 8.21 说明了模型血缘的概念。

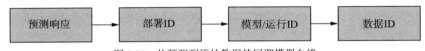

图 8.21　从预测到原始数据的回溯模型血缘

通过使用图 8.21 所示的架构，可以跟踪预测的血缘，一直追溯到源数据：

- 每个预测响应都应该包含一个 ID，表示是什么部署产生了响应。
- 每个部署(例如，运行某个版本的模型的容器)都应该获得唯一的 ID。
- 容器应该知道模型的 ID 和生成模型的运行。
- 知道运行 ID，就可以追溯到用于训练模型的数据。

现在，你可以在实时预测或预先计算的批处理预测，以及在支持它们的框架之间做出明智的选择。当有疑问时，试着转向最简单且可行的方法。

8.2　本章小结

- 为了产生价值，机器学习模型必须连接到其他周围系统。
- 部署数据科学应用程序并生成预测没有唯一的方法：正确的方法因用例而异。
- 根据已知输入数据和需要预测之间的时间窗口，为预测选择正确的基础设施。
- 另一个关键考虑因素是，周围系统是否需要从模型中请求预测，或者模型是否可将预测推送到周围系统。在后一种情况下，批处理预测或流式预测是很好的方法。
- 如果在需要预测之前至少 15~30 分钟就知道了输入数据，那么通常可以将预测作为批处理工作流来生成，这在技术上是最直接的方法。
- 在批处理和实时处理用例中，在所有模型输出中附加版本标识符是很重要的。
- 可使用通用微服务框架或针对数据科学应用程序定制的解决方案来生成实时预测。如果模型需要大量计算，后者可能是最好的方法。
- 通过使用监控工具和血缘，可确保你的部署是可调试的。应该跟踪每个预测，一直到模型和生成它的工作流。

第 *9* 章

全栈机器学习

如图 9.1 所示，除了最顶层：模型开发，我们现在已涵盖了基础设施堆栈的所有层。我们在第 7 章只触及了特征工程层的表面。关于机器学习和数据科学基础设施的书籍很少讨论机器学习的核心问题：模型和特征，这不是很矛盾吗？

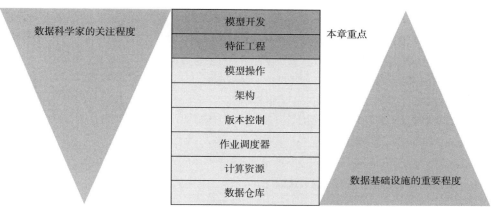

图 9.1 基础设施堆栈，显示了数据科学家的兴趣领域

本书重点内容的安排是经过深思熟虑的。首先，已有许多优秀的书籍对这些主题进行了介绍。TensorFlow 和 PyTorch 等成熟的建模库都有大量深入的文档和示例。如图 9.1 所示，这些

主题往往是专业数据科学家和机器学习工程师的核心专业领域。为了有效地提高数据科学家的日常工作效率，我们应在他们最需要帮助的地方提供帮助：堆栈的下层。

此外，与下层相比，最上层往往对各种应用极具针对性。例如，计算机视觉应用程序所需的模型和特征与用于平衡营销预算的模型和特征非常不同。但它们都可以使用相同的方法从云端访问数据、运行和编排容器、版本控制和跟踪项目。

在第 1 章讨论的 4 个维度(数量、速度、有效性和多样性)中，多样性是最难用标准化解决方案解决的。如果基础设施很好地解决了前 3 个维度，那么开发和部署各种用例就变得可行，即使每个项目都有自己的数据工作流、定制模型和定制业务逻辑，也是如此。

回到第 1 章中讨论的另一个主题，我们可以为堆栈的较低层提供一个通用的低成本解决方案，将处理数据、计算和编排的样板代码导致的意外复杂性降至最低。同时，我们可以接受这样一个事实，即真实世界的用例具有一定的固有复杂性，顶层则需要管理这些复杂性。不是所有的东西都可以抽象出来。

在本书所学的基础上，你可以设计自己的库来支持特定用例的建模和特征工程，这将进一步控制复杂性。与传统软件利用操作系统(如 OS X 或 Linux)提供的特征和服务的方式相同，你的库可以将堆栈的下层视为任何数据密集型应用程序的操作系统。不过，你不必急于这样做。构建一些没有任何特殊抽象的应用程序也很有用，能够帮助我们更好地理解是否存在可从额外支持和标准化中受益的通用模式。

为了展示所有这些概念如何协同发挥作用，以及支持模型开发的自定义库，下一节将介绍一个涉及堆栈所有层的实际项目。在综合示例之后，我们总结了本书的所有知识，从而结束了本书的讲解。你可以通过链接[1]找到本章的所有代码清单。

9.1　可插拔的特征编码器和模型

本节将扩展第 7 章中开始介绍的出租车行程费用预测示例。该示例的原始版本非常简单。我们使用线性回归来预测价格，仅基于一个变量：行驶距离。在这个模型中，你至少可以发现一个突出的问题：除了距离，行程的持续时间也很重要。

假设准确预测行程价格是一项真正的业务挑战。实际的解决方案将是什么样子？首先，你不太可能从一开始就知道实际业务问题的最佳解决方案。要找到一个有效的解决方案，必须对许多模型和特征进行实验，通过多次迭代来测试其性能。你肯定会使用不止一个变量进行预测，因此可能会花大量时间来设计和实现合适的特征。你很可能也会用不同的模型架构来测试这些特征。

此外，现实生活中的数据往往有所缺乏。如第 7 章中的例子所示，当高质量的特征(如实际行驶距离)可用时，可使用简单的模型获得良好的结果。如果应用程序无法访问出租车计价器或出租车里程表，而只能访问驾驶员的智能手机，该怎么办？也许我们只知道接送地点，并且必须在不知道确切行驶距离的情况下预测价格，我们将在稍后进行此类练习。

在本节中，我们将在更现实的环境中开发更高级的模型。因为我们知道需要对多个模型和特征进行迭代(也许有一个数据科学家团队在研究这个问题)，所以通过实现一个简单的框架来标准化模型开发设置，该框架允许我们插入自定义的特征编码器并灵活地测试各种模型。

我们使用该框架开发了利用地理位置预测价格的特征。为了实现这一点，我们将模型从 20 世纪 50 年代的线性回归升级为使用 Keras 和 TensorFlow 构建的 21 世纪 20 年代的深度学习模型。为了验证模型，我们建立了一个基准，用于比较各种建模方法的性能。与之前一样，我们直接从公共 S3 数据桶访问原始数据。

9.1.1　为可插拔的组件开发框架

对于价格预测任务中可能表现良好的模型和特征，我们有一些不同的想法。我们希望快速进行原型开发并对其进行评估，以确定最有潜能的方法。从技术上讲，可以从头开始将每个想法实现为一个单独的工作流，但我们可能会注意到，任务的许多方法都遵循类似的模式：它们都加载原始数据，将其划分为训练和测试集，运行特征编码器，训练模型，并使用测试数据对其进行评估。模型和特征编码器的实现方式不同，但工作流的总体结构却相同。

为了使模型的开发过程更高效，我们将普遍模式实现为一个共享工作流，这个共享工作流可以轻松插入不同的特征编码器和模型。该方法类似于第 5 章中用于比较同现矩阵的各种算法的方法。详细说明见图 9.2。

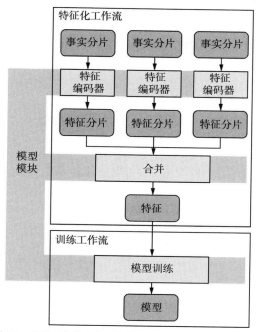

图 9.2　共享工作流中的可插拔模型和特征编码器(浅灰色)

为了实现一种新的建模方法，科学家需要开发 3 个组件，如图 9.2 中的浅灰色框所示：首先是将原始输入数据、事实转换为特征的特征编码器。为了使特征化有效，可以在多个数据分片上并行化进行。其次,在处理完所有分片后,可以将特征分片合并到模型的输入数据集中。你可以将这种方法视为第 7 章中介绍的 MapReduce 模式。最后,我们需要一组函数来训练模型。

这 3 个组件可以实现为可插拔的模块。我们开发了两个独立的工作流来执行插件:一个用于处理特征,另一个用于训练模型。通过将数据和训练分开,我们可以独立调度它们。例如,如果你想遵循第 8 章介绍的批处理预测模式,可使用共享特征化工作流为批处理预测工作流生成数据。按照这种模式,你就可以每天重新训练模型,每小时为新数据定价。

在 Python 中,我们通常将同一接口的各种实现定义为单独的类。首先定义 3 个组件的接口:编码器、合并和模型训练。特征编码器需要实现两种方法:encode 和 merge。encode 方法将输入数据的分片(即表示为 PyArrow 表的事实分片)转换为特征分片,然后这些分片被提供给 merge 方法,该方法将分片合并到一个可以由模型处理的数据集中。图 9.3 说明了这两个函数的作用。

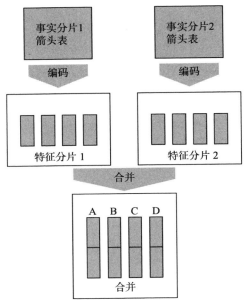

图 9.3   首先将分片的输入数据编码为特征,然后编码为合并的数据集

encode 函数可以输出多个命名特征,如图 9.3 中的 A-D 所示,这些特征作为字典输出,其中键是特征名称,值是由存储特征的编码器选择的数据结构。我们当前的代码预期所有分片都会生成相同的特征集,但作为练习,你可以更改代码以放宽这一要求。merge 函数获取所有特征分片作为其输入,并选择组合特征分片的方式以生成最终数据集。

定义特征编码器

许多模型可以有效地将数据读取为 NumPy 数组,因此我们首先为输出 NumPy 数组的编码器定义一个模板。代码清单 9.1 显示了一个通用的超类,即一个可以从中派生特定编码器的类,该超类期望 encode 函数输出 NumPy 数组，它负责合并分片中生成的 NumPy 数组，而不会在意数组中包含的具体内容。

代码清单 9.1　处理 NumPy 数组的特征编码器超类

将方法定义为类方法，因此可以在不实例化类的情况下使用它们

```
class NumpyArrayFeatureEncoder():
    @classmethod
    def encode(cls, table):          编码器将重写此方法，以生成
        return {}                     具有特征的 NumPy 数组

    @classmethod                    接受特征           将特征分片连接到
    def merge(cls, shards):          分片清单          一个大型数组中
        from numpy import concatenate
        return {key: concatenate([shard[key] for shard in shards])
            for key in shards[0]}
                                    循环遍历所有
                                    特征
```

接受事实分片作为 PyArrow 表

我们将创建一些小模块，所以要先为这些小模块创建一个专用目录，taxi_modules。将代码保存在 taxi_modules/numpy_encoder.py 中。

接下来，定义一个特征编码器，该特征编码器使用我们刚刚创建的 NumpyArrayFeatureEncoder。代码清单 9.2 中显示的编码器将用作基线：它从数据集中获取 trip_distance 列和实际行程价格 total_amount，这样就可以对比不直接使用距离特征的预测质量。

代码清单 9.2　基线特征编码器

重用 NumpyArrayFeatureEncoder 中的合并方法

```
from taxi_modules.numpy_encoder import NumpyArrayFeatureEncoder

class FeatureEncoder(NumpyArrayFeatureEncoder):
    NAME = 'baseline'                      定义此编码器的额外
    FEATURE_LIBRARIES = {}                  软件依赖项
    CLEAN_FIELDS = ['trip_distance', 'total_amount']
                                                      定义应清除事实
                                                      表中的哪些列
    @classmethod
    def encode(cls, table):       返回两个作为 NumPy
        return {                   数组的特征
            'actual_distance': table['trip_distance'].to_numpy(),
            'amount': table['total_amount'].to_numpy()
        }
```

设置编码器名称

将代码保存在 taxi_modules/feat_baseline.py 中。我们将为所有特征编码器模块添加一个 feat_ 前缀，这样就可以自动发现它们。编码器定义了几个顶级常量，如下所示：

- NAME——标识此特征编码器。
- FEATURE_LIBRARIES——定义此特征编码器需要的额外软件依赖项。

- CLEAN_FIELDS——确定需要清除事实表的哪些列。

当我们开始使用这些常量时，它们的作用将变得更加清晰。接下来，创建一个效用模块，加载如前面所定义的插件。

打包和加载插件

只需要在 taxi_modules 目录中添加一个文件，就可以创建一个新特征或模型。根据文件名，我们可以确定模块是特征编码器还是模型。代码清单 9.3 遍历了 taxi_modules 目录中的所有文件，导入带有预期前缀的模块，并通过共享字典提供这些模块。

代码清单 9.3　带有参数的工作流

将模型名称映射到
模型类

```
import os
from importlib import import_module

MODELS = {}                          将特征编码器名称映射
FEATURES = {}                        到特征编码器类
FEATURE_LIBRARIES = {}
MODEL_LIBRARIES = {}                 记录编码器          遍历taxi_modules目
                                     所需的库            录中的所有文件

def init():
    for fname in os.listdir(os.path.dirname(__file__)):
        is_feature = fname.startswith('feat_')
        is_model = fname.startswith('model_')      检查文件前缀
        if is_feature or is_model:
            mod = import_module('taxi_modules.%s' % fname.split('.')[0])
            if is_feature:                  填充包含编码器和
                cls = mod.FeatureEncoder    模型的字典
                FEATURES[cls.NAME] = cls
                FEATURE_LIBRARIES.update(cls.FEATURE_LIBRARIES.items())
            else:
                cls = mod.Model
                MODELS[cls.NAME] = cls
                MODEL_LIBRARIES.update(cls.MODEL_LIBRARIES.items())
```

记录模型所
需的库

导入模块

将代码保存在 taxi_modules/__init__.py 中。注意，模块需要与特征编码器和模型驻留在同一目录中。文件名__init__.py 在 Python 中有特殊的含义：目录中包含一个 __init__.py 文件，该文件告诉 Python 该目录对应于一个 Python 包。Python 包是可以作为一个单元安装和导入的模块的集合。有关软件包的更多信息，请访问链接[2]。

目前，taxi_modules 包(目录)包含以下文件：

```
taxi_modules/__init__.py
taxi_modules/feat_baseline.py
taxi_modules/numpy_encoder.py
```

我们将在本章中为它添加更多内容。在 Python 包中调度模块的一个好处是，可以将其作为一个包发布和共享，该包可以像任何其他 Python 包一样安装，如 pip install taxi_modules 或

conda install taxi_ modules。可访问链接[3]查看详细说明。然后，可使用@conda 装饰器将包包含在 Metaflow 项目中。

但是，发布该包并不是必要的。更简单的方法是确保包目录与流脚本相邻。例如，数据科学团队可以拥有具有以下结构的 Git 仓库：

```
taxi_modules/__init__.py
taxi_modules/...
flow1.py
flow2.py
flow3.py
```

这里的 flow1、flow2 和 flow3 都可以自动访问共享的 taxi_modules 包，这是因为 Metaflow 自动打包了所有子目录，如第 6 章所述。

> **建议**　如果你有一个相对稳定的包，且数据科学家在处理流时不必修改该包，那么可将其打包并发布为普通的 Python 包，可以像使用@conda 的任何其他第三方库一样将其放在流中。如果数据科学家希望将包作为项目的一部分，对包的内容进行快速迭代，则可以像本例中的特征编码器一样，通过将包包含为子目录(Metaflow 会自动对其进行版本控制)，使原型开发更加顺畅。

9.1.2　执行特征编码器

现在，我们已基本就绪，可以开始执行特征编码器了。在定义流之前，还需要两个效用模块。首先，为了预处理事实，将使用第 7 章介绍的 table_utils.py 中的效用函数。代码清单 9.4 再次显示了该模块。

代码清单 9.4　从 Arrow 表中删除异常行

接受 pyarrow.Table
和要清除的列清单

```
def filter_outliers(table, clean_fields):
    import numpy
    valid = numpy.ones(table.num_rows, dtype='bool')        ← 一个接受所有行的过滤器
    for field in clean_fields:
        column = table[field].to_numpy()
        minval = numpy.percentile(column, 2)                ← 查找值分布分别在顶部和底部 2%的行
        maxval = numpy.percentile(column, 98)
        valid &= (column > minval) & (column < maxval)      ← 仅包括值分布在 2%~98%之间的行
    return table.filter(valid)                              ← 返回与过滤器匹配的行的子集

def sample(table, p):                                       ← 对给定表的随机 p%行进行采样
    import numpy
    return table.filter(numpy.random.random(table.num_rows) < p)
```

逐一处理所有列

将代码保存在 taxi_modules/table_utils.py 中。有关这些函数原理的更多详细信息，请参阅

第 7 章。

　　其次，我们定义了一个执行特征编码器的 helper 模块。代码清单 9.5 显示的模块中包含两个函数：execute 和 merge，其中 execute 函数通过清除 CLEAN_FIELDs 中列出的所有字段来预处理事实表。如果 sample_rate 小于 1.0，模块还将获取输入行的一个样本。之后，模块将执行所有发现的特征编码器，并向它们提供事实表。merge 函数获取两个分片列表，分别用于训练特征和测试特征，并使用其编码器指定的 merge 函数合并每个特征。

代码清单 9.5　执行特征编码器

导入发现的特征

生成一组要被清除的字段

```
from itertools import chain
from taxi_modules.table_utils import filter_outliers, sample
from taxi_modules import FEATURES

def execute(table, sample_rate):
    clean_fields = set(chain(*[feat.CLEAN_FIELDS
                               for feat in FEATURES.values()]))
    clean_table = sample(filter_outliers(table, clean_fields), sample_rate)
    print("%d/%d rows included" % (clean_table.num_rows, table.num_rows))
    shards = {}
    for name, encoder in FEATURES.items():
        print("Processing features: %s" % feat)
        shards[name] = encoder.encode(clean_table)
    return shards

def merge(train_inputs, test_inputs):
    train_data = {}
    test_data = {}
    for name, encoder in FEATURES.items():
        train_shards = [inp.shards[name] for inp in train_inputs]
        test_shards = [inp.shards[name] for inp in test_inputs]
        train_data[name] = encoder.merge(train_shards)
        test_data[name] = encoder.merge(test_shards)
    return train_data, test_data
```

将特征编码器应用于事实表

清除和采样事实

遍历所有编码器

执行编码器

分别合并训练和测试数据

遍历所有特征

合并特征的特征分片

　　将代码保存在 taxi_modules/encoders.py 中。现在我们已准备好了用于可插拔特征编码器的组件！

　　可以将工作流组合起来，如代码清单 9.6 所示。工作流会发现数据，并行生成数据分片的特征，最后合并最终的数据集。工作流的结构类似于第 7 章中的 TaxiRegressionFlow，只是这次我们不在工作流中硬编码特征，而是让插件指定。这样，数据科学家可以重复使用同一个工作流，确保所有结果都是可比较的，并专注于开发新的特征编码器和模型。

　　本例中将使用第 7 章介绍的两个月的出租车行程数据，即 2014 年 9 月和 10 月的数据。为了测试模型的性能，我们使用了 11 月的数据。我们将使用 foreach 将每个月的数据作为单独的分片进行处理。

```
from metaflow import FlowSpec, step, conda, S3, conda_base,\
                      resources, Flow, project, Parameter
from taxi_modules import init, encoders, FEATURES, FEATURE_LIBRARIES
from taxi_modules.table_utils import filter_outliers, sample
init()
TRAIN = ['s3://ursa-labs-taxi-data/2014/09/',          使用两个月的
          's3://ursa-labs-taxi-data/2014/10/']         数据进行训练
TEST = ['s3://ursa-labs-taxi-data/2014/11/']
                                                       用一个月的数据进行测试
@project(name='taxi_regression')
@conda_base(python='3.8.10', libraries={'pyarrow': '3.0.0'})
class TaxiRegressionDataFlow(FlowSpec):
    sample = Parameter('sample', default=0.1)

    @step
    def start(self):                                   将一组特征作为工件持
        self.features = list(FEATURES)                 久化，以供后续分析
        print("Encoding features: %s" % ', '.join(FEATURES))
        with S3() as s3:
            self.shards = []
            for prefix in TEST + TRAIN:
                objs = s3.list_recursive([prefix])
                self.shards.append([obj.url for obj in objs])   发现数据分片
            self.next(self.process_features, foreach='shards')

    @resources(memory=16000)                           确保编码器所
    @conda(libraries=FEATURE_LIBRARIES)                需的库可用
    @step
    def process_features(self):
        from pyarrow.parquet import ParquetDataset
        with S3() as s3:
下载并解        objs = s3.get_many(self.input)
码分片         table = ParquetDataset([obj.path for obj in objs]).read()
        self.shards = encoders.execute(table, self.sample)
        self.next(self.join_data)
                                                       为分片执行编码器
    @resources(memory=16000)
    @conda(libraries=FEATURE_LIBRARIES)
    @step
    def join_data(self, inputs):                       确保在 join 步骤之
        self.features = inputs[0].features             后特征工件可用
        self.train_data,\
        self.test_data = encoders.merge(inputs[1:], [inputs[0]])
        self.next(self.end)
                                                       分别合并训练和测
    @step                                              试数据的分片
    def end(self):
        pass

if __name__ == '__main__':
    TaxiRegressionDataFlow()
```

将代码保存在 taxi_regression_data.py 中，该文件位于 taxi_modules 目录旁(不在里面)。此

时，目录结构应如下所示：

```
taxi_regression_data.py
taxi_modules/__init__.py
taxi_modules/feat_baseline.py
taxi_modules/numpy_encoder.py
taxi_modules/encoders.py
taxi_modules/table_utils.py
```

现在可以按如下方式测试工作流：

```
# python taxi_regression_data.py --environment=conda run
```

应该会打印 Processing features: baseline 三次，每个分片一次。如果你感兴趣，可以打开笔记来检查 train_data 和 test_data 工件，很快我们将使用它们。

如果如第 4 章所述设置了 AWS Batch 等计算层，则可以在云中执行工作流。例如，可以尝试以下操作：

```
# python taxi_regression_data.py --environment=conda run --with batch
```

如前所述，如果需要，可以通过这种方式扩展工作流，以处理更大的数据集，并更快地生成特征。

可插拔编码器是这个工作流中最令人兴奋之处，我们通过创建另一个编码器测试了其工作原理。这一次，我们创建了一个不依赖于输入数据中 trip_distance 字段的特征。假设我们的应用程序中没有可用的 trip_distance(行驶距离)，或者我们不信任出租车计价器的读数，我们是根据事实表中可用的接送地点坐标来确定行驶距离。

我们将新特征称为 Euclidean，其定义详见代码清单 9.7，它将测量位置之间的欧几里得距离。这显然是不准确的：一个城市中的出租车行程比直线距离长，而且地球是圆的，所以不能对长距离使用简单的欧几里得公式。但通常情况下，具有已知缺陷的简单方法可以让我们快速入门。

代码清单 9.7　将欧几里得行程距离编码为特征

```python
from taxi_modules.numpy_encoder import NumpyArrayFeatureEncoder

class FeatureEncoder(NumpyArrayFeatureEncoder):
    NAME = 'euclidean'
    FEATURE_LIBRARIES = {}
    CLEAN_FIELDS = ['pickup_latitude', 'pickup_longitude',
                    'dropoff_latitude', 'dropoff_longitude']
    @classmethod
    def encode(cls, table):
        import numpy
        plon = table['pickup_longitude'].to_numpy()
        plat = table['pickup_latitude'].to_numpy()
        dlon = table['dropoff_longitude'].to_numpy()
        dlat = table['dropoff_latitude'].to_numpy()
        euc = numpy.sqrt((plon - dlon)**2 + (plat - dlat)**2)
        return {'euclidean_distance': euc}
```

从事实表中提取坐标

将坐标转换为 NumPy 数组

计算坐标之间的欧几里得距离

将代码保存在 taxi_modules/feat_euclidean.py 中。注意，遵循第 5 章的建议，编码器使用 NumPy 数组执行所有数学运算，避免了转换为单个 Python 对象，使得编码器非常高效。

之后，再次运行工作流，如下所示：

```
# python taxi_regression_data.py --environment=conda run
```

这一次，你应该会同时看到 Processing features: baseline 和 Processing features: euclidean。添加一个新特征只需要将该特征的定义写在代码清单 9.7 中，不需要对工作流进行任何更改。可以想象，随着时间的推移，多个科学家会合作并创建新的特征和模型，且使用共享的工作流对这些特征和模型工作流进行评估和基准测试，以确保结果的有效性。

taxi_modules 目录中的模块展示了一个有用的模式：使用底层通用基础设施及其周围的抽象(如 Metaflow)作为基础。最重要的是，我们创建了一个自定义的、特定于领域的库，使得迭代特定的应用程序(在本例中为行程价格预测)更加容易。图 9.4 说明了该模式。

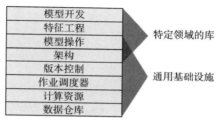

图 9.4　基础设施堆栈顶部的特定领域的库

这种模式可以帮你有效地处理各种各样的用例。通用基础设施可以关注基础问题、数据、计算、编排和版本控制，而更高级别的特定于领域的库可以决定开发单个应用程序所用的策略。随着应用程序需求的变化，在保持基础稳定的同时，快速发展特定于领域的库也是可行的。

> **建议**　使用特定领域的库制定特定应用程序的策略；使用通用基础设施处理低级问题。这样，就不需要为特定用例优化整个堆栈。

有了可用的训练和测试数据集后，现在可以开始对模型进行基准测试。与特征编码器类似，我们希望能够轻松地将新模型定义为可插拔模块。

9.1.3　基准模型

对于这个项目，我们将模型定义为模型架构和训练代码以及一组特征的组合。这样就可以轻松测试使用不同特征集的不同模型变体。与特征编码器类似，我们定义了一个所有模型都必须实现的通用接口。该接口定义了以下方法：

- fit(train_data)训练给定训练数据的模型。
- mse(model, test_data)使用 test_data 评估 model，并返回衡量预测精确性的均方误差。
- save_model(model)将模型序列化为字节。
- load_model(blob)从字节反序列化模型。

持久化模型需要用到最后两种方法。默认情况下，如第 3 章所述，Metaflow 使用 Python 的内置序列化器 Pickle 将对象序列化为字节。许多机器学习模型都包含自己的序列化方法，这些方法比 Pickle 更可靠，因此我们允许模型类使用自定义的序列化器。值得注意的是，生成的字节仍然作为 Metaflow 工件存储，因此模型可以作为任何其他工作流的结果被存储和访问。

我们首先定义一个简单的线性回归模型，该模型使用实际距离预测价格，就像第 7 章中使用的模型那样。可以将其他不依赖于 actual_distance 特征的模型与该基线进行比较。稍后，我们将为通用回归器定义代码，但要先从模型规范开始定义，如下所示。

代码清单 9.8　基线线性回归模型

```
from taxi_modules.regression import RegressionModel          ◄── 利用通用回归模型

class Model(RegressionModel):                 ◄── 模型名称
    NAME = 'distance_regression'
    MODEL_LIBRARIES = {'scikit-learn': '0.24.1'}   ◄── 使用 Scikit-Learn
    FEATURES = ['baseline']                                作为建模库
    regressor = 'actual_distance'  ◄── 使用 actual_distance
                                       变量来预测价格
需要基线特征编码器
```

将代码保存在 taxi_modules/model_baseline.py 中。记住，代码清单 9.8 从具有 model_前缀的文件中加载模型。代码清单 9.9 将定义 RegressionModel 基类，在其上下文中，FEATURES 和 regressor 属性的作用变得更加清晰。

代码清单 9.9　线性回归模型的超类

```
class RegressionModel():
                                                    使用 Scikit-Learn 拟合
    @classmethod                                    单变量线性回归模型
    def fit(cls, train_data):
        from sklearn.linear_model import LinearRegression
        d = train_data[cls.FEATURES[0]][cls.regressor].reshape(-1, 1) ◄──
        model = LinearRegression().fit(d, train_data['baseline']['amount'])
        return model

                                                    使用Scikit-Learn测试单
    @classmethod                                    变量线性回归模型
    def mse(cls, model, test_data):
        from sklearn.metrics import mean_squared_error
        d = test_data[cls.FEATURES[0]][cls.regressor].reshape(-1, 1)
        pred = model.predict(d)
        return mean_squared_error(test_data['baseline']['amount'], pred)

    @classmethod
    def save_model(cls, model): ◄──
        return model
                                    使用标准的 Python Pickle
    @classmethod                    序列化模型，不必定制
    def load_model(cls, model): ◄──
        return model
```

将代码保存在 taxi_modules/regression.py 中。该模块使用 Scikit-Learn 定义了一个简单的线性回归模型，模型使用在 regressor 属性中定义的单个变量来预测存储在 amount 变量中的行程价格。我们使用 Scikit-Learn 的 mean_squared_error 函数来测量 mse 方法中的模型精确性。在 save_model 和 load_model 中序列化和反序列化模型不需要做额外的工作，因为 Scikit-Learn 模型可以很好地与 Pickle 配合使用。

模型工作流

下面定义一个运行模型的工作流。我们允许每个模型定义其预期可用的特征，并且仅启用所有特征都可用的模型。这样，在原型开发过程中移除和添加特征编码器时，模型不会随机出现故障。在 start 步骤中确定合格模型的清单。图 9.5 显示了工作流的结构。

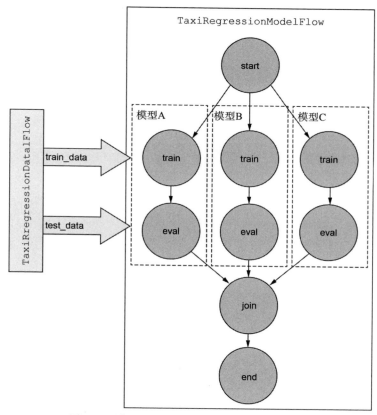

图 9.5　两个出租车工作流之间的关系：数据和模型

假设模型 A、B 和 C 描述的每个模型由单独的 foreach 分支处理。首先，在 train 步骤中，使用 TaxiRegressionDataFlow 生成的 train_data 数据集训练模型。然后，在 eval 步骤中，使用 test_data 评估模型的性能。最后，在 join 步骤中，打印出模型评估的摘要。代码清单 9.10 显示了相应的代码。

代码清单 9.10   执行可插拔模型的工作流

```
from metaflow import FlowSpec, step, conda, S3, conda_base,\

resources, Flow, project, profile
from taxi_modules import init, MODELS, MODEL_LIBRARIES
init()
@project(name='taxi_regression')
@conda_base(python='3.8.10', libraries={'pyarrow': '3.0.0'})
class TaxiRegressionModelFlow(FlowSpec):

    @step
    def start(self):
        run = Flow('TaxiRegressionDataFlow').latest_run
        self.data_run_id = run.id
        self.features = run.data.features
        self.models = [name for name, model in MODELS.items()
                        if all(feat in self.features\
                               for feat in model.FEATURES)]
        print("Building models: %s" % ', '.join(self.models))
        self.next(self.train, foreach='models')

    @resources(memory=16000)
    @conda(libraries=MODEL_LIBRARIES)
    @step
    def train(self):
        self.model_name = self.input
        with profile('Training model: %s' % .self.model_name):
            mod = MODELS[self.model_name]
            data_run = Flow('TaxiRegressionDataFlow')[self.data_run_id]
            model = mod.fit(data_run.data.train_data)
            self.model = mod.save_model(model)
        self.next(self.eval)

    @resources(memory=16000)
    @conda(libraries=MODEL_LIBRARIES)
    @step
    def eval(self):
        with profile("Evaluating %s" % self.model_name):
            mod = MODELS[self.model_name]
            data_run = Flow('TaxiRegressionDataFlow')[self.data_run_id]
            model = mod.load_model(self.model)
            self.mse = mod.mse(model, data_run.data.test_data)
        self.next(self.join)

    @step
    def join(self, inputs):
        for inp in inputs:
            print("MODEL %s MSE %f" % (inp.model_name, inp.mse))
        self.next(self.end)

    @step
    def end(self):
        pass
```

从最近运行的 TaxiRegressionDataFlow 中访问输入数据

记录此运行使用的特征

根据输入特征确定可以执行哪些模型

访问训练数据

训练模型

使用特定于模型的序列化器将模型保存在工件中

评估模型的性能

加载模型并反序列化它

打印模型分数摘要

```
if __name__ == '__main__':
    TaxiRegressionModelFlow()
```

将代码保存在 taxi_regression_model.py 中。由于此工作流访问的是由 TaxiRegressionDataFlow 生成的结果，因此应确保该工作流已运行。此时，目录结构应如下所示：

```
taxi_regression_data.py
taxi_regression_model.py
taxi_modules/__init__.py
taxi_modules/feat_baseline.py
taxi_modules/feat_euclidean.py
taxi_modules/model_baseline.py
taxi_modules/regression.py
taxi_modules/numpy_encoder.py
taxi_modules/encoders.py
taxi_modules/table_utils.py
```

可以像之前一样运行工作流：

```
# python taxi_regression_model.py --environment=conda run
```

应该会在输出中看到以下行：Training model: distance_regression 和 Evaluating distance_regression。最终评估应大致如下：

```
MODEL distance_regression MSE 9.451360
```

为了更进一步，下面定义另一个回归模型，该模型使用了前面定义的欧几里得距离特征。请参见代码清单 9.11。

代码清单 9.11 使用欧几里得特征的回归模型

```
from taxi_modules.regression import RegressionModel

class Model(RegressionModel):
    NAME = 'euclidean_regression'
    MODEL_LIBRARIES = {'scikit-learn': '0.24.1'}
    FEATURES = ['euclidean']
    regressor = 'euclidean_distance'
```

将代码保存在 taxi_modules/model_euclidean.py 中，然后再次运行工作流，如下所示：

```
# python taxi_regression_model.py --environment=conda run
```

这一次，应该会看到两个模型：distance_regression 和 euclidean_regression，它们被并行训练和评估。其输出如下：

```
MODEL euclidean_regression MSE 15.199947
MODEL distance_regression MSE 9.451360
```

毫不奇怪，与使用实际行驶距离的基线模型相比，使用接送地点之间的欧几里得距离来预测价格的模型的均方误差更高。有了这两个模型，我们就为未来的模型构建了坚实的基线。如果模型更加复杂，其性能应该能够轻松优于 euclidean_regression。仅仅依靠位置特征就可以接近 distance_regression 的性能，这是一件很棒的事情。在下一节中，我们将构建一个更复杂的模型来应对挑战。

9.2　深度回归模型

如果你曾在大城市坐过出租车，就会知道两个地点之间的欧几里得距离，甚至实际路线长度，在预测行程所需实际时间方面，这些都不是合适的预测因素，因为有些地方容易发生交通堵塞。一个聪明的模型将学会根据历史数据识别出这样的慢速地点，并据此估计行程的价格。

下面思考如何构建特征，将行程时间和距离作为有关两个位置的函数。首先，要认识到我们不需要任意精确的位置。几个城市街区之间的距离差异通常不会造成系统性的价格差异。因此，可以使用图 9.6 所示的地图网格来编码开始位置和结束位置，从而代替精确的坐标。

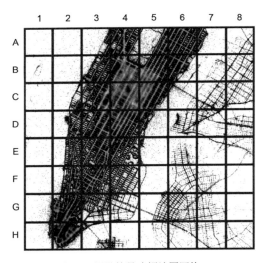

图 9.6　假设的曼哈顿地图网格

例如，使用图 9.6 中的网格，可以将两个位置之间的行程编码为网格坐标对，如 A4–F2 和 G7–B6。自然，实际应用程序将使用比图中所示更细粒度的网格。

如何将这样的位置对编码为特征？我们可以将 A4 和 F2 等网格位置视为标记或单词，就像我们在第 5 章中对 Yelp 评论聚类所做的处理那样。可以使用一个高维向量，将每个网格位置表示为一个单独的维度。然后，可以应用多重热编码，将接送位置标记为 1，将其他维度标记为 0，以生成稀疏的行程向量。图 9.7 说明了这个想法。

这种方法有一个容易引起麻烦的细节，我们必须预先确定尺寸，即地图网格。如果网格太小，就无法处理该区域以外的行程。如果网格太大，数据就会变得非常稀疏，处理速度可能会很慢。此外，我们必须保持网格位置和维度之间的映射。

任何高基数分类变量都存在同样的问题。此类问题的常见解决方案是使用特征哈希：我们不为每个可能的值指定一个命名维度，而是为每个值生成一个哈希，并将它们相应地放在一个堆栈中。重要的是，与最初的不同值相比，这种方法下存在的堆栈要少得多。只要哈希函数保持一致，相同的值总是会在同一个堆栈中，生成一个多独热编码矩阵。与第一种方法相比，该矩阵具有固定的、较低的维数。图 9.8 说明了这个想法。

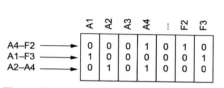

图 9.7　编码为多独热二进制向量的出租车行程

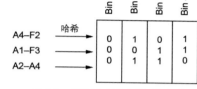

图 9.8　将特征哈希应用于行程向量

在图 9.8 中，我们假设 hash(A4)=bin 2，hash(F2)=bin4，以此类推。注意，可以放大网格并添加坐标 A99，而不会影响现有数据，这是哈希方法的一个好处。此外，不必显式存储坐标标签和维度之间的映射，这使得实现更加简单。

当使用哈希时，不能保证两个不同的值总是出现在不同的堆栈中。有可能两个不同的值最终出现在同一个堆栈中，从而导致数据中的随机噪声。尽管存在这一缺陷，但特征哈希在实践中往往效果良好。

假设我们想测试使用哈希网格坐标特征矩阵的想法，如图 9.8 所示。在实践中，我们应该如何编码和存储矩阵？我们可以构建一个特征编码器，生成一个合适的矩阵，而不需要考虑该矩阵将由什么模型使用。但深入思考这个问题也无妨。下面查看现有的建模问题，我们的模型如下：

- 高维——为了使模型保持合理的准确性，网格单元应在数百米或更小的范围内。因此，100 平方千米的面积需要 10 000 个网格单元，即 10 000 个输入维度。
- 大规模——输入数据中有数以千万计的行程，可用来训练模型。
- 非线性——接送地点和价格之间的关系是要建模的各种变量的复杂函数。
- 稀疏——行程在地图上分布不均匀。我们对某些区域获取的数据有限，而对其他区域则获取的数据很多。
- 分类回归模型——使用分类变量(地图网格上的离散位置)来预测连续变量(行程价格)。

鉴于这些特征，我们可能需要比线性回归模型更强大的模型。问题的规模和非线性表明，深度学习模型可能是一个适合的工具。我们选择使用 Keras，这是一个易于使用且流行的深度学习包，包含在 TensorFlow 包中。

根据深度学习领域中广泛使用的命名法，我们称输入矩阵为张量。在这个例子中，张量的行为与任何其他数组(如之前使用的 NumPy 数组)都非常相似，所以不要被这个听起来很高级的词吓到。一般来说，张量可以被认为是多维数组，可以通过定义良好的数学运算进行操作。如果你感兴趣，可以通过链接[3]进一步学习相关内容。

开发高质量的深度神经网络模型涉及艺术和科学，以及大量的试错。我们相信，专业的数据科学家已熟悉这些主题，即使不熟悉，也有大量高质量的在线材料和书籍可供参阅。因此，深度学习的细节不在本书讨论范围之内。本书的目标是要支持数据科学家，使他们利用有效的基础设施开发这些模型。

9.2.1　编码输入张量

下面创建一个特征编码器实现前面的想法。这个编码器应执行以下任务：

(1) 将坐标转换为网格位置。可以使用现有的地理哈希库(如 python-geohash)来实现这一点。给定纬度和经度对，地理哈希库生成一个短字符串地理标记，表示相应的网格位置。有关地理哈希的更多详细信息，请参见维基百科中关于该主题的文章(见链接[4])。

(2) 将地理令牌哈希到固定数量的堆栈。

(3) 多独热编码堆栈以生成稀疏张量。

(4) 合并并存储编码为张量的特征分片，以供后续使用。

你可以调整编码器中的以下两个参数，以调整资源开销和精确性之间的权衡：

- NUM_HASH_BINS——确定用于特征哈希的堆栈数。数值越小，哈希冲突越多，因此数据中会有噪声。另一方面，数值越高，需要的模型越大，其速度越慢，训练越消耗资源。因为不存在正确答案，所以可以用一个产生最佳结果的数字进行实验。
- PRECISION——确定地理哈希的粒度，即网格大小。数值越高，位置越精确，但数值越高，就需要越高的 NUM_HASH_BINS，以避免冲突。此外，数值越高，数据越稀疏，这可能会影响准确性。默认的 PRECISION=6 对应于大约 0.3 英里×0.3 英里的网格。

编码器将在代码清单 9.12 中实现。

代码清单 9.12　将哈希行程向量编码为特征

将坐标转换为网格位置

```
from metaflow import profile            将地理位置哈希到
NUM_HASH_BINS = 10000  ◄               10 000 个堆栈
PRECISION = 6  ◄──────── 网格粒度

class FeatureEncoder():
    NAME = 'grid'
    FEATURE_LIBRARIES = {'python-geohash': '0.8.5',
                         'tensorflow-base': '2.6.0'}
    CLEAN_FIELDS = ['pickup_latitude', 'pickup_longitude',
                    'dropoff_latitude', 'dropoff_longitude']

    @classmethod                        使用地理哈希库生
    def _coords_to_grid(cls, table):  ◄ 成网格位置
        import geohash
        plon = table['pickup_longitude'].to_numpy()
        plat = table['pickup_latitude'].to_numpy()
```

```
        dlon = table['dropoff_longitude'].to_numpy()
        dlat = table['dropoff_latitude'].to_numpy()
        trips = []
        for i in range(len(plat)):
            pcode = geohash.encode(plat[i], plon[i], precision=PRECISION)
            dcode = geohash.encode(dlat[i], dlon[i], precision=PRECISION)
            trips.append((pcode, dcode))
        return trips

    @classmethod
    def encode(cls, table):
        from tensorflow.keras.layers import Hashing, IntegerLookup
        with profile('coordinates to grid'):
            grid = cls._coords_to_grid(table)
        hashing_trick = Hashing(NUM_HASH_BINS)
        multi_hot = IntegerLookup(vocabulary=list(range(NUM_HASH_BINS)),
                                  output_mode='multi_hot',
                                  sparse=True)
        with profile('creating tensor'):
            tensor = multi_hot(hashing_trick(grid))
        return {'tensor': tensor}

    @classmethod
    def merge(cls, shards):
        return {key: [s[key] for s in shards] for key in shards[0]}
```

循环遍历输入表中的所有行程

为每次行程生成一对地理哈希

将配对存储在清单中

使用 Keras 哈希层执行特征哈希

使用 Keras IntegerLookup 层执行多独热编码

将特征分片中的张量合并为一个大张量

生成张量

将代码保存在 taxi_modules/feat_gridtensor.py 中。有关 Keras 层、Hashing 和 IntegerLookup 的详细信息，请参阅 keras.io 上的 Keras 文档。本质上，它们实现了前面讨论的哈希和多独热编码。对于张量，merge 方法可以在字典中整理分片。没有必要将它们合并到一个大的张量中，因为我们将通过自定义的数据加载器把张量输入模型中。

数据加载器

如何高效地将数据输入深度学习模型，本身就是一个很深奥的话题。一个关键的挑战是，我们可能希望使用 GPU 来训练模型，但普通的 GPU 没有足够的内存可以一次将整个数据集保存在 GPU 内存中。为了消除这个限制，必须以小的批处理向 GPU 提供数据。

代码清单 9.13 显示了一个简单的数据加载器。该数据加载器接受特征分片作为 tensor_shards，这些特殊分片由前面定义的 merge 方法生成。训练时，可以指定一个 target 变量，本例中是一个包含行程价格的 NumPy 数组，它被划分并与训练数据一起返回至模型。

代码清单 9.13　Keras 模型的数据加载器

为训练定义目标变量，对于测试则没有目标

增加此值可加快训练速度

```
BATCH_SIZE = 128
def data_loader(tensor_shards, target=None):
    import tensorflow as tf
```

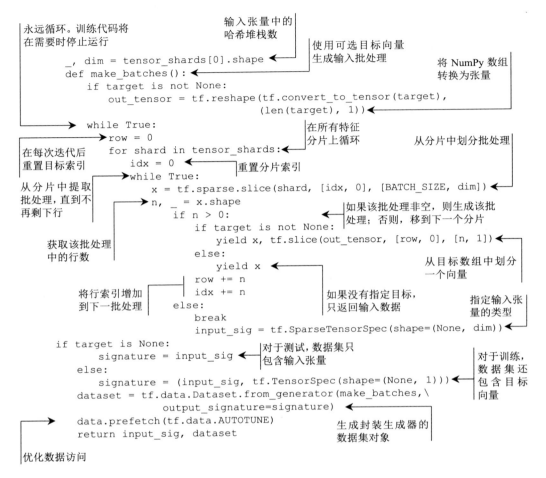

将代码保存在 taxi_modules/dnn_data.py 中。由于目标是一个大型 NumPy 数组，而训练数据存储在多个稀疏张量分片中，因此会导致轻微的复杂性。我们必须确保两个来源的特征保持一致。图 9.9 说明了这种情况。

图 9.9 显示了左侧的三个特征分片和右侧的目标数组。注意，每个分片末尾的最后一个批处理，即批处理 5、8 和 10，小于其他分片。特征分片的大小是任意的，因此不总是可以被BATCH_SIZE 整除。代码清单 9.13 维护了两个索引变量：row 用于跟踪当前分片中的行，idx用于跟踪目标数组中的索引。row 索引在每个分片处重置，而 idx 在分片之间增加。

批处理由生成器函数 data_loader 返回，该函数将永远循环数据。在机器学习的上下文中，对整个数据集的一次迭代通常被称为一个迭代周期。训练过程会运行多个迭代，以优化模型的参数。最后，训练过程会达到停止条件(如达到预定义的迭代周期)，并停止使用数据加载器中的数据。

生成器函数封装在 Keras 模型能够使用的 TensorFlow Dataset 对象中。我们必须手动指定数据集中包含的数据类型。对于训练，数据集包含稀疏张量和目标变量的元组。对于测试，数据集只包含稀疏张量。

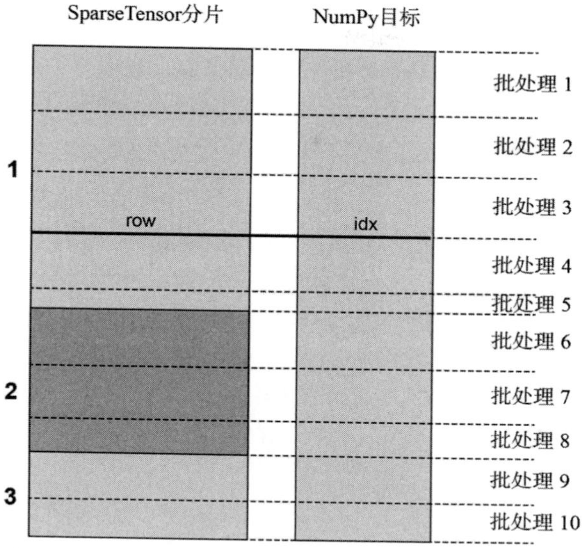

图 9.9 分片张量和单个 NumPy 目标数组之间的对齐批处理

注意文件顶部的 BATCH_SIZE 参数。调整批处理大小是微调训练性能的关键步骤之一：值越高，训练速度越快，尤其是在 GPU 上，但模型的准确性可能会受到影响。一般来说，较低的值会以较长的训练时间为代价获得更高的准确性。另一个值得强调的是 dataset.prefetch 调用：该调用指示 TensorFlow(Keras 在后端使用)在计算前一批处理时将下一批处理加载到 GPU 内存中，从而提高训练性能。

现在我们有了生成输入张量的组件，可以通过自定义的数据加载器使用张量。下一步是开发模型本身。

9.2.2 定义深度回归模型

为了让你了解价格预测任务的现实模型，我们在 Keras 中定义并训练了一个深度神经网络模型。我们展示了如何为该模型提供数据，在 GPU 上运行模型，监控模型训练，并根据其他模型评估其性能。任何开发类似模型的数据科学家都会经历类似的过程。

首先，我们处理一些普通的簿记问题。我们先定义两个效用函数，load_model 和 save_model，它们可用于持久化任何 Keras 模型。代码清单 9.14 中定义的 KerasModel 辅助类允许你将模型存储为工件，规避了 Keras 模型在默认情况下无法进行 pickle 的问题。

该类利用内置的 Keras 函数向文件保存模型和从中加载模型。我们不能直接使用 Keras 函数，因为本地文件无法跨计算层(如 run-with batch)工作。此外，我们希望利用 Metaflow 的内置版本控制和数据存储来跟踪模型，这比手动组织本地文件更容易。

代码清单 9.14　　Keras 模型的超类

```python
import tempfile

class KerasModel():
    @classmethod
    def save_model(cls, model):
        import tensorflow as tf
        with tempfile.NamedTemporaryFile() as f:
            tf.keras.models.save_model(model, f.name, save_format='h5')
            return f.read()

    @classmethod
    def load_model(cls, blob):
        import tensorflow as tf
        with tempfile.NamedTemporaryFile() as f:
            f.write(blob)
            f.flush()
            return tf.keras.models.load_model(f.name)
```

将模型保存到临时
文件

从临时文件中读取
表示模型的字节

要求 Keras 从临时文
件中读取模型

将字节写入临时文件

　　将代码保存在 taxi_modules/keras_model.py 中。可以使用这些方法来处理任何将 KerasModel
子类化的 Keras 模型，我们稍后就会定义一个这样的模型。

　　接下来，我们将在代码清单 9.15 中为非线性回归任务定义一个模型架构。尽管该代码清单
给出了一个合理的架构，但许多其他架构的性能可能更好。找到一个能够生成鲁棒结果的架构
的过程需要大量的试错，而加快其速度是数据科学基础设施的关键动力。作为练习，你可以尝
试寻找一种在训练速度和准确性两方面其性能都更好的架构。

代码清单 9.15　　带有参数的流

接受输入张量类型签名作为参数

```python
def deep_regression_model(input_sig):
    import tensorflow as tf
    model = tf.keras.Sequential([
        tf.keras.Input(type_spec=input_sig),
        tf.keras.layers.Dense(2048, activation='relu'),
        tf.keras.layers.Dense(128, activation='relu'),
        tf.keras.layers.Dense(64, activation='relu'),
        tf.keras.layers.Dense(1)
    ])
    model.compile(loss='mean_squared_error',
                  steps_per_execution=10000,
                  optimizer=tf.keras.optimizers.Adam(0.001))
    return model
```

输入层的形状基于
输入数据的签名

目标变量
(行程价格)

定义隐藏层

加速 GPU 上的处理

最小化均方误差

　　将代码保存在 taxi_modules/dnn_model.py 中。代码清单 9.15 中的模型由一个与输入特征相
匹配的稀疏输入层、三个隐藏层和一个密集型输出变量组成(表示我们想要预测的行程价格)。

注意，我们使用均方误差作为损失函数来编译模型，这是我们关注的指标。steps_per_exection
参数通过一次加载多个批处理来加快 GPU 上的处理速度。接下来，我们将迄今为止开发的所
有部分整合在一起，指定一个模型插件，如下所示：

- 该模型将 KerasModel 子类化以实现持久化。
- 使用 dnn_data 模块中的 data_loader 加载数据。
- 从 dnn_module 模块加载模型本身。

代码清单 9.16 显示了模型模块。

代码清单 9.16　Keras 模型的模型定义

训练迭代次数。增加该值可
以获得更准确的结果

```
from .dnn_data import data_loader, BATCH_SIZE
from .keras_model import KerasModel
from .dnn_model import deep_regression_model
EPOCHS = 4
```

如果想要利用 GPU，请将其更改为
{'tensorflow-gpu': '2.6.2'}

```
class Model(KerasModel):
    NAME = 'grid_dnn'
    MODEL_LIBRARIES = {'tensorflow-base': '2.6.0'}
    FEATURES = ['grid']
```

初始化数据加载器

创建
模型

```
    @classmethod
    def fit(cls, train_data):
        import tensorflow as tf
        input_sig, data = data_loader(train_data['grid']['tensor'],
                                train_data['baseline']['amount'])
        model = deep_regression_model(input_sig)
        monitor = tf.keras.callbacks.TensorBoard(update_freq=100)
        num_steps = len(train_data['baseline']['amount']) // BATCH_SIZE
        model.fit(data,
                  epochs=EPOCHS,
                  verbose=2,
                  steps_per_epoch=num_steps,
                  callbacks=[monitor])
```

使用 TensorBoard
监控进度

训练模型

批处理的数量

```
        return model
    @classmethod
        def mse(cls, model, test_data):
        import numpy
        _, data = data_loader(test_data['grid']['tensor'])
        pred = model.predict(data)
        arr = numpy.array([x[0] for x in pred])
        return ((arr - test_data['baseline']['amount'])**2).mean()
```

在测试中初始化数据加载
器，无目标变量

计算预测和正确价
格之间的均方误差

将结果张量转换
为 NumPy 数组

将代码保存在 taxi_modules/model_grid.py 中。最终的目录结构应如下所示：

```
taxi_regression_data.py
taxi_regression_model.py
taxi_modules/__init__.py
taxi_modules/feat_baseline.py
taxi_modules/feat_euclidean.py
taxi_modules/feat_modelgrid.py
taxi_modules/model_baseline.py
taxi_modules/model_euclidean.py
taxi_modules/model_grid.py
taxi_modules/regression.py
taxi_modules/numpy_encoder.py
taxi_modules/encoders.py
taxi_modules/table_utils.py
taxi_modules/keras_model.py
taxi_modules/dnn_model.py
taxi_modules/dnn_data.py
```

这看起来像是一个真正的数据科学项目！幸运的是，每个模块都很小，总体结构很容易理解，尤其是在附带文档的情况下。现在我们准备开始训练模型。

9.2.3 训练深度回归模型

首先给出一句警告：训练深度神经网络模型是一个计算非常密集的过程。尽管本章中定义的线性回归模型可以在几秒钟内完成训练，但我们在上面定义的深度回归模型可能需要数小时甚至数天来训练，具体取决于硬件。

总的来说，最好先进行一轮快速的烟雾测试。工作流是否成功完成？然后再花几小时训练一个未经测试的模型。我们从快速测试端到端的工作流开始，确保每部分都正常运行。你应该能够在几分钟内完成对任何硬件的烟雾测试，包括你的笔记。

小规模训练

快速训练的最简单方法是减少数据量。因此，我们通过创建完整数据集的1%样本来开始烟雾测试。运行代码清单 9.6 中定义的数据工作流，创建如下样本：

```
# python taxi_regression_data.py --environment=conda run -sample 0.01
```

现在，可以运行模型工作流：

```
# python taxi_regression_model.py --environment=conda run
```

假设所有三个模型插件都存在于 taxi_modules 目录中，那么 start 步骤应该打印以下行：

```
Building models: euclidean_regression, grid_dnn, distance_regression
```

对于1%的样本，工作流会执行 5~10 分钟，具体取决于你的硬件。模型基准测试的结果在 join 步骤中输出。预计其外观如下：

```
MODEL euclidean_regression MSE 15.498595
MODEL grid_dnn MSE 24.180864
MODEL distance_regression MSE 9.561464
```

正如预期的那样，使用实际距离的 distance_regression 模型表现最好。遗憾但意料之中的是，当使用少量数据进行训练时，深度回归模型 grid_dnn 的性能比使用欧几里得行程距离的模型差。众所周知，当数据量有限时，传统的机器学习方法往往优于深度学习。不过，如果你看到了这样的结果，应该庆祝一下：整个设置是端到端工作的！

大规模训练

对于更现实的大规模训练，可以采用以下几种最佳实践。

- 使用 GPU 加速训练。可通过以下方式执行此操作：
  - 如果你有可用的硬件，可以在笔记本或台式机上使用 GPU。
  - 可以将 GPU 实例作为云工作站启动，并在该实例上执行例子。确保使用包含 CUDA 内核库的实例映像(AMI)，如 AWS Deep Learning AMI(见链接[5])。
  - 可使用 GPU 实例设置远程计算层，如批处理计算环境。
- 确保你的工作站不会在训练期间终止运行(例如，你的笔记本电池耗尽或与工作站的 SSH 连接失效)。如果你使用云工作站，建议使用终端多路复用器，如 screen 或 tmux，以确保即使网络连接中断，进程仍保持运行。可参见链接[6]获取相关说明。或者，如果你使用的是 GPU 支持的计算层，可将工作流部署到类似 AWS Step Functions 的生产调度器中，如第 6 章所述，该程序负责可靠地运行工作流。
- 使用 TensorBoard 等监控工具监控进度，TensorBoard 是谷歌免费提供的一个开源软件包和服务。虽然并不一定要使用该工具，但看到训练任务正在取得进展，会让人感到安心。

如果想利用 GPU 进行训练，请将 model_grid.py 中的此行

```
MODEL_LIBRARIES = {'tensorflow-base': '2.6.0'}
```

替换为

```
MODEL_LIBRARIES = {'tensorflow-gpu': '2.6.2'}
```

以使用 GPU 优化版本的 TensorFlow。

工作站准备就绪后，通过执行以下操作创建更大的数据集：

```
# python taxi_regression_data.py --environment=conda run -sample 0.2
```

根据你的硬件和耐心，可以用 100%的样本测试训练。如果你在云工作站上执行该命令，请确保在 screen 或 tmux 中运行这些命令，以便在 SSH 会话终止时重新连接到进程。可以按如下方式开始训练运行：

```
# python taxi_regression_model.py --environment=conda run -max-workers 1
```

注意，我们指定了 - max-workers 1，限制 foreach 一次只能运行一个进程。这确保了重量级 GPU 任务不会与工作站上同时运行的其他进程相互竞争。

因为我们已在 model_grid.py 中启用了对 TensorBoard 的日志记录，所以可以在另一个终端

窗口中运行 TensorBoard 来监控进度。打开另一个终端会话并导航到开始运行的目录。之后，通过运行以下代码安装 TensorBoard：

```
# pip install tensorboard
```

如果你正在本地机器上运行训练，可通过执行以下操作在本地打开 TensorBoard：

```
# tensorboard --logdir logs
```

执行该操作后应该会打印出一个 URL，可将其复制并粘贴到浏览器窗口。如果你运行的是云工作站，那么将更易于在链接[7]上用公共托管的 TensorBoard 进行监控。要使用该服务，只需要执行以下操作：

```
# tensorboard dev upload --logdir logs
```

当第一次运行该命令时，它会要求你进行身份验证，并在本地保存令牌。完成此操作后，应该会打印出一个 URL，可使用浏览器打开该 URL。

本地和托管的 TensorBoard 都应如图 9.10 中的屏幕截图所示。你可以定期重新加载页面以查看训练的进度。如果一切顺利，损失曲线应如图所示呈下降趋势。

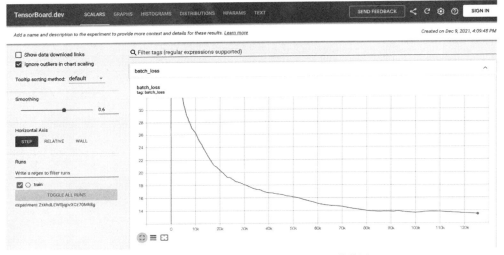

图 9.10   显示模型收敛的 tensorboard.dev 屏幕截图

另一个在 GPU 驱动系统上可用的便捷命令是 nvidia-smi，它显示有关 GPU 利用率的统计信息。nvidia-smi 应该显示系统中所有可用的 GPU 以及高于0%的利用率(如果 GPU 正被训练过程使用)。

在一个强大的GPU 实例(p3.8xlarge)上，经历 4 个迭代周期用完整数据集(100%样本)训练模型大约需要 8 个小时。如果你想尝试加快训练速度，可按如下方式对模型的不同变体进行实验：

- 可以在 feat_gridtensor.py 中减小 NUM_HASH_BINS 和 precision 的值，使输入张量变小。或者尝试只使用其中一个参数来改变哈希行为。

- 可在 dnn_model.py 中更改模型架构。例如，可以删除隐藏层或将其缩小。
- 可将 BATCH_SIZE 的值增加到一个非常高的数字，如10 000，以使模型训练的速度更快。可使用 TensorBoard 来监控批处理大小对模型损失的影响。
- 可减小 EPOCHS 的值以减少训练迭代次数，也可更改其他参数，但增加 EPOCHS 的值。

模型开发的一个有益因素是，结果完全可以量化。可使用前面的参数进行实验，并在训练结束后立即查看对模型性能的影响。作为实验的基线，使用完整的数据集训练模型会生成以下结果：

```
MODEL euclidean_regression MSE 15.214128
MODEL grid_dnn MSE 12.765191
MODEL distance_regression MSE 9.461593
```

我们的努力没有白费！当使用完整的数据集进行训练时，深度回归模型显然优于简单的欧几里得模型，其结果接近实际距离测量的性能。换言之，通过只考虑接送地点，可以建立一个相对准确的预测行程价格的模型，并且这种模型比只考虑地点之间的直线距离的模型性能更好。

作为练习，你可以尝试改进该模型，例如，可以将一天中的时间作为一个特征，时间肯定会影响交通模式。还可以测试模型架构的不同变体，或者尝试提高数据加载器的性能。经过几轮改进后，应该能够得到超越基线模型的性能。

然而，本章并不是关于价格预测的最优模型。更重要的是，我们学习了如何设计和开发一个简单的特定领域的框架，使得数据科学家能够定义新的特征和模型，以有效地解决这个特定的业务问题，并一致地测试新变体的性能。尽管这个示例相当简单，但你可通过该示例启发自己创建更复杂的框架，应用整个基础设施堆栈。

9.3　总结所学

如图 9.11 所示，我们以一张图片开始了本书的讲解，展示了数据科学项目的整个生命周期。我们旨在涵盖生命周期的所有部分，以使你的组织可以增加同时执行的项目数量(数量)，加快上市时间(速度)，确保结果鲁棒(有效性)，并支持更广泛的项目。为了总结本书，下面查看本书所涵盖的章节是如何与该图相映射的。

(1) 模型不应单独构建。我们多次强调了关注业务问题的重要性。第 3 章介绍了螺旋式方法的概念，并将其应用于整本书的项目示例中。

(2) 数据科学家应该使用什么工具来有效地开发项目，又该在何处、如何使用这些工具？整个第 2 章专门讨论了笔记、IDE、云工作站和工作流的主题。第 3 章介绍了一个特定的框架 Metaflow，该框架以用户友好的方式解决了许多这类问题。同样在第 3 章，我们说明了构建在堆栈之上的自定义库如何提高特定问题领域的效率。

(3) 如何在避免随机崩溃和性能下降的情况下利用现有的库？第 5 章讨论了库的性能含

义，第 6 章深入研究了依赖管理问题。我们在示例中使用了各种开源 ML 库，最终形成了该章中展示的深度神经网络模型。

图 9.11　数据科学项目的整个生命周期

（4）如何发现、访问和管理数据？整个第 7 章都聚焦于这个广泛而深刻的主题。

（5）机器学习项目往往计算量很大——开放式实验、模型训练和大规模数据处理都需要计算能力。应该如何配置和管理计算资源？第 4 章深入研究了计算层和现代容器编排系统。

（6）一旦结果可用，如何将其连接到周围的业务系统？重要的是，生产部署应该在没有人为干预的情况下可靠运行，这些内容在第 6 章有详细介绍。第 8 章讨论了如何在相对缓慢的批处理过程到毫秒级实时系统的各种环境中利用结果。

（7）数据科学项目的成果在实践中得到了应用。如果项目的客户发现结果很有希望，那么再次循环周期可使结果变得更好。如果反应较消极，那么当数据科学家开始新项目时，会再次循环周期。

周期永不停止这一事实是投资有效的数据科学基础设施的最终理由。如果循环只运行一次，那么任何可行的解决方案都足够了。然而，由于循环在多个项目和多个团队中重复，而每个项目和团队都在不断改进自己的应用程序，显然需要一个公共、共享的基础设施。

希望本书能让你在数据科学项目的上下文中，对基础层、数据、计算、编排和版本控制有一个扎实的理解。使用这些知识，你能够评估各种技术系统和方法的相对优势，做出明智的决定，并建立一个在你的环境中有意义的堆栈。

尽管基础设施可以共享，但随着数据科学不断应用于新的领域，应用程序和堆栈顶层方法的多样性将随之增加。当解决特定的业务问题时，人类的创造力和领域专业知识是无法替代的。基础设施仅是基础，现在轮到你拿起草图板，进行实验，并开始在堆栈上构建新的、令人兴奋的、量身定制的数据科学应用程序。

9.4　本章小结

- 堆栈的顶层，即模型开发和特征工程，往往是特定领域的。你可以在基础设施堆栈之上创建小型的、特定领域的库，以满足每个项目的需求。
- 模型和特征编码器可以实现为可插拔的模块，从而实现快速原型开发和对想法的基准测试。
- 使用通用工作流加载数据、生成训练和测试分片，以及执行特征编码器和模型，确保结果一致，并可在模型之间进行比较。
- 现代深度学习库与基础设施堆栈配合良好，尤其是在支持 GPU 的计算层上执行时。
- 使用现有的监控工具和服务(如 TensorBoard)实时监控训练。

附录　安装 Conda

第 5 章介绍了 Conda 软件包管理器。可按照以下说明在你的系统上安装 Conda。

(1) 打开 Miniconda 的主页。

(2) 下载适用于 Mac OS X 或 Linux 的 Miniconda 安装程序(Metaflow 目前不支持 Windows 本机)。

(3) 下载该软件包后，在终端上执行安装程序，如下所示：

```
bash Miniconda3-latest-MacOSX-x86_64.sh
```

将包名称替换为所下载的实际包名称。

(4) 当安装程序询问"是否希望安装程序初始化 Miniconda3"时，回答"是"。

(5) 安装完毕后，重启终端以使更改生效。

(6) 在新终端中，运行以下命令：

```
conda config --add channels conda-forge
```

这将使 conda-forge.org 的社区维护包在你的安装中可用。

就是这样！Metaflow 中的@conda 装饰器将负责使用新安装的 Conda 安装软件包。